ビジュアルプラス地学基礎ノート

目次

1 地球の形と大きさ

1 丸い地球

紀元前 4 世紀の(①　　　　　　　　　　)をはじめ，古代の人々は地球が丸いことを示そうとした。

(1) 北半球の異なる緯度で北極星を見ると，明るさは変わらないが(②　　　　　)が変わる。

(2) (③　　　　　)時の月面に映る地球の影が丸い。

(3) 船が陸に向かっていくとき，水面下にかくされていた山が高い方から出現してくるように見える。

(4) 太陽・月・恒星の出没の時刻が(④　　　　　)へ行くほど早い。

2 地球の大きさ

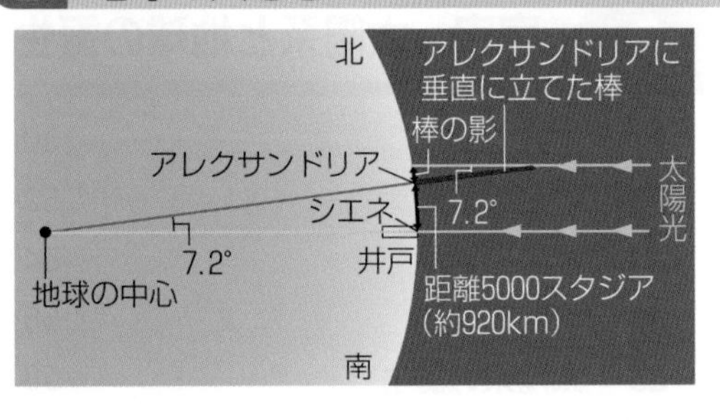

紀元前 230 年ごろ，(⑤　　　　　　　　　　)は地球を球形と仮定して地球の大きさを推定した。

扇形の中心角と弧の長さから，次の式によって円の全周が求められる。

中心角：360° ＝弧の長さ：全周

(⑥　　　　　)°：360° ＝　920 km：地球の全周

地球の全周＝$\dfrac{360°}{(⑥\quad\quad)°}$× 920 km＝約 46000 km

3 完全な球ではない地球

●**ニュートンの考え**

自転による(⑦　　　　　)によって赤道方向にふくらんだ，円盤形の(⑧　　　　　)である。

●**カッシー二の考え**

フランス国内の測量結果から北極―南極方向にふくらむラグビーボール形の(⑧　　　　　)である。

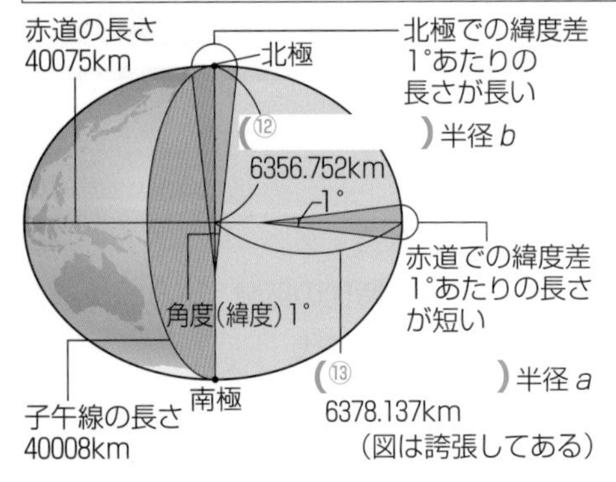

ニュートンとカッシー二の論争を受け，フランス学士院によって測定が行われた結果，緯度差 1°に対する子午線の長さは高緯度地域の方が低緯度地域よりも(⑨　　　　)いことが判明し，地球が赤道方向にふくらんだ(⑧　　　　　　　)であることがわかった。左図のような地球の形に最も近い(⑧　　　　　　　)を(⑩　　　　　　　)という。

●**偏平率**……楕円体のつぶれの度合い

偏平率 $f=\dfrac{a-b}{a}$　より　地球の偏平率は$\dfrac{1}{(⑪\quad\quad)}$

4 地表のようす

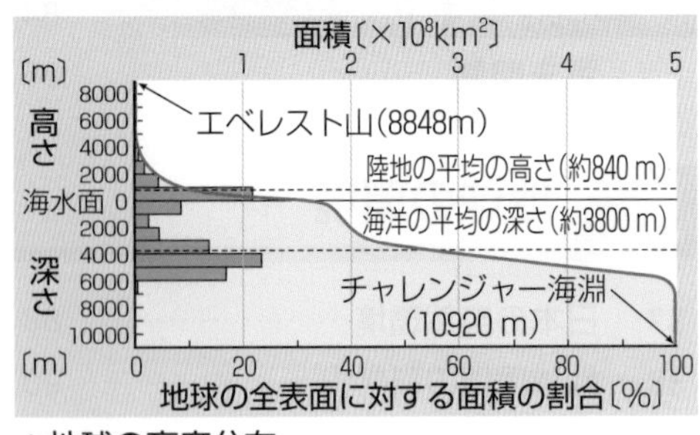

▲地球の高度分布

地球の表面は陸地と海洋に大きく区分され，(⑭　　　　　)が約 70％を占めている。海洋の占める割合が最大になる半球を(⑮　　　　　)半球，陸地の占める割合が最大になる半球を(⑯　　　　　)半球という。

●**高度分布**……2 つのピークをもつことが地球の大きな特徴

陸地では標高 0 ～ 1000 m の地域，海洋では深さ 4000 ～ 5000 m の地域が最も多い。

陸地の平均高度……約 840 m，海洋の平均水深……約 3800 m

地表の高低差は最大で約(⑰　　　　　)km

知識ぷらす＋ 地球球体説は紀元前にアリストテレスやエラトステネスらによって提唱されていたが，地球が丸いことを航海によって実証したのは，16世紀のマゼラン一行であった。

練習問題

1｜**丸い地球**｜　次の(1)～(3)に答えよ。

(1)　紀元前4世紀に地球が丸いことを示そうとした人物は誰か。

(2)　地球が丸いと，北半球では，高緯度地域ほど北極星の高度はどうなるか。

(3)　地球が丸いと，船が陸地に近づくとき，山のどの部分から見えてくるか。

1
(1)
(2)
(3)

2｜**地球の形**｜　次の文の空欄に適する語句を下の語群から選べ。

地球は，地球の自転によって赤道方向に(　①　)回転楕円体に近い形をしている。このことは，緯度差1°あたりの子午線の長さが高緯度ほど(　②　)ことから明らかになった。

【語群】　ふくらんだ　へこんだ　長い　短い

2
①
②

3｜**偏平率**｜　地球の偏平率は約$\frac{1}{298}$である。これについて，次の問いに答えよ。

(1)　地球の赤道半径を6378 km とすると，極半径は何 km か。

(2)　地球楕円体の形を，赤道半径を60 cm でかくとすると，極半径と赤道半径の差は何 mm になるか。四捨五入して整数で答えよ。

3
(1)　km
(2)　mm

4｜**地表のようす**｜　次のア，イは，地球をある方向から見たときの，陸地と海洋の面積の割合を表している。これについて，次の(1)～(5)に答えよ。

ア
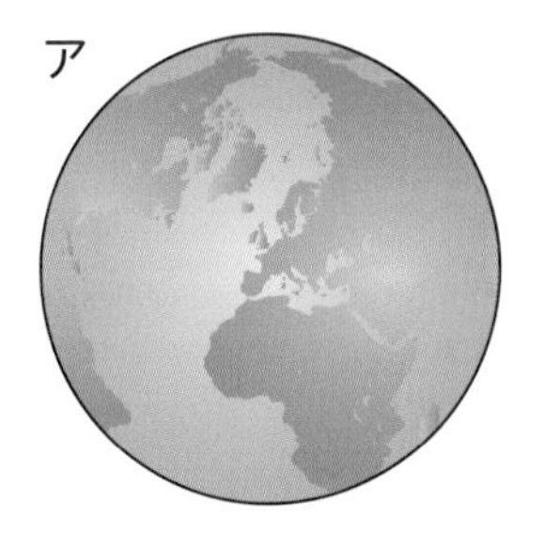
イ
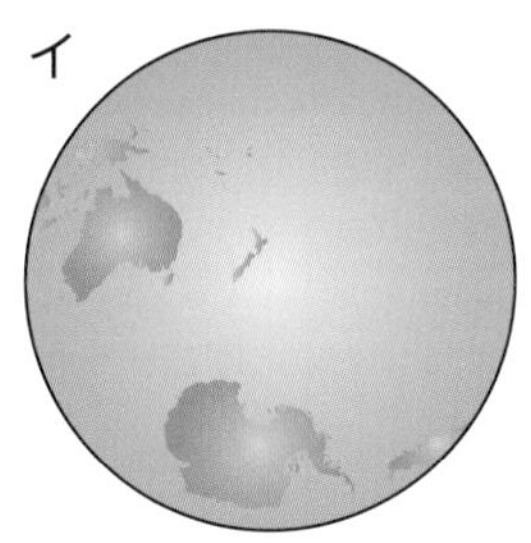

(1)　地球の表面を陸地と海洋にわけたとき，陸地の占める面積は約何％か。

(2)　アのように，陸地の占める面積の割合が最大になる半球を何というか。

(3)　(2)で，陸地の占める面積は約何％か。

(4)　イのように，海洋の占める面積の割合が最大になる半球を何というか。

(5)　(4)で，海洋の占める面積は約何％か。

4
(1) 約　％
(2)
(3) 約　％
(4)
(5) 約　％

5｜**地表の起伏**｜　次の文の空欄に適する語句や数値，単位を下の語群から選べ。

陸地の平均高度は約(　①　)m で，海洋の平均深度は約(　②　)m である。地球表面の高低差は，最大で約20(　③　)であるが，地球の半径約6400 km に比べると，凹凸(おうとつ)は(　④　)といえる。

【語群】　0　8.4　84　840　8400　3.8　38　380　3800
mm　cm　m　km　ほとんどない　とても大きい

5
①
②
③
④

2 地球内部の構造

1 地球内部の層構造とその構成物質

地球の内部は，構成物質の違いによって，地殻・マントル・核の三層にわかれた層構造となっている。地球内部の密度は，深くなるにつれて大きくなっており，地球全体の平均密度は，約(①)g/cm^3 である。

●**地殻**……地表から深さ数 km ～数十 km 程度

地球の岩石の層のうち，最も外側にある層。

地殻の化学組成は，約 50％以上が(②)(SiO_2)で，次いで(③)(Al_2O_3)である。

元素(重量比)では，45％以上が(④)(O)で最も多く，次いで 30％近くが(⑤)(Si)である。(⑥)(Al)，鉄(Fe) …と続くが，いずれも 10％以下である。

地殻中のおもな元素

元素記号	元素名
O	(④)
Si	(⑤)
Al	(⑥)

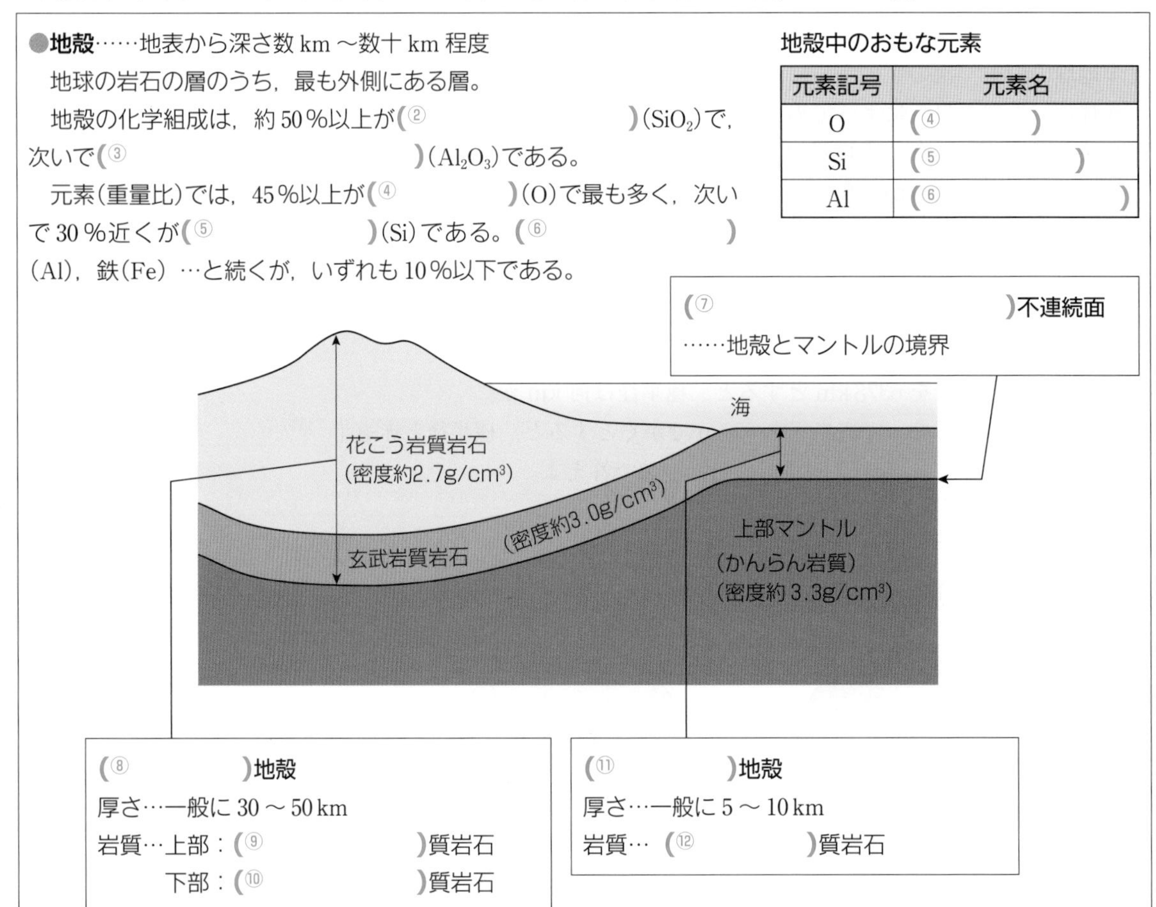

(⑦)不連続面
……地殻とマントルの境界

(⑧)地殻
厚さ…一般に 30 ～ 50 km
岩質…上部：(⑨)質岩石
下部：(⑩)質岩石

(⑪)地殻
厚さ…一般に 5 ～ 10 km
岩質… (⑫)質岩石

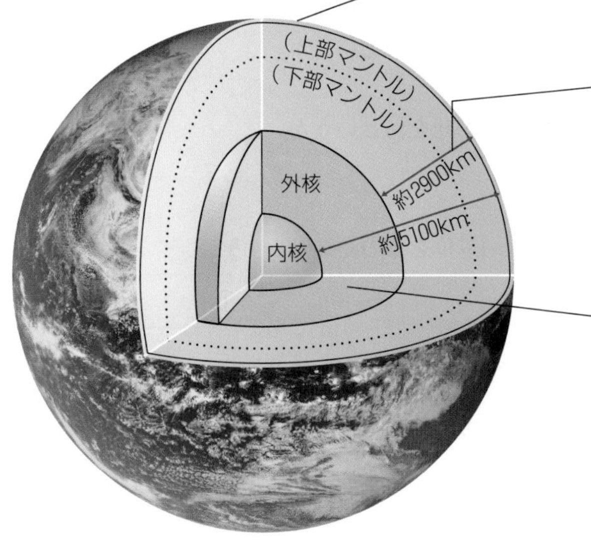

●(⑬) ……地殻の下から深さ約(⑭)km まで

深さ約 660 km の前後で密度が大きく変化する。上部マントルは(⑮)岩質の岩石でできている。

●(⑯) ……深さ約 2900 km 以深

深さ約(⑰)km を境に，外核と内核にわかれる。外核は(⑱)の状態，内核は(⑲)の状態である。元素(重量比)では，90％以上が(⑳)(Fe)で，少量の(㉑)(Ni)を含む。この割合は，隕石から推定された。

知識ぷらす＋ 地球内部の構造は，ゆで卵のような層構造になっている。重いものが内側に，軽いものが外側に位置していると覚えておこう。

練習問題

6 | **地球内部の層構造** | 右の図は，地球内部を構成物質の種類によって三層にわけたようすを示している。次の(1)~(3)に答えよ。

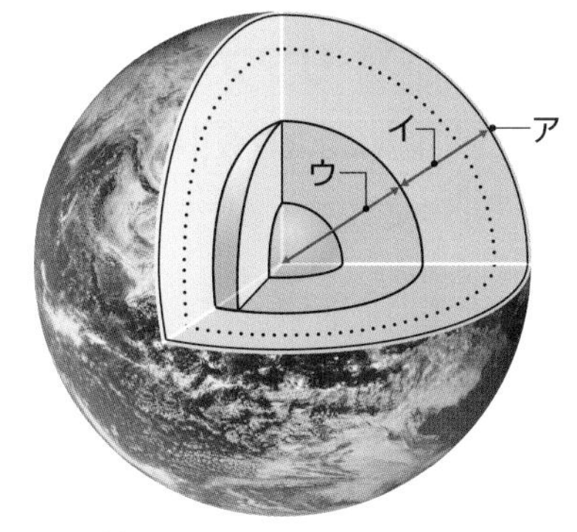

(1) 図のア~ウの層をそれぞれ何というか。

(2) ア，イの深さはどのくらいまでか。次の語群からそれぞれ選べ。

【語群】 数 m　数 km ~数十 km　数 km ~数百 km
660 km　2900 km　5100 km　6400 km

(3) 地球内部を構成する物質の密度は，深い場所ほどどうなるか。

7 | **地殻** | 次の(1)~(5)に答えよ。

(1) 地殻とマントルの境界を何というか。

(2) 大陸地殻と海洋地殻はどれくらいの厚さか。次の語群からそれぞれ選べ。

【語群】 5 ~ 10 m　30 ~ 50 m　70 ~ 90 m　5 ~ 10 km　30 ~ 50 km
70 ~ 90 km

(3) 地殻の上部と下部を構成する岩石が異なるのは，大陸地殻と海洋地殻のうちどちらか。

(4) (3)の上部と下部を構成する岩石はそれぞれ何質の岩石か。

(5) 地球を半径 6.4 cm の円でかいたとすると，地殻の厚さはどのくらいになるか。下の語群から選べ。

【語群】 0.5 mm　5 mm　5 cm

8 | **核** | 次の(1)~(4)に答えよ。

(1) 核に最も多く含まれる元素は何か。元素記号で答えよ。

(2) (1)は，重量比で約何%を占めるか。最も近い値を次の語群から選べ。

【語群】 0　10　30　50　70　90　100

(3) 外核と内核の境目の深さは約何 km か。

(4) 外核と内核の物質の状態は固体・液体・気体のどれか。それぞれ答えよ。

9 | **地殻を構成する元素** | 地殻中に存在する元素 Si，O，Al，Fe について，次の(1)~(3)に答えよ。

(1) 上の 4 つの元素を，重量比の大きいものから順に並べよ。

(2) 上の 4 つの元素が占める割合は，地殻全体の約何%か。最も近い値を次の語群から選べ。

【語群】 0　10　30　50　70　90　100

(3) 地殻を構成する物質のうち，最も多いものは何か。化学式で答えよ。

6
(1) ア
イ
ウ
(2) ア
イ
(3)

7
(1)
(2) 大陸地殻
海洋地殻
(3)
(4) 上部
下部
(5)

8
(1)
(2) 約　　%
(3) 約　　km
(4) 外核
内核

9
(1)
(2) 約　　%
(3)

3 プレートの運動①

1 世界の大地形

●中央(①　　　　　)

海洋底の中央部に連なる。

例：大西洋中央海嶺，東太平洋海嶺

●(②　　　　　)

中央部の大洋底より2000mも深く，細長く延びた凹地(おうち)。

例：日本海溝，マリアナ海溝

●大山脈

山々が長く脈状に連なる。

例：ヒマラヤ山脈，アルプス山脈

2 リソスフェアとアセノスフェア

(③　　　　　)
…地表から深さ100km前後までの部分。低温でかたい岩石からなる。(③　　　　　)がわかれたものをプレートという。

(④　　　　　)
…(③　　　　　)の下250km付近までの，高温でやわらかく流動しやすい部分。

3 プレートテクトニクス

●プレートテクトニクス

地球表面をおおう，十数枚のかたく変形しない(⑤　　　　　)は，アセノスフェアを潤滑剤(じゅんかつざい)のようにして水平方向に運動する。このような(⑤　　　　　)の相対運動によって，地震や火山などの地学現象を統一的に説明する理論を(⑥　　　　　)という。

● 3種類のプレート境界

(b)(⑦　　　　　)する境界

例：(⑧　　　　　)，島弧，大山脈

海洋プレートが他のプレートの下に沈みこむ境界。沈みこむプレートに沿って地震が発生している。海溝に平行な火山帯で火山が活発に活動。大陸プレートどうしが衝突する境界には(⑨　　　　　)が形成されている。

運動の向き
プレート

(c)(⑩　　　　　)境界

例：(⑪　　　　　)断層

プレートが互いに水平にすれ違っている境界。火山活動はあまり見られない。

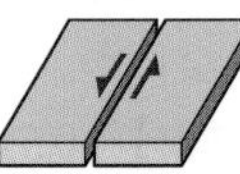

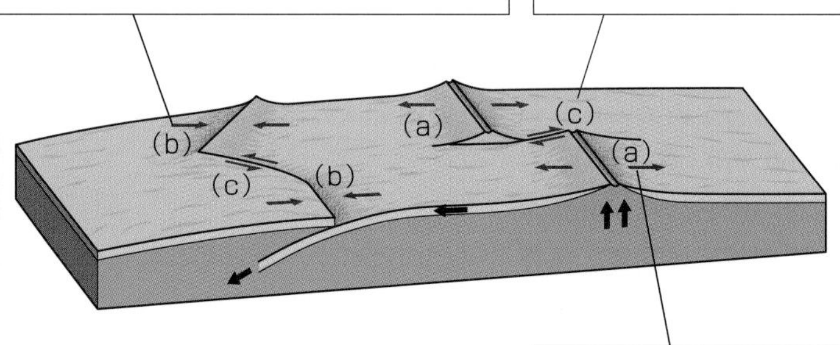

(a)(⑫　　　　　)する境界

例：中央(⑬　　　　　)

プレートがつくられる場所。深さ100kmより浅い地震が多発し，火山活動がさかん。

●世界のプレートの分布

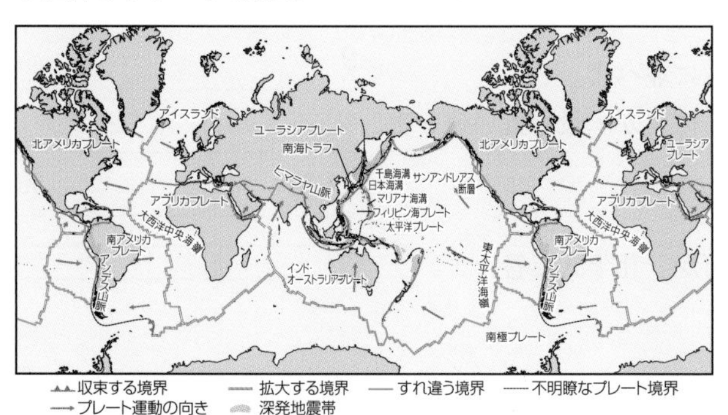

スーパーコンピューターを用いたマントル対流の計算機シミュレーションによって，超大陸パンゲアの分裂から現在までの大陸移動と，地球内部の流れのようすが再現されている。

練習問題

10 | 地球表層の岩盤 |　次の(1)～(5)に答えよ。

(1)　地球の表面をおおう，十数枚の変形しないかたい岩盤を何というか。

(2)　(1)の岩盤の相対運動によって地震や火山などの地学現象を統一的に説明しようとする考え方を何というか。

(3)　地球の表層を物性に着目してわけたとき，(1)の岩盤のある部分を何というか。

(4)　地球の表層を物性に着目してわけたとき，(3)の下にある，流動しやすい部分を何というか。

(5)　地球の表層を物質に着目してわけたとき，(3)はどこの部分が該当するか。下の語群からすべて選べ。

【語群】　内核　外核　マントルすべて　マントルの上部　地殻

10
(1)
(2)
(3)
(4)
(5)

11 | プレート境界 |　次の文の空欄に適する語句を下の語群から選べ。

大西洋中央海嶺などの中央海嶺は，プレートがつくられる場所と考えられており，プレートが(　①　)境界である。中央海嶺を横断して軸をずらしているサンアンドレアス断層などの(　②　)は，プレートが(　③　)境界である。海溝は，プレートが(　④　)境界である。

【語群】　収束する　拡大する　すれ違う　正断層
逆断層　トランスフォーム断層

11
①
②
③
④

12 | プレートが収束する境界 |　次の(1)，(2)に答えよ。

(1)　大陸プレートの下に海洋プレートが沈みこんでいる場所では，弧状に島が連なる地形ができることがある。これを何というか。

(2)　大陸プレートどうしが衝突しているところにできる地形は何か。

12
(1)
(2)

13 | プレート境界の位置 |

右の図は，プレートの境界を地図上に表したものである。次の(1)，(2)に答えよ。

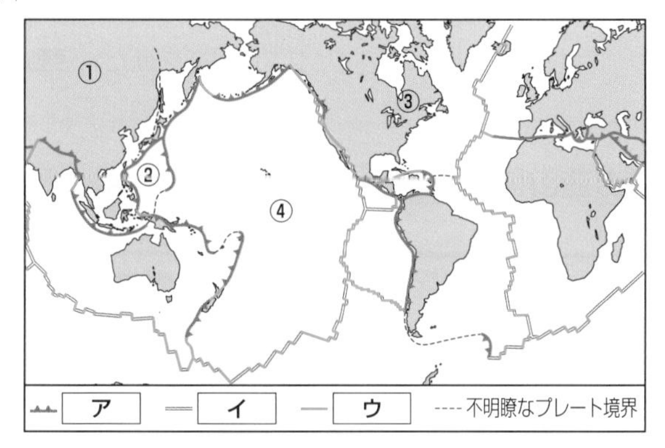

(1)　図の凡例のア～ウは，プレートが拡大する境界，収束する境界，すれ違う境界のうちどれか。それぞれ答えよ。

(2)　図の①～④のプレートについて，それぞれ名称を答えよ。

13
(1) ア
イ
ウ
(2) ①
②
③
④

1章 ●地球の構成と運動

4 プレートの運動②

1 プレートの運動と地震・火山活動

●世界の地震の震央分布

震源の深さが100 kmより深い地震は(①)付近に，震源の深さが100 kmより浅い地震は(②)付近の拡大する境界やすれ違う境界に多く分布する。

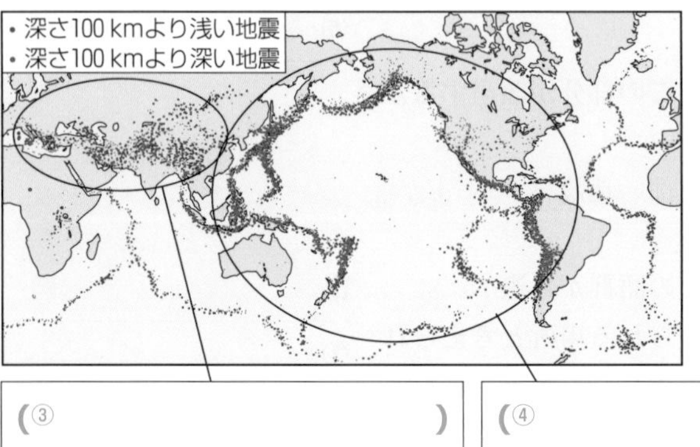

(③)地震帯

(④)地震帯

●世界の火山分布

(⑤)付近では，広がるプレートのすきまを埋めるように玄武岩質マグマが上昇して活動。プレートの収束する境界では，プレートの(⑥)に伴って生成したマグマが上昇し，火山が形成される。

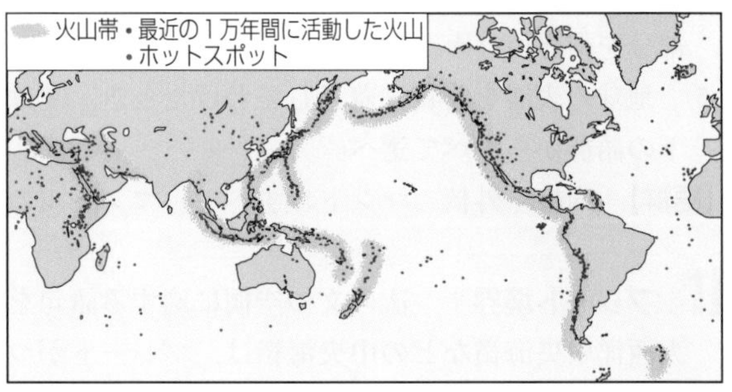

(⑦)…プレート運動によらず，マントル深部の熱源から高温物質が上昇している場所。

●(⑦)

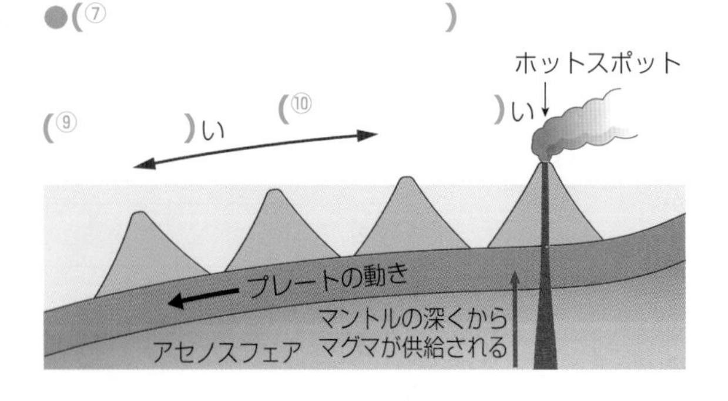

ハワイ島はマントルの地下深部に固定された(⑧)の湧き出し口である(⑦)上にあり，ここから噴出した玄武岩質(⑧)によってできた火山島である。

(⑦)はプレート運動と無関係に火山を形成し続け，火山列を形成する。

(⑦)から離れた火山はマグマの供給を断たれ活動を停止し，沈降して海山となる。

2 プレート境界と2種類の造山帯

●島弧－海溝系

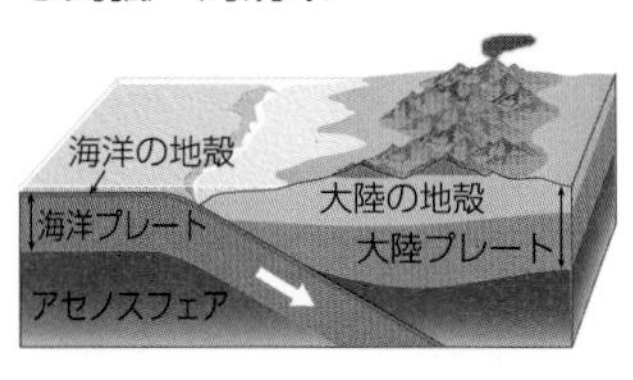

(⑪)プレートの下に(⑫)プレートが沈みこむことで形成される。

(⑬)…海洋プレート上の堆積物が，プレートの沈みこみに伴って大陸プレート側に付加されたもの。チャート，石灰岩，玄武岩，タービダイトからなる。

●アルプス－ヒマラヤ造山帯

(⑭)プレートどうしが衝突することにより，海の堆積物が変形・隆起し，(⑮)が形成された。

造山帯では褶曲(しゅうきょく)や断層が発達する。また，プレートの相互作用により，造山帯の地下では高温・高圧の地域が発生し，(⑯)岩が形成される。

大陸は数億年の周期で離合集散をくり返しており，パンゲア以前にはゴンドワナ大陸(約5億年前)，ロディニア大陸(約10億年前)とよばれる超大陸が存在したと考えられている。

練習問題

14 | **世界の地震分布** |　次の(1)～(4)に答えよ。

(1)　地震が起こっている帯状の地域を何というか。

(2)　太平洋を取り囲む(1)を何というか。

(3)　(2)と，アルプス－ヒマラヤ山脈周辺の(1)で，地球上の地震エネルギーの約何％が放出されているか。下の語群から選べ。

【語群】 10％　50％　98％

(4)　次の図(ア)，(イ)は世界の地震分布を表している。(ア)，(イ)がどのような地震を表しているか，それぞれ語群から選べ。

(ア)

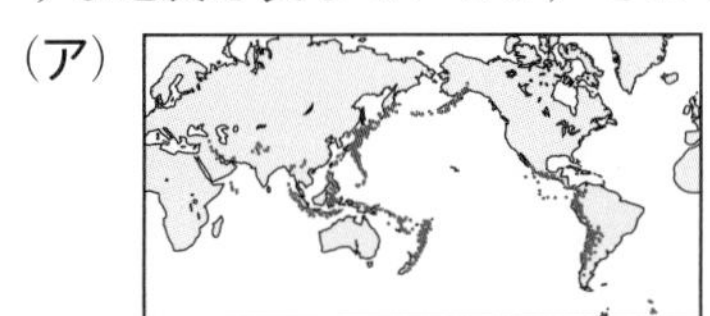

(イ)

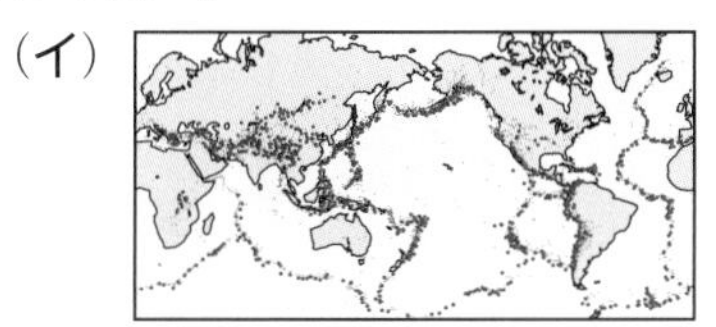

【語群】 マグニチュード８以上の地震　震度７の地震　深さ100kmより浅い地震　深さ100kmより深い地震

15 | **世界の火山分布** |　次の文の空欄に適する語句を答えよ。

火山が存在する帯状の地域を(　①　)といい，海嶺付近と海溝付近で，活動する火山の性質が異なる。海嶺付近では，おもに(　②　)質のマグマが活動しているが，海溝付近では，さまざまなマグマの活動が見られる。海嶺や海溝以外にも，ハワイなどのようにプレートの中央部に火山の活動が見られる場所があり，このような地点を(　③　)という。

16 | **ホットスポット** |　右の図は，ハワイ諸島と天皇海山列を表している。島，海山に書かれている数字は形成年代(万年前)である。

東経170°　180°　西経170°　160°
60°
明治海山(8500)
雄略海山(4740)
天皇海山列
40°
ミッドウェー島(2770)
30°
ハワイ諸島
ネッカー島(1030)
ハワイ島(0)
20°
0　1000　2000km

(1)　次の文章の空欄に適する語句を下の語群から選べ。

太平洋プレートは，今から約8500万年前から(　①　)万年前までは(　②　)に移動していたが，(　①　)万年前から現在にかけては(　③　)に向きを変えて移動していることがわかる。

【語群】 2770　4740　北北西　西北西　南南東　東南東

(2)　ネッカー島はハワイ島から約1200km離れており，今から約1030万年前に形成されたことが知られている。ハワイ島付近の太平洋プレートの移動速度はどれくらいか。最も適当なものを語群から選べ。

【語群】 約12mm／年　約12cm／年　約12m／年　約12km／年

17 | **大地形の形成** |　次の文の空欄に適する語句を答えよ。

帯状に山脈が形成されている地域を(　①　)といい，プレートどうしが衝突している境界にあたる。プレートの衝突により(　②　)温・(　③　)圧の地域が発生し，広域変成岩が形成されている。大陸プレートに海洋プレートが衝突して沈み込んでいる付近では(　④　)系が形成され，大陸プレートどうしが衝突する場所では(　⑤　)が形成されている。

14
(1)
(2)
(3) 約
(4) ア
イ

15
①
②
③

16
(1) ①
②
③
(2)

17
①
②
③
④
⑤

5 変成岩

1 変成岩の分類

(①)岩…岩石が地下で高温・高圧下にさらされて，固体のまま鉱物の種類や組織が変わったもの。

●(②)作用
マグマの貫入に伴う(③)による作用。数百m～数kmの狭い範囲で作用する。

●(④)作用
造山運動に伴う熱と(⑤)による作用。数百km以上の広い範囲で作用する。

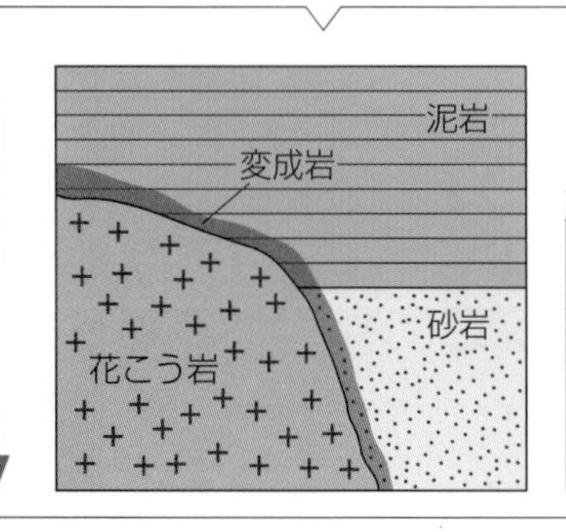

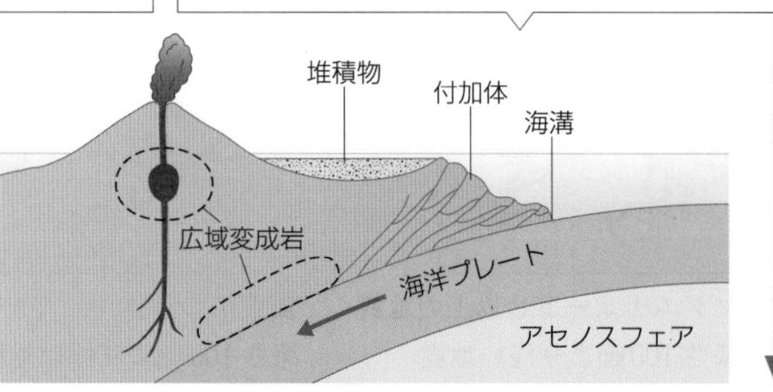

●接触変成岩

・(⑥)
もとの岩石：砂岩，泥岩など
特徴：緻密(ちみつ)でかたい。

・結晶質石灰岩
((⑦))
もとの岩石：(⑧)岩
特徴：粗粒の方解石からなる。

●広域変成岩

・(⑨)岩
もとの岩石：砂岩，泥岩，礫(れき)岩，凝灰岩，玄武岩など
特徴：(⑩)が発達し，はがれやすい。

・(⑪)岩
もとの岩石：砂岩，泥岩など
特徴：粗粒で，白と黒の縞(しま)模様が発達している。

2 岩石サイクル

岩石は，形成された後もゆっくりと姿を変え，しばしばほかの種類の岩石になる。

●岩石サイクル

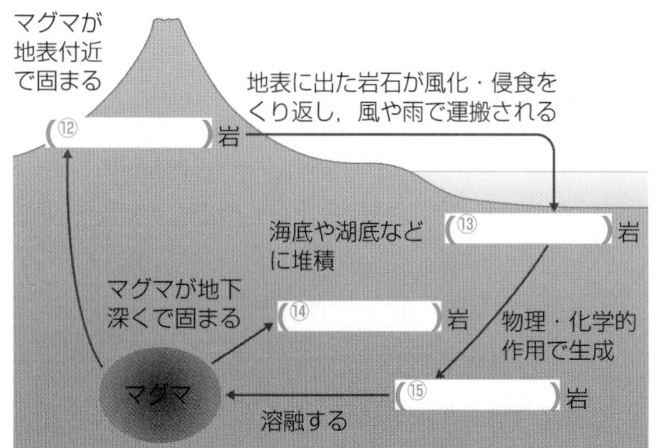

●岩石の相互作用

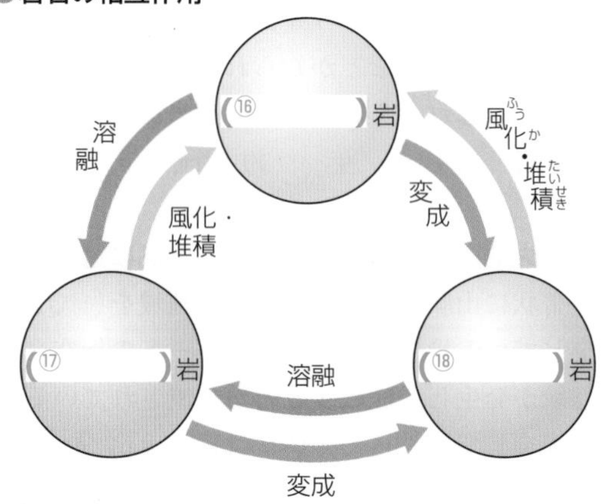

知識ぷらす＋　広域変成岩は変成条件により２種類にわけられる。高温低圧型では片麻岩，低温高圧型では片岩が生成する。

練習問題

18 | 変成岩をつくる作用 |　次の(1)～(5)に答えよ。

(1)　岩石が地下で高温・高圧下にさらされて，固体のまま鉱物の種類や組織が変わる作用を何というか。

(2)　マグマの貫入に伴う熱による(1)を何というか。

(3)　(2)が生じる範囲を，下の語群から選べ。

【語群】　数百 m ～数 km　数百 km 以上

(4)　造山運動に伴う熱と圧力による(1)を何というか。

(5)　(4)が生じる範囲を，(3)の語群から選べ。

18
(1)
(2)
(3)
(4)
(5)

19 | 接触変成岩 |　次の(1)，(2)に答えよ。

(1)　砂岩が接触変成作用を受けてできる変成岩は何か。

(2)　(1)の岩石ついて，次の文の空欄に適する語句を下の語群から選べ。

この岩石は，高い(　①　)の影響を受けてできたもので，緻密で(　②　)。

【語群】　温度　圧力　かたい　やわらかい

19
(1)
(2) ①
②

20 | 方解石からなる変成岩 |　次の(1)，(2)に答えよ。

(1)　右の写真は，石灰岩が接触変成作用を受けてできる変成岩である。この変成岩は何か。

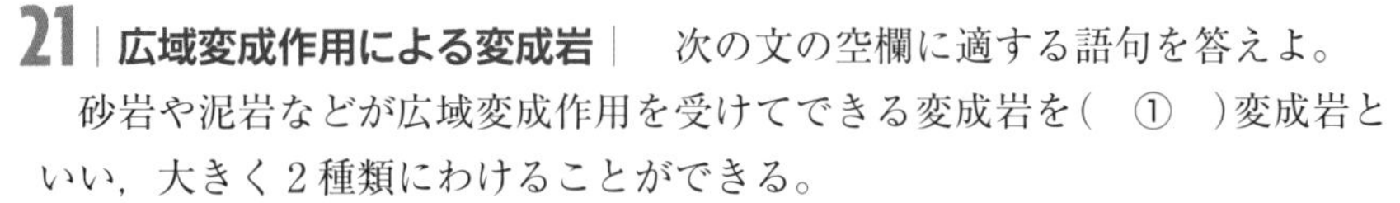

(2)　(1)の岩石ついて，次の文の空欄に適する語句を下の語群から選べ。

この岩石は，高い(　①　)の影響を受けてできたもので，(　②　)の方解石からなる。

【語群】　温度　圧力　細粒　粗粒

20
(1)
(2) ①
②

21 | 広域変成作用による変成岩 |　次の文の空欄に適する語句を答えよ。

砂岩や泥岩などが広域変成作用を受けてできる変成岩を(　①　)変成岩といい，大きく２種類にわけることができる。

一つは，(　②　)粒で白と黒の(　③　)模様が見られ，(　④　)とよばれる岩石である。もう一方は，はがれやすい性質である(　⑤　)をもち，(　⑥　)とよばれる岩石である。なお，(　⑥　)は，砂岩，泥岩のほかに，礫岩，凝灰岩，玄武岩などからもできる。

21
①
②
③
④
⑤
⑥

22 | 岩石サイクル |　次の文の空欄に適する語句を答えよ。

岩石は，形成された後もゆっくりと姿を変え，しばしばほかの種類の岩石になる。地表付近の岩石は，風化・侵食・運搬作用を受け，さらに堆積して固まると，(　①　)岩になる。(　①　)岩に熱や圧力が加わると，(　②　)岩へと変わったり，溶融して(　③　)になり，(　③　)が冷え固まって(　④　)岩となったりする。

22
①
②
③
④

6 断層と褶曲

1 褶曲

(① 　　　　) …水平に堆積した地層が，水平や垂直方向の圧力を受けて波状に変形した構造。
(② 　　　　) … (① 　　　　)の山の部分。
(③ 　　　　) … (① 　　　　)の谷の部分。

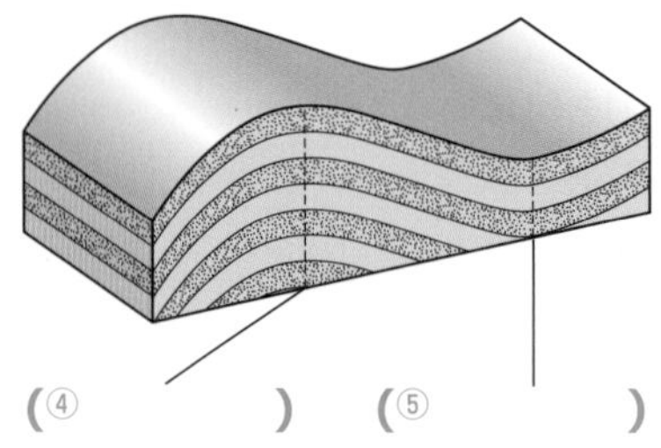

(④ 　　　　) (⑤ 　　　　)

2 断層

地層がある面を境にして生じたくい違いを(⑥ 　　　　)といい，くい違いを生じさせている面を(⑦ 　　　　)という。岩盤は，あらゆる方向からたえず圧縮されている。岩盤にはたらく力を，鉛直方向と水平面上の直交する２方向の三成分にわけて考えたとき，最大の圧縮力がはたらく方向と相対的に伸張する方向の組合せで，断層は三種類にわけられる。

●正断層

➡ 最大の圧縮力がはたらく向き
➡ 相対的に伸張する方向

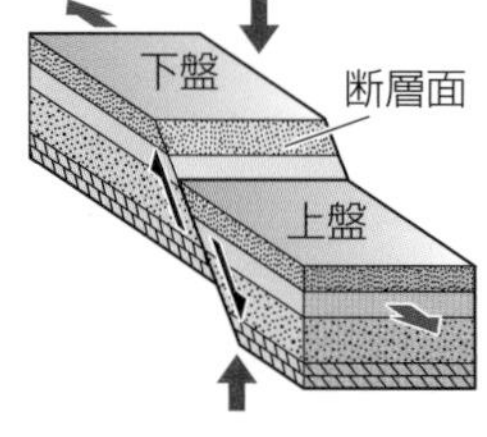

(⑧ 　　　　)断層

断層面の上側(上盤(うわばん))が相対的に下がる。

●逆断層

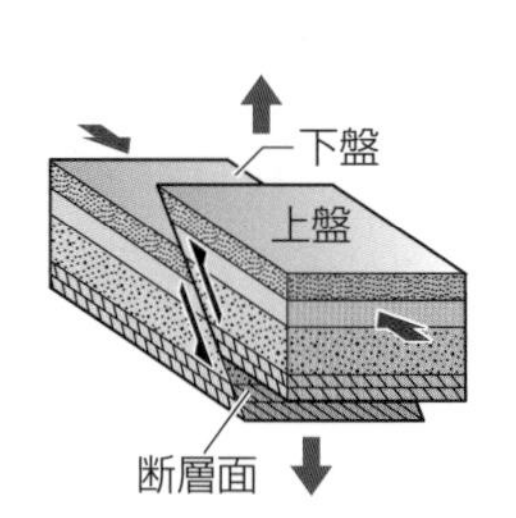

(⑨ 　　　　)断層

断層面の上側(上盤)が相対的に上がる。

●横ずれ断層

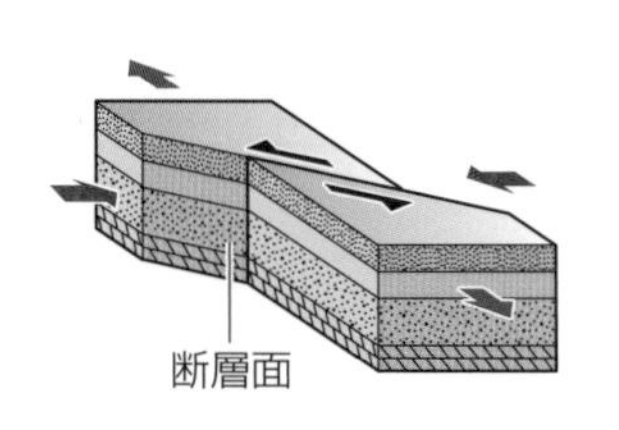

断層面をはさんで向こう側が右向きにずれたものを(⑩ 　　　　)断層。
断層面をはさんで向こう側が左向きにずれたものを(⑪ 　　　　)断層。

知識ぷらす＋ 大規模な噴火では大量の火山灰が飛び，多くの地域に同じ火山灰層ができる。9万～8万5千年前の阿蘇山の噴火によってできた火山灰層は，北海道東部でも10cmにおよぶ。

練習問題

23 | **地層の変形** | 次の(1)，(2)に答えよ。

(1) 地層が圧力を受けて波状に変形した構造を何というか。

(2) 地層がある面を境にして生じたずれを何というか。

24 | **褶曲** | 右の図はある地質構造の模式図である。次の(1)，(2)に答えよ。

(1) 右図において，山になったaの部分を何というか。

(2) 右図において，谷になったbの部分を何というか。

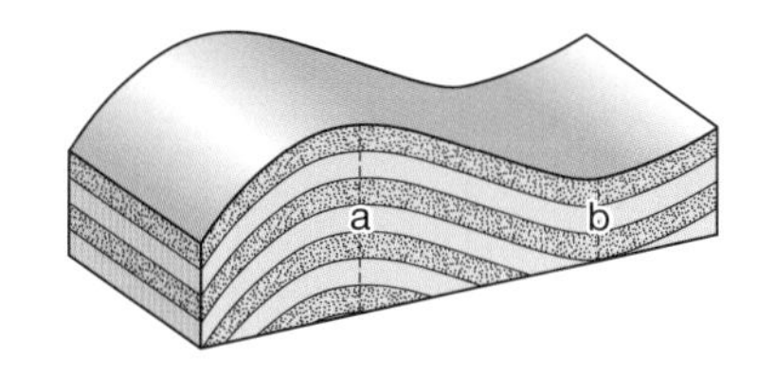

25 | **断層** | 断層は下の図のように4つの形式にわけられる。次の(1)，(2)に答えよ。

ア

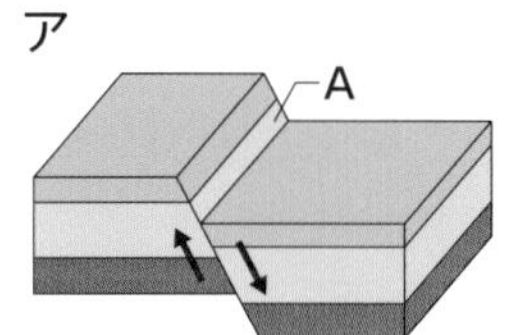

イ

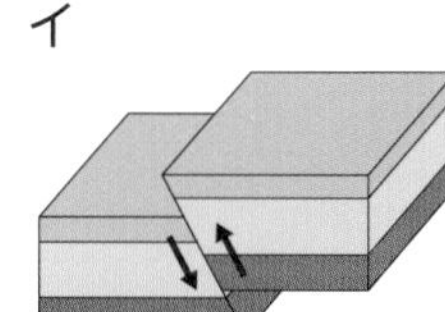

ウ

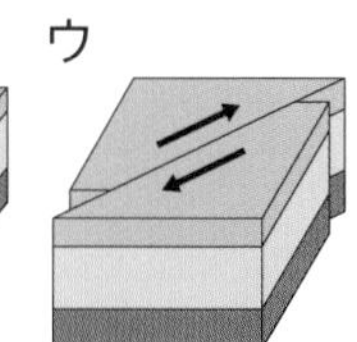

エ

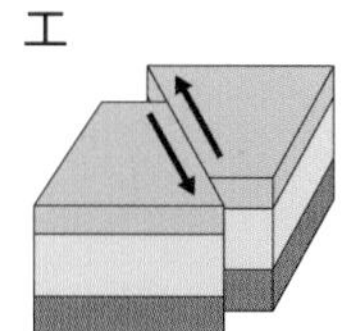

(1) 図中のAを何というか。

(2) ア～エの断層の名称をそれぞれ答えよ。

26 | **断層の判別** | 次の写真A，Bの断層の名称をそれぞれ答えよ。また，写真Cは右横ずれ断層か，左横ずれ断層か答えよ。

A

B

C

23
(1)
(2)

24
(1)
(2)

25
(1)
(2) ア
イ
ウ
エ

26
A
B
C

7 地震活動①

1 地震の分布

●日本付近のプレート分布

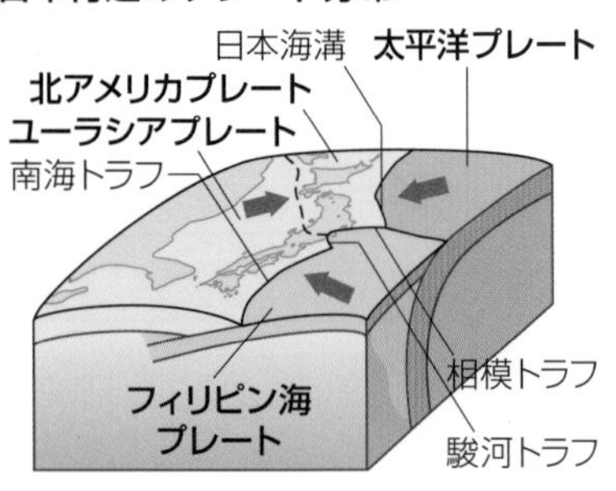

日本列島は４枚のプレートの上にのっている。(① 　　　　)プレートは東日本の東方の日本海溝で(② 　　　　)プレートの下に沈み込んでいる。また(③ 　　　　)プレートは南海トラフで(④ 　　　　)プレートの下に沈み込んでいる。

●日本付近の地震の分布

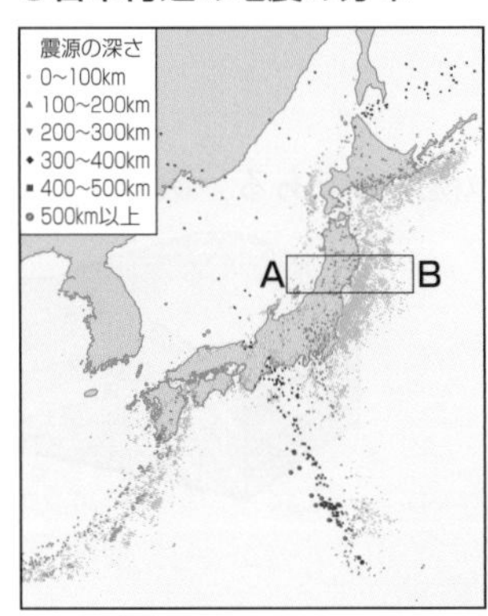

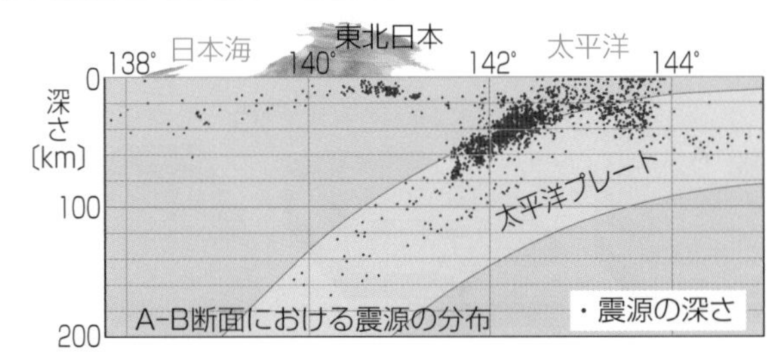

日本列島では，陸域の浅いところで発生する地震とともに，震源の深い地震(深発地震)が，(⑤ 　　　　)海溝や琉球海溝から大陸に向かってしだいに(⑥ 　　　　)くなるように分布している。これは，沈み込む(⑦ 　　　　)プレートやフィリピン海プレートにそって地震が発生していると考えられる。

2 地震発生のしくみ

●プレート境界地震

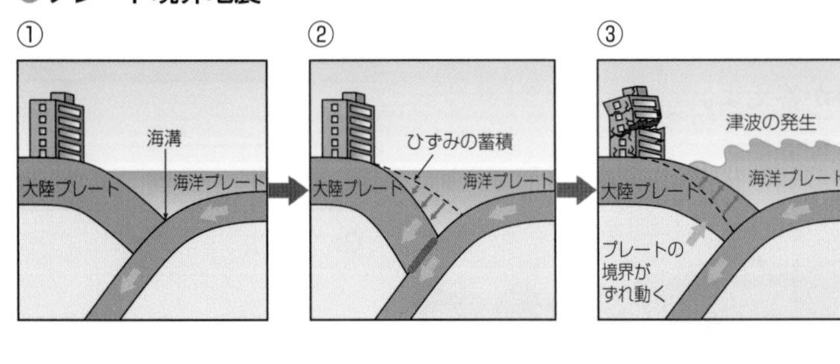

日本海溝のように，沈み込む海洋プレートと大陸プレートの境界で発生する地震は，(⑧ 　　　　)**地震**とよばれる。

このような二つのプレートが固着している部分ではつねに(⑨ 　　　　)が蓄積されており，その(⑨ 　　　　)が限界をむかえると一気にプレートの境界がずれ動き地震が発生する。

●大陸プレート内地震・海洋プレート内地震

地震はプレート境界内だけでなく，日本列島の地殻内の(⑩ 　　　　)ところでも発生している。これを(⑪ 　　　　)**地震**という。また，沈み込む海洋プレートの内部で発生している地震をとくに(⑫ 　　　　)**地震**という。日本列島をのせる大陸プレートの周縁部は，沈み込む海洋プレートやマントルから上昇するマグマから力を受け，地殻内に(⑨ 　　　　)が蓄積していく。そして限界をむかえると地殻内の岩石が破壊され，陸域の浅いところで地震が発生する。

3 震度とマグニチュード

(⑬ 　　　　) …各観測地点における揺れの強さ。日本では，(⑬ 　　　　)の大きさは０～７までの 10 段階((⑬ 　　　　)5 および 6 はそれぞれ強・弱にわかれる)の階級で示す。

(⑭ 　　　　) …地震の規模を表す尺度。(⑭ 　　　　)が 1 増すごとに地震のエネルギーは約 32($\fallingdotseq \sqrt{1000}$)倍になり，2 増すと 1000 倍になる。

練習問題

27 日本付近のプレート

右の図は，日本付近のプレートを示したものである。図のア～エのプレートの名称を答えよ。

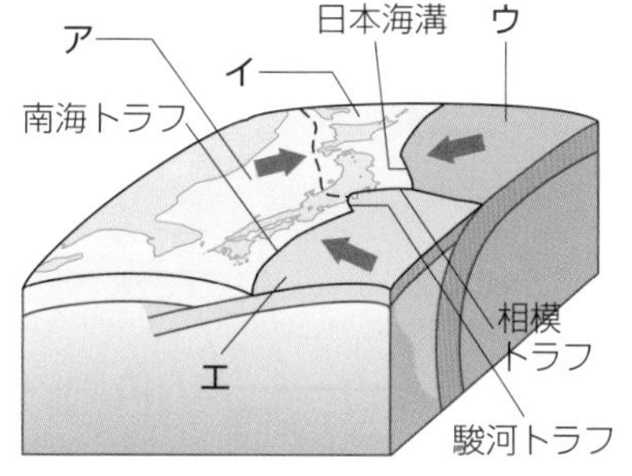

27
ア
イ
ウ
エ

28 日本付近の地震

次の文章の空欄に適する語句を入れ，あとの問いに答えよ。

右の図は，東北日本の東西断面における震源の分布図である。日本列島の震源の深い地震は，プレートの(　①　)にそって発生し，日本海溝から大陸に向かって(　②　)くなるように分布していることがわかる。

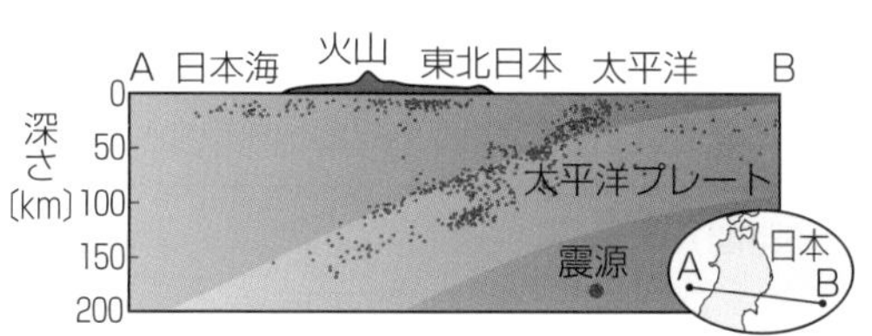

(1)　沈み込む海洋プレートと大陸プレートの境界で発生する地震を何というか。

(2)　日本列島の地殻内の浅いところで発生する地震を何というか。

(3)　(1)と(2)の地震の例としてあてはまるものを下のア，イよりそれぞれ選べ。

ア　平成 23 年(2011 年)東北地方太平洋沖地震

イ　平成 28 年(2016 年)熊本地震

(4)　(2)の地震を発生させる地殻のひずみはどのように蓄積されるか。次のア～ウのうちから 2 つ選べ。

ア　地球の自転による遠心力によって

イ　マントルからのマグマの上昇によって

ウ　海洋プレートによる大陸プレートの圧縮によって

28
①
②
(1)
(2)
(3) (1)
(2)
(4)

29 震度とマグニチュード

次の文章の空欄に適する語句や数値を入れ，あとの問いに答えよ。

地震の規模を表す尺度を(　①　)といい，この尺度が 2 大きくなると地震のエネルギーは(　②　)倍になる。各地点で観測された揺れの強さを表す指標を(　③　)といい，(　④　)から(　⑤　)までの(　⑥　)段階で表される。

(1)　揺れの強さを表す指標のうち，強弱の 2 段階で表す段階はどこか。数字で 2 つ答えよ。

(2)　マグニチュード 8 の地震のエネルギーはマグニチュード 7 の地震のエネルギーの約何倍か。

(3)　マグニチュード 9 の地震のエネルギーはマグニチュード 7 の地震のエネルギーの何倍か。

29
①
②
③
④
⑤
⑥
(1)
(2) 約　倍
(3)　倍

8 地震活動②

1 地震波の伝わり方

●震源と震央

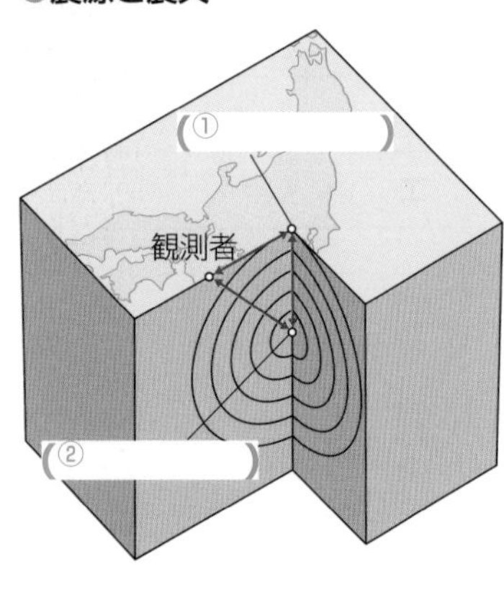

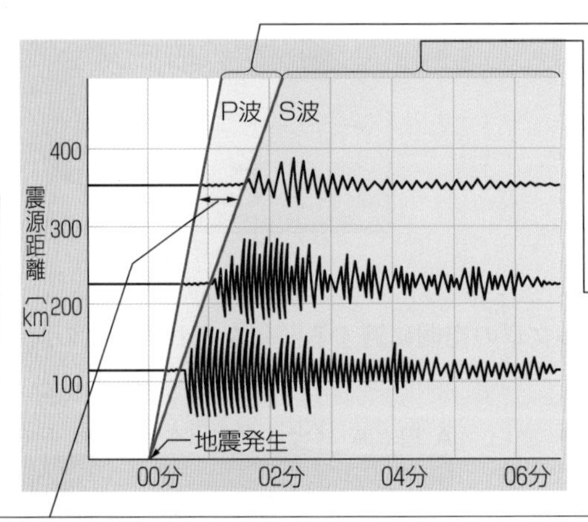

(③　　　　)
縦波である(④　　　)波による振動。最初に到達する小さな揺れ。速さは5～7 km/s である。

(⑤　　　　)
横波である(⑥　　　)波による振動。あとに到達する大きな揺れ。速さは3～4 km/s である。

(⑦　　　　)時間(初期微動継続時間)
P 波が到達してから S 波が到達するまでの時間。震源距離 d〔km〕と初期微動継続時間 t〔s〕との間には $d=kt$ の関係があり，これを(⑧　　　　)公式という。震源が遠くなるほど，初期微動継続時間は(⑨　　　　)くなる。

$$\frac{d}{V_S}-\frac{d}{V_P}=t,\quad d=\frac{V_P V_S}{V_P-V_S}t$$

V_P：**P 波の速度**，V_S：**S 波の速度**

●緊急地震速報

(⑩　　　　　　)は，全国に設置された地震計のうち，震源に近い地震計が検知した(⑪　　　　)波から，震源の位置や規模を瞬時に推定し，(⑫　　　　)波による大きな揺れが到達する前に警報を出す仕組みである。ただし，十分な時間的余裕はなく，警報が間に合わない場合もあるため，日ごろの備えが必要である。

2 本震と余震

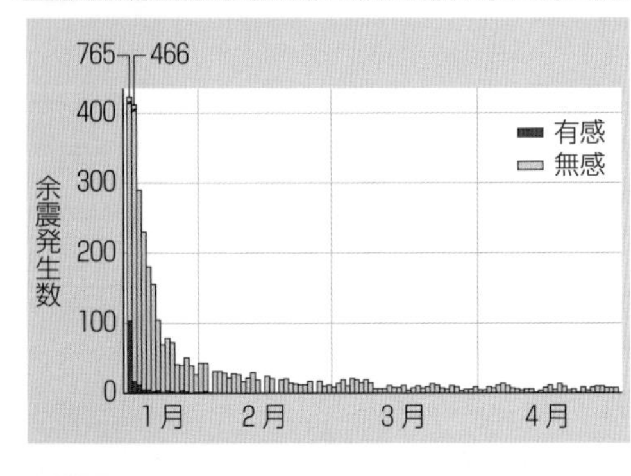

◀兵庫県南部地震の日別余震発生数

本震…はじめに発生する大きな地震。

(⑬　　　　)…本震に引き続き，本震の震源の周辺で起こる地震。

(⑭　　　　)…(⑬　　　　)の発生する領域。

(⑬　　　　)の発生頻度(ひんど)は，時間の経過とともに急激に(⑮　　　　)する。一般に，(⑬　　　　)の規模は本震に比べるとかなり小さいが，ときには本震の規模に近い大きさのものが起こることもある。

3 地震と地殻変動

規模の大きな地震が発生すると，地殻変動が起こることがある。その変化は，三角点や(⑯　　　　)点の測量や人工衛星による観測などによって明らかにされる。三角点測量の結果より，地殻のひずみが大きいところに地震が集中するということが示されている。

(⑰　　　　)**断層**…地震発生時に活動した主要な断層。過去に活動したことのある断層が再活動したものであることが多く，地表に現れることがある。

(⑱　　　　)**断層**…過去数十万年以内にくり返し活動し，将来も活動すると考えられている断層。

知識ぷらす＋　初期微動継続時間はS波(Secondary wave)の到達時刻からP波(Primary wave)の到達時刻を引いた時間であることから，気象庁では「S－P時間」という用語が用いられている。

練習問題

30 ｜**地震波**｜　次の図は，ある地震によって観測された地震波の記録である。下の(1)～(5)に答えよ。

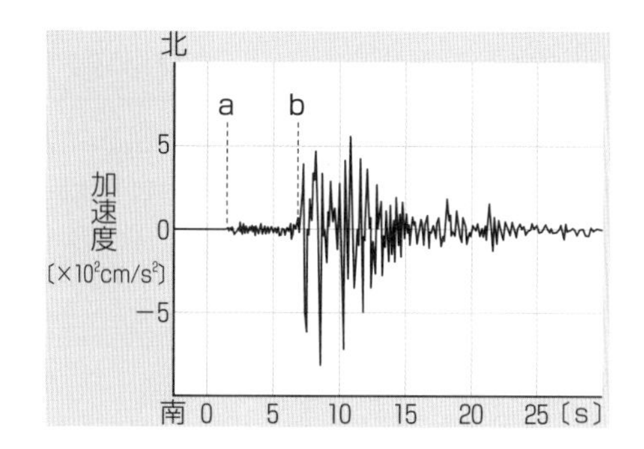

(1)　初期微動をもたらす波の到達は，図のa，bのうちどちらか。
(2)　初期微動をもたらす波は縦波か横波か。
(3)　主要動をもたらす波の到達は，図のa，bのうちどちらか。
(4)　主要動をもたらす波は縦波か横波か。
(5)　aからbまでの時間を何というか。

30
(1)
(2)
(3)
(4)
(5)

31 ｜**初期微動継続時間と震源距離**｜　初期微動継続時間(S－P時間)を t〔s〕，震源距離を d〔km〕とするとき，S－P時間と震源距離の間には $d=kt$(k は比例定数)が成り立つ。次の(1)～(3)に答えよ。
(1)　この公式を何というか。
(2)　$k=8$ とすると，S－P時間が5秒のとき，震源距離は何kmか。
(3)　$k=8$ とすると，震源距離が120kmの地点では，S－P時間は何秒か。

31
(1)
(2)　km
(3)　秒

32 ｜**緊急地震速報**｜　下の表は，地表付近を震源とする地震が発生した際の各観測点における震源距離を示している。観測点XにP波が到達してから5秒後に緊急地震速報が出された。S波が到達する前に速報を受信した地点を答えよ。ない場合は「なし」と答えよ。ただし，P波速度は5km/s，S波速度は3km/sとし，速報は発信と同時に各地点で受信されるものとする。

観測点	X	A	B	C
震源距離〔km〕	15	21	36	45

32

33 ｜**本震と余震**｜　大きな地震が発生すると，震源のまわりで引き続き小さな地震が起こる。これについて，次の(1)，(2)に答えよ。
(1)　はじめに発生する大きな地震を何というか。
(2)　引き続き発生する小さな地震を何というか。

33
(1)
(2)

34 ｜**活断層**｜　次の(1)，(2)に答えよ。
(1)　地震による水平方向の地殻変動を測量するときに利用される基準点を何というか。
(2)　数十万年前から現在にかけてくり返し活動し，将来も活動すると考えられている断層を何というか。

34
(1)
(2)

9 火山活動

1 火山の分布

岩石が部分的に溶融して生じた高温の液状物質を(① 　　　　　　)という。日本の火山は，海溝やトラフから一定の距離離れた西側に分布している。この火山分布の東縁を(② 　　　　　　)とよぶ。

●マグマだまり

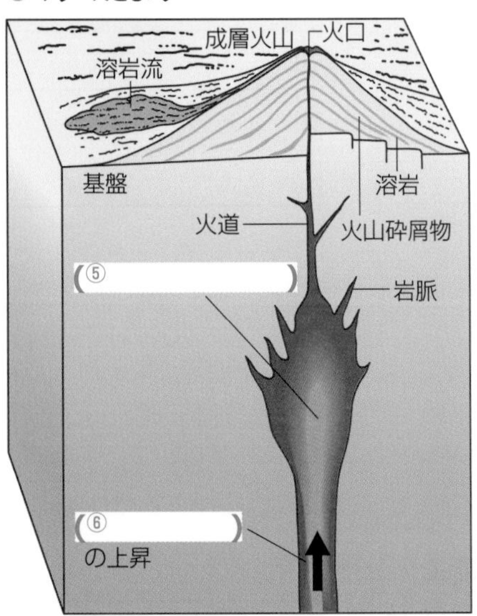

(① 　　　　　　)は液体であり，まわりの岩石よりも密度が小さいため，流動して上昇する。地殻の上部付近まで上昇すると，まわりの岩石との密度差が小さくなって滞留し，火山の地下数 km のあたりに(③ 　　　　　　)を形成する。

↓

(③ 　　　　　　)では，溶けこんでいた(④ 　　　　)成分が気体となって分離し，多量の気泡が発生する。これにより，内部の圧力が高まる。

↓

圧力が限界に達すると噴火が起き，(① 　　　　　　)は溶岩や火山ガス，火山砕屑物(さいせつ)となって地表に噴出する。

2 火山噴出物

●火山砕屑物

特定の形を示さないもの	直径 64 mm 以上	(⑦ 　　　　)
	直径 2 ～ 64mm	(⑧ 　　　　)
	直径 2 mm 以下	(⑨ 　　　　)
特定の形を示すもの	火山弾(紡錘状，パン皮状など)，スパター，ペレーの毛，ペレーの涙	
多孔質のもの	軽石，スコリア	

●火山ガス

大部分は(⑩ 　　　　　　)(H_2O)で，ほかには(⑪ 　　　　　　)，二酸化硫黄，硫化水素などが含まれる。

●火砕流

(⑫ 　　　　　　)と高温の火山ガスが一体となり，高速で山体を流下する現象。流下速度は時速 100 ～ 200 km，温度は数百℃に達することもある。

紡錘状火山弾

軽石

スコリア

ペレーの毛

●溶岩

(⑬ 　　　　　　)質マグマ

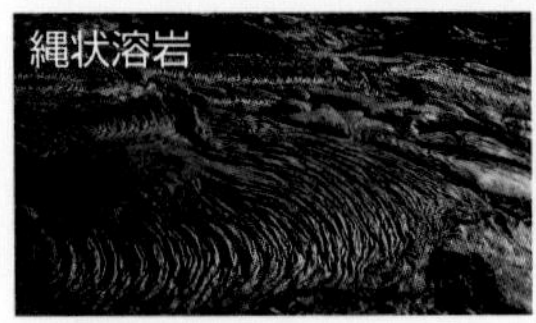
縄状溶岩

表面がなめらかで，縄状の模様がついている。

コークス状溶岩

表面が多孔質になっている。

枕状溶岩

玄武岩質の溶岩が水中で固まったもの。

安山岩質～流紋岩質マグマ

塊状溶岩

岩塊が大きく，平滑な面をもつ多面体になる。

知識ぷらす＋　玄武岩質マグマによる穏やかな噴火といえどもマグマが吹き上がれば人が近づくことはできないし，流紋岩質マグマによる噴火でも地表がもりあがるだけで終わることもある。

練習問題

35 | **火山活動** |　次の(1)～(4)に答えよ。

(1) 火山噴火は，何の活動によって起こるか。

(2) 地下から地殻の上部付近まで上昇してきた(1)が，火山の地下数 km の場所で滞留したものを何というか。

(3) 次の文の空欄に適する語句を答えよ。

日本の火山は，右図のように海溝から一定の距離より（　①　）側にだけ分布する傾向があり，この火山分布の東縁を（　②　）とよぶ。これは，沈み込むプレートの上面が 100 ～ 150km より深くなるとマグマが発生するためである。

(4)火山噴火により放出されたさまざまな物質を何というか。

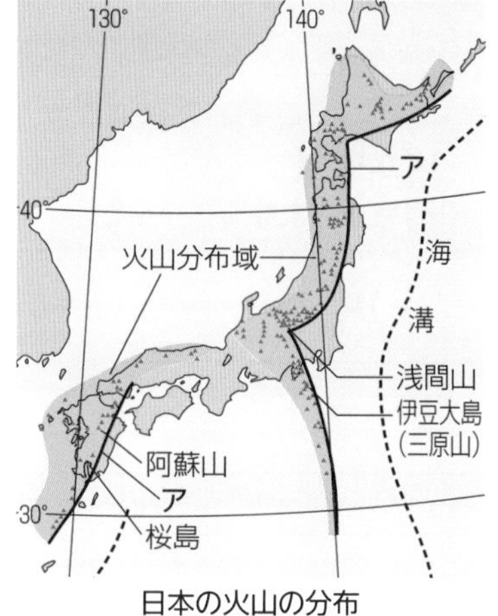

日本の火山の分布

35
(1)
(2)
(3) ①
②
(4)

36 | **火山噴出物** |　次の(1)～(4)に答えよ。

(1) 火山噴出物のうち，気体の状態のものを何というか。

(2) (1)のうち，割合が最も多い成分は何か。

(3) マグマが地表に流出したものやそれが固結したものを何というか。

(4) 火山噴出物のうち，(3)以外の固体のものを総称して何というか。

36
(1)
(2)
(3)
(4)

37 | **火砕流** |　次の文の空欄に適する語句を答えよ。ただし，②と③は下の語群から選べ。

火砕流とは，（　①　）と火山ガスが一体となって流れ下るもので，温度は（　②　）℃，流下速度は時速 100 ～ 200（　③　）に達し，大きな被害を引き起こすことがある。

【語群】 数十　数百　m　km

37
①
②
③

38 | **特定の形を示す火山砕屑物** |　次の(1)，(2)に答えよ。

(1) 紡錘状，パン皮状などの特定の形のある火山砕屑物を何というか。

(2) 右の写真は，マグマが引き伸ばされてできた髪の毛のように見える火山砕屑物である。この火山砕屑物を何というか。

38
(1)
(2)

39 | **穴の多い火山噴出物** |　次の文の空欄に適する語句を答えよ。

写真ア，イは，火山噴出物の写真であり，細かい穴が数多くあいている。このような岩石の性質を（　①　）質といい，左の白い岩石アを（　②　），右の黒い岩石イを（　③　）という。

ア

イ

39
①
②
③

10 火山の形

1 噴火の様式と火山の形

噴火の激しさは，マグマの(① 　　　)とマグマ中の(② 　　　)の量によって決まる。マグマの粘性は，温度が低くなるほど(③ 　　　)くなり，(④ 　　　)(SiO_2)の量が多いほど大きくなる。

また，マグマの性質によって火山はさまざまな形をつくる。

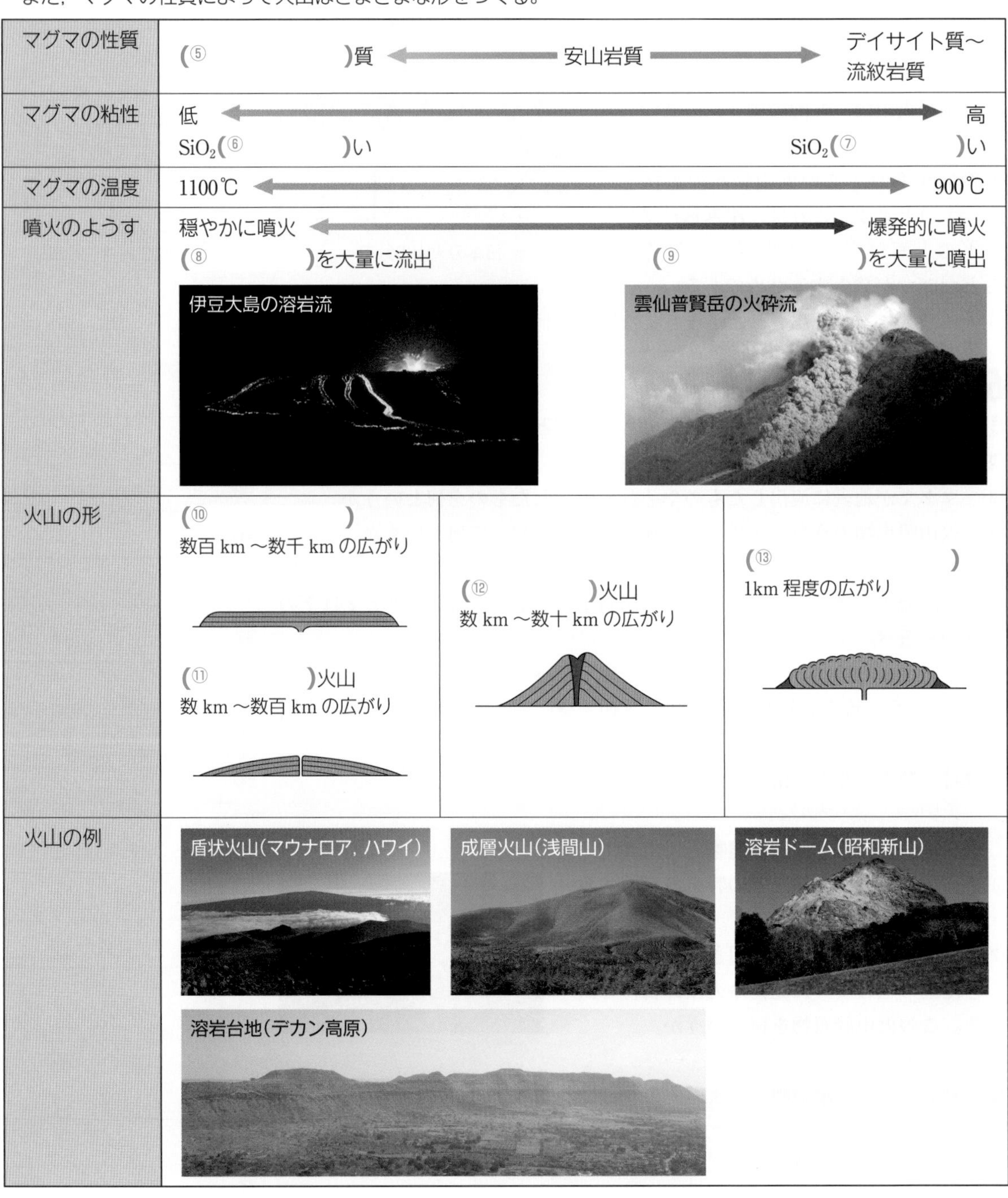

マグマの性質	(⑤ 　　　)質 ← 安山岩質 → デイサイト質～流紋岩質
マグマの粘性	低 ←→ 高 SiO_2(⑥ 　　　)い　　SiO_2(⑦ 　　　)い
マグマの温度	1100℃ ←→ 900℃
噴火のようす	穏やかに噴火 ←→ 爆発的に噴火 (⑧ 　　　)を大量に流出　　(⑨ 　　　)を大量に噴出 伊豆大島の溶岩流　　雲仙普賢岳の火砕流
火山の形	(⑩ 　　　) 数百 km ～数千 km の広がり (⑪ 　　　)火山 数 km ～数百 km の広がり (⑫ 　　　)火山 数 km ～数十 km の広がり (⑬ 　　　) 1km 程度の広がり
火山の例	盾状火山(マウナロア，ハワイ) 成層火山(浅間山) 溶岩ドーム(昭和新山) 溶岩台地(デカン高原)

練習問題

40 | **噴火の様式** | 次の文の空欄に適する語句を下の語群から選べ。

火山の噴火のようすは，マグマの粘性とマグマ中のガスの量によって決まる。(　①　)温で二酸化ケイ素の量が(　②　)いマグマほど，粘性が高く流動しにくいため，マグマから分離して蓄積されるガスの量も(　③　)くなり，噴火は(　④　)になる。

【語群】 高　低　多　少な　穏やか　爆発的

40
①
②
③
④

41 | **玄武岩質マグマの火山** | 次の(1)〜(3)に答えよ。

(1) 玄武岩質マグマは，流紋岩質マグマに比べて SiO_2 の量は多いか，少ないか。

(2) 玄武岩質マグマの噴火のようすは，次のア，イのうちどちらか。

ア

イ

(3) 玄武岩質マグマの活動によって形成される火山の形を，次の語群からすべて選べ。

【語群】 溶岩台地　溶岩ドーム(溶岩円頂丘)　成層火山　盾状火山

41
(1)
(2)
(3)

42 | **流紋岩質マグマの火山** | 次の文の空欄に適する語句を下の語群から選べ。

流紋岩質マグマは，マグマの(　①　)が高いため，噴火のようすは(　②　)になる傾向が強い。代表的な火山の形は(　③　)である。

【語群】 温度　粘性　溶岩流　爆発的
溶岩台地　溶岩ドーム(溶岩円頂丘)　成層火山　盾状火山

42
①
②
③

43 | **火山の形と噴火のようす** | 次の語群の火山について，あとの(1)〜(6)に答えよ。

【語群】 溶岩台地　盾状火山　成層火山　溶岩ドーム(溶岩円頂丘)

(1) 大きさ(水平規模)が最も大きいものはどれか。

(2) 大きさ(水平規模)が最も小さいものはどれか。

(3) 火砕流を最も起こしやすいものはどれか。

(4) 溶岩を大量に流出するような噴火をするものはどれか。2つ答えよ。

(5) 溶岩や火山砕屑(さいせつ)物を交互に噴出し，それらが積み重なってできたものはどれか。

(6) 次のア，イの模式図は，どの火山のものか。それぞれ答えよ。

ア 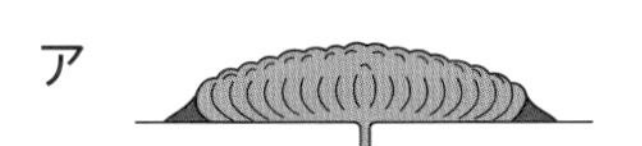

イ 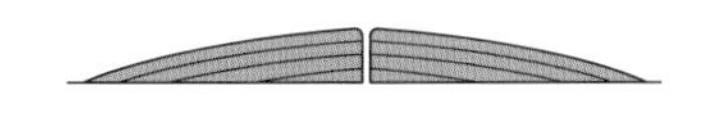

43
(1)
(2)
(3)
(4)
(5)
(6) ア
イ

11 火成岩

1 岩石と鉱物

●岩石

(① 　　　　)岩…マグマが冷え固まってできた岩石。

(② 　　　　)岩…堆積物が固まった岩石。

(③ 　　　　)岩…もとの岩石が，高温・高圧の状態におかれたことにより，固体のまま別の岩石に変わったもの。

●鉱物

原子やイオンが規則正しく配列した固体を(④ 　　　　)といい，ほとんどの鉱物は(④ 　　　　)である。鉱物によって，特定の方向に割れやすい(⑤ 　　　　)という性質をもつ。

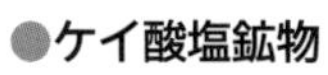

●ケイ酸塩鉱物

造岩鉱物の多くは，ケイ素(Si)と酸素(O)が結合した(⑥ 　　　　)四面体を骨格とする(⑦ 　　　　)鉱物である。

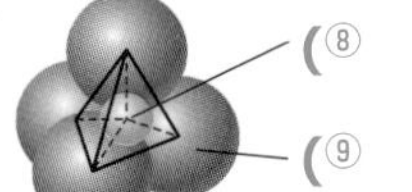

(⑧ 　　　　)原子

(⑨ 　　　　)原子

鉱物	構造	鉱物	構造
かんらん石	SiO_4 四面体が単独で存在しているもの  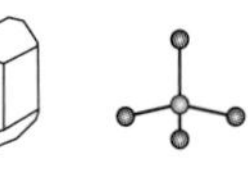 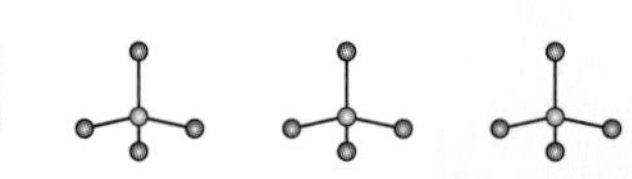 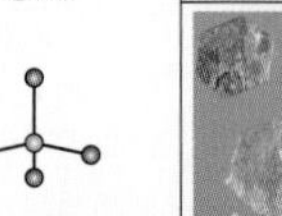	黒雲母	SiO_4 四面体が平面網状に結合したもの 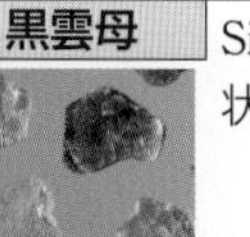 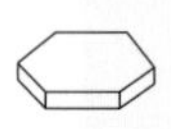 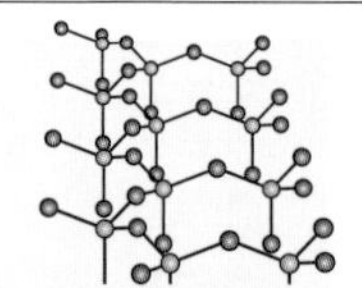
普通輝石	SiO_4 四面体が一重の鎖状に結合したもの 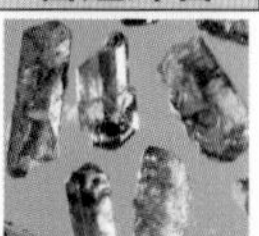 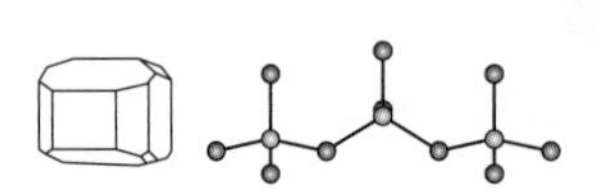	長石	SiO_4 四面体が立体網状に結合したもの 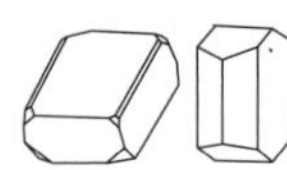 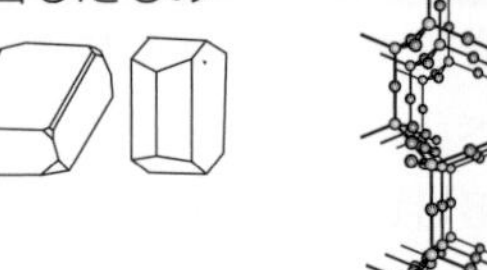 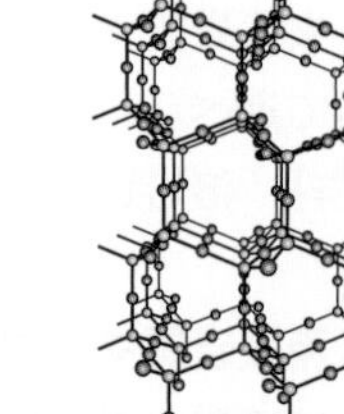
角閃石	SiO_4 四面体が二重の鎖状に結合したもの   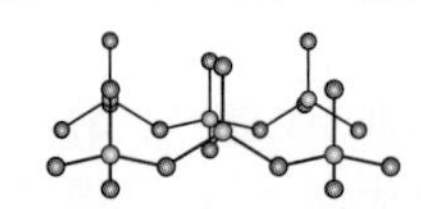	石英	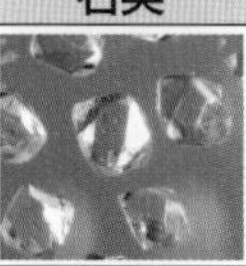 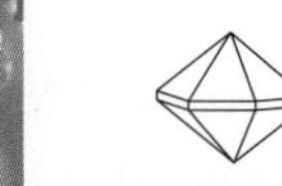

2 火成岩の産状と組織

火成岩は，地下深くから地殻の割れ目を通って上昇するマグマが冷え固まってできる。

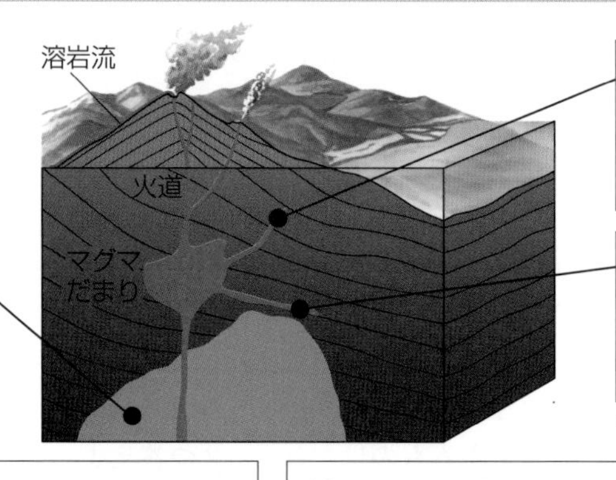

(⑩ 　　　　)
地下深くでできた，露出面積が $100\,km^2$ 以上の大規模なマグマの貫入岩体。

(⑪ 　　　　)
マグマが地層を切るように貫入して冷えたもの。

(⑫ 　　　　)
マグマが地層に沿って平行に貫入したもの。

(⑬ 　　　　)岩
マグマが地下深くでゆっくり冷えてできる岩石。結晶が大きく成長し，粒の大きさがそろっている(⑭ 　　　　)組織。

(⑮ 　　　　)岩
マグマが地表付近で急冷されてできる岩石。地下深部で成長した(⑯ 　　　　)と急冷によって固まった小さな結晶やガラス質(非晶質)部分である(⑰ 　　　　)からなる(⑱ 　　　　)組織。

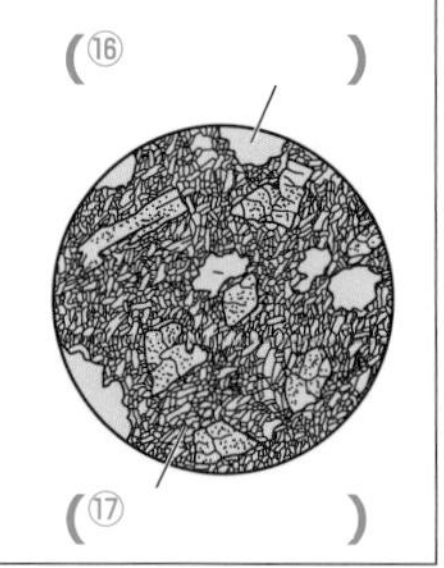

知識ぷらす＋　ケイ酸塩鉱物はかたくて透明感のある鉱物が多く，宝石も多く含まれている。8月の誕生石「ペリドット」はかんらん石であり，「ガーネット」や「エメラルド」もケイ酸塩鉱物である。

練習問題

44 | **岩石** |　次の(1)〜(3)に答えよ。

(1) 火成岩とは，何が冷え固まってできた岩石か。

(2) 堆積岩とは，何が固まってできた岩石か。

(3) 次の文の空欄に適する語句を，下の語群から選んで答えよ。

変成岩とは，もとの岩石が高温・高圧の状態におかれたことにより，(　　　)別の岩石に変化したものである。

【語群】 固体のまま　いったんとけて　気体になって

45 | **岩石をつくる鉱物** |　次の文の空欄に適する語句や数値を答えよ。

岩石はおもに(　①　)鉱物からなる。(　①　)鉱物は，ケイ素原子(　②　)個，酸素原子(　③　)個からなる SiO_4 四面体を基本単位としている。

46 | **火成岩の産状** |　次の(1)〜(4)に答えよ。

(1) 地下の深い場所でできた，大規模な貫入岩体を何というか。

(2) マグマが地層を切るように貫入したものを何というか。

(3) マグマが地層に沿って貫入したものを何というか。

(4) (1)〜(3)を図のア〜ウからそれぞれ選べ。

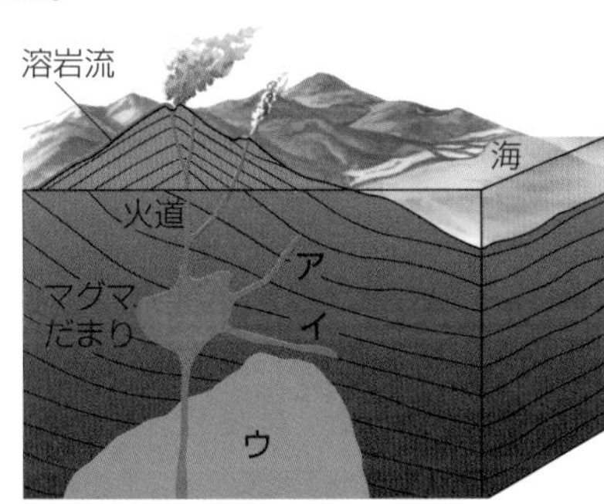

47 | **火成岩の組織** |　次の(1)〜(3)に答えよ。

(1) 図のような組織を何というか。

(2) 図のような組織をもつ火成岩を何というか。

(3) 次の文の空欄に適する語句を下の語群から選べ。

このような組織をもつ岩石は，(　①　)で，(　②　)冷え固まってできた。

【語群】 地表付近　地下深く　ゆっくり　急に

48 | **火成岩の組織** |　次の(1)〜(4)に答えよ。

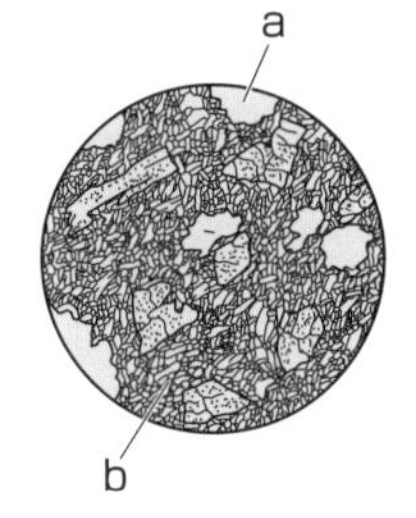

(1) 図のような組織を何というか。

(2) 図のような組織をもつ火成岩を何というか。

(3) 次の文の空欄に適する語句を下の語群から選べ。

このような組織をもつ岩石は，(　①　)で，(　②　)冷え固まってできた。

【語群】 地表付近　地下深く　ゆっくり　急に

(4) 図のa，bの部分をそれぞれ何というか。

44
(1)
(2)
(3)

45
①
②
③

46
(1)
(2)
(3)
(4) (1)
(2)
(3)

47
(1)
(2)
(3) ①
②

48
(1)
(2)
(3) ①
②
(4) a
b

12 火成岩の分類

1 火成岩の分類

火成岩は，組織による分類のほか，色や化学組成，鉱物の種類や量によっても分類される。火成岩を構成する造岩鉱物には次のようなものがある。

(① 　　　　)鉱物……鉄(Fe)，マグネシウム(Mg)を多く含む色の濃い鉱物。

(② 　　　　)鉱物……ケイ素(Si)，アルミニウム(Al)を多く含む色の薄い鉱物。

岩石に含まれる(① 　　　　)鉱物の割合を(③ 　　　　)指数という。

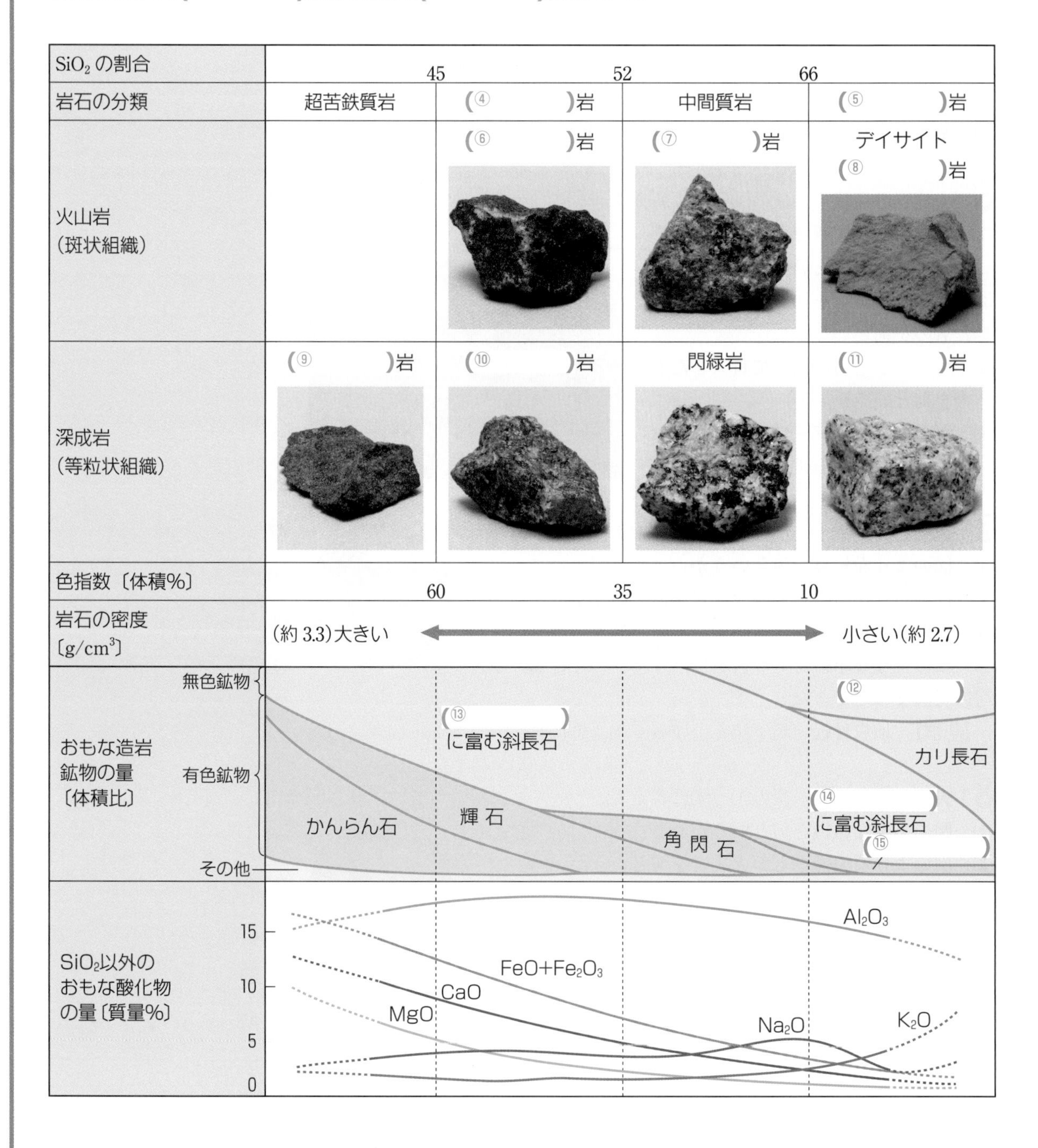

SiO_2 の割合	45	52	66	
岩石の分類	超苦鉄質岩	(④ 　　　)岩	中間質岩	(⑤ 　　　)岩
火山岩 (斑状組織)		(⑥ 　　　)岩	(⑦ 　　　)岩	デイサイト (⑧ 　　　)岩
深成岩 (等粒状組織)	(⑨ 　　　)岩	(⑩ 　　　)岩	閃緑岩	(⑪ 　　　)岩
色指数〔体積%〕	60	35	10	
岩石の密度 〔g/cm^3〕	(約 3.3)大きい	⟷	⟷	小さい(約 2.7)

知識ぷらす＋　カーリングで使用するストーンには花こう岩が使われている。花こう岩は緻密でかたく，吸水性が小さいため，氷の上を滑るストーンに最適とされている。

練習問題

49｜**火成岩の分類**｜　次の(1)，(2)に答えよ。

(1)　火成岩を化学組成で分類する場合，何の含有量によって分類されるか。化学式で答えよ。

(2)　岩石に含まれる有色鉱物の割合を何というか。

50｜**火成岩**｜　次の(1)，(2)に答えよ。

(1)　下の語群から深成岩をすべて選び，SiO_2 の含有量の多いものから順に並べて書け。

(2)　下の語群から火山岩をすべて選び，SiO_2 の含有量の多いものから順に並べて書け。

【語群】 流紋岩　花こう岩　安山岩　閃緑岩　玄武岩　斑れい岩

51｜**火成岩の名称**｜　次の写真ア，イは，ある火成岩の表面のようすを拡大したものである。(1)～(4)に答えよ。

ア

イ

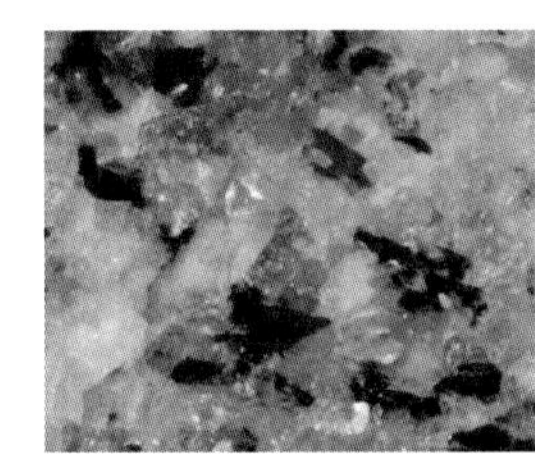

(1)　等粒状組織の珪長質岩は何か。

(2)　(1)の岩石は，ア，イのうちどちらか。

(3)　斑状組織の苦鉄質岩は何か。

(4)　(3)の岩石は，ア，イのうちどちらか。

52｜**火成岩を構成する鉱物**｜　マグマが地下の深い所でゆっくり冷えると深成岩になる。次の表は，3種類の深成岩(斑れい岩，花こう岩，閃緑岩)に含まれるおもな造岩鉱物の割合を測定した結果である。次の(1)～(3)に答えよ。

表　岩石試料A～Cに含まれる鉱物の割合〔体積%〕

岩石試料	石英	斜長石	カリ長石	黒雲母	角閃石	輝石	かんらん石
A	31	25	36	6	2	—	—
B	3	64	—	—	25	8	—
C	—	55	—	—	—	35	10

(1)　上の表と p.24 の火成岩の分類をもとに，表中の岩石試料A～Cの岩石名をそれぞれ答えよ。

(2)　上の表のデータに基づいて，岩石試料A～Cの色指数をそれぞれ求めよ。

(3)　次の文の空欄に適する語句を下の語群から選べ。

花こう岩や流紋岩に含まれる斜長石は(　①　)に富み，斑れい岩や玄武岩に含まれる斜長石は(　②　)に富む。

【語群】 K　Ca　Na

49
(1)
(2)

50
(1)
(2)

51
(1)
(2)
(3)
(4)

52
(1) A
B
C
(2) A
B
C
(3) ①
②

1章 ●地球の構成と運動

プレート境界と火山

火山は，プレートの境界に集中して存在しており，3種類のプレートの境界に応じて特徴のある火山が分布している。

玄武岩質マグマによる火山活動

プレートが拡大する境界や，ホットスポットの火山で多く見られる。SiO_2 の量が少ないため，粘性の低い溶岩を大量に噴き上げ，流出する。

1 バウルダルブンガ（アイスランド）

海嶺に沿う割れ目噴火

2014年8月29日，ホルフロインの割れ目から溶岩が流出し，噴火が始まった。150年ほど前にできた長さ600mほどの割れ目が，この噴火により1500mほどに拡大した。

写真：Peter Hartree

2 キラウエア（アメリカ・ハワイ）

ホットスポットの火山の溶岩流

2011年1月～ 2月に見られた，オーシャンエントリー（海に溶岩が注いでいる場所）のようす。

キラウエア火山の溶岩

温度が高いため赤く見えている。大規模な溶岩流では，溶岩の表面は冷え固まっても，地下で流れ続ける。

安山岩質マグマによる火山活動

プレートが収束する境界付近で見られる。溶岩を大量に流出させるような噴火と，火山灰などを吹き上げる噴火を交互に繰り返し，成層火山をつくる。

火山に供給されるマグマの性質は常に変化していくため，同じ火山でも異なる噴火様式となる場合や噴火様式がしだいに変化する場合がある。

デイサイト〜流紋岩質マグマによる火山活動

プレートが収束する境界付近で見られる。SiO_2 の量が多くマグマの粘性が高いため，噴火すると火山砕屑物を多く噴出し，火砕流を発生させることがある。

5 昭和新山（北海道）

島弧一海溝系の火山の溶岩ドーム

1943 年～ 1945 年の有珠山山麓噴火により，麦畑や集落であったところの地盤が隆起して溶岩ドームが形成された。

3 桜島（鹿児島県）

島弧一海溝系の火山の溶岩噴出

桜島は，溶岩流出により，大隅半島と陸続きになった。火山灰，火山礫なども大量に噴出し，断続的に噴火を繰り返している。

4 リダウト山（アメリカ・アラスカ）

島弧一海溝系の火山のキノコ雲

1990年4月の噴火で，火砕流と共に生じたキノコ雲。火口から噴き出した水蒸気による雲が白く見えている。

写真：USGS

53 地球の大きさの推定

エラトステネスは，地球を球形と仮定してその大きさを推定した。右図のように，アレクサンドリアとシエネの距離を 5000 スタジア（スタジアは距離の単位）とするとき，地球の全周は何スタジアになるか。整数で答えよ。

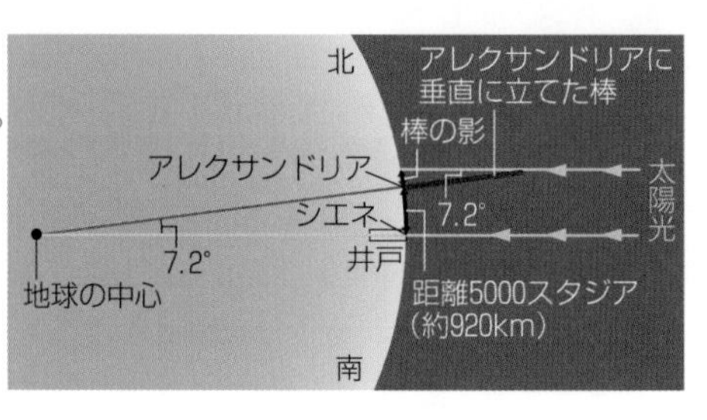

53 ______ スタジア

54 プレートの運動

右の図は太平洋北西部の海底地形図である。現在活発な火山活動が起こっているハワイ島（地点 A）を含む，火山島や海山の連なりが見て取れる。ハワイ島から約 3500km 離れた海山（地点 B）は約 4300 万年前に形成された。

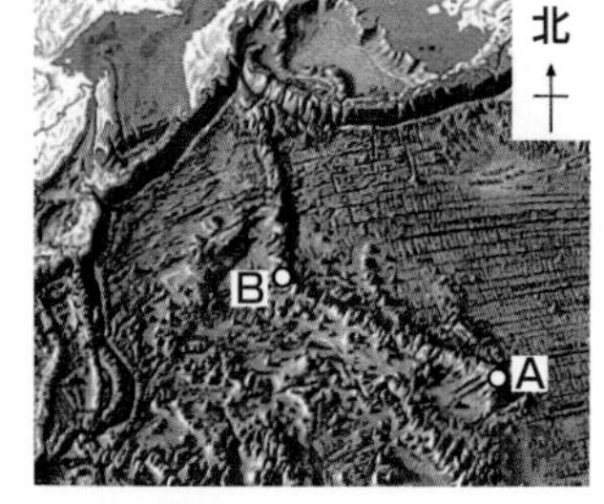
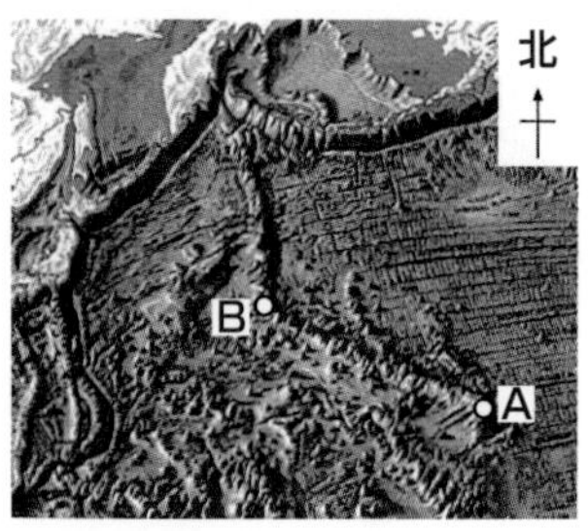

(1) この海山の形成から現在までの，地点 A と地点 B を含むプレートの移動方向を 16 方位で答えよ。

(2) (1)のとき，プレートが移動する平均的な速さは約何 cm/ 年か。整数で答えよ。

(3) 下線部に関連した次の文章中の空欄にあてはまる語句を答えよ。

ハワイ島には（ ① ）とよばれる地下深部に固定されたマントル物質の供給源がある。ハワイ島では（ ② ）質マグマが噴出し，マウナロアやキラウエアなどの（ ③ ）火山が形成されている。（2017 センター追試改）

54
(1)
(2) 約 ______ cm ／年
(3) ①
②
③

55 地震

下の表は，20 日午前 6 時 10 分 15 秒に起きた地震についての地点 A，B における観測データである。P 波の速度を 8km/s，S 波の速度を 4km/s として次の問いに答えよ。

	P 波到達時刻	S 波到達時刻	S − P 時間
地点 A	10 分 19.5 秒	10 分（①）秒	（②）秒
地点 B	10 分（③）秒	10 分 30 秒	（④）秒

(1) 地点 A から震源までの距離は何 km か。

(2) 地点 B から震源までの距離は何 km か。

(3) 表の①～④にあてはまる数値を答えよ。

55
(1) ______ km
(2) ______ km
(3) ①
②
③
④

56 火成岩

右図は，ある火成岩の薄片のスケッチである。この岩石を調べたところ，SiO_2 の含有量は 70% であった。

(1) この岩石の組織の名称を答えよ。

(2) この岩石の名称を答えよ。

(3) 一般に，この岩石に最も多く含まれる有色鉱物は何か。

56
(1)
(2)
(3)

57 変成岩 岩石が地下で高温・高圧下にさらされて，固体のまま鉱物の種類や組織が変わったものを［ア］という。［ア］のうち，マグマの貫入に伴う熱の影響を受けたものを［イ］，造山運動に伴う熱と圧力の影響を受けたものを［ウ］という。日本列島の地下では，プレートの相互作用により高温・高圧の地域が発生し，［ウ］が形成される。

(1) 文章中の［ア］～［ウ］にあてはまる語句を答えよ。

(2) 泥岩がマグマの貫入による作用を受けたときにできる岩石の名称を答えよ。

(3) 砂岩が高い圧力を受け，はがれやすい構造(片理)をもった岩石に変化した。この岩石の名称を答えよ。

57
(1) ア
イ
ウ
(2)
(3)

58 地球の内部構造 大陸地殻は，上部が花こう岩質岩石，下部が玄武岩質岩石から構成されている。海洋地殻は［ア］岩石からなる。花こう岩は，玄武岩にくらべてSi，KやNaなどの元素に富み，造岩鉱物として［イ］や斜長石を多量に含む。一方，大陸縁や島弧には，多数の火山が分布している。これらの火山を構成している火山岩はさまざまであるが，一般的には［ウ］が最も多い。

地殻の下底にあたるモホロビチッチ不連続面と深さ［エ］kmの間は，マントルといわれている。マントルの平均密度は地殻より［オ］い。また，深さ［エ］kmから地球の中心までは，核とよばれている。核の化学組成は［カ］の化学組成から類推して［キ］とNiからなると考えられている。

(1) 文章中の［ア］・［オ］にあてはまる語句を答えよ。

(2) 文章中の［イ］にあてはまる語句を語群より2つ選べ。
【語群】 角閃石　石英　輝石　かんらん石　黒雲母　カリ長石

(3) 文章中の［ウ］にあてはまる語句を語群より1つ選べ。
【語群】 砂岩　安山岩　かんらん岩　流紋岩

(4) 文章中の［エ］にあてはまる数値を答えよ。

(5) 文章中の［カ］にあてはまる語句を語群より1つ選べ。
【語群】 堆積岩　隕石　大気　変成岩

(6) 文章中の［キ］にあてはまる元素記号を答えよ。

58
(1) ア
オ
(2)
(3)
(4)
(5)
(6)

59 プレート運動と断層 下の表は，プレート境界付近のプレートの運動のようすと，それら境界の種類および具体的な場所を示したものである。表中の**ア**～**カ**にあてはまる語句を答えよ。ただし，**エ**～**カ**は下の語群よりそれぞれ選べ。

プレート境界付近のプレートの運動のようす	境界の種類	場所
一方のプレートが他方の下に沈み込む	ア	エ
二つのプレートが左右に離れていく	イ	オ
二つのプレートが横にすれ違う	ウ	カ

【語群】 サンアンドレアス断層　日本海溝　大西洋中央海嶺

59
ア
イ
ウ
エ
オ
カ

13 大気の構造

1 地球の大気

●大気圏と気圧

地球を包む薄い空気の層を大気といい，大気のある範囲を(①)(気圏)という。

大気の重さによる圧力を(②)といい，海面上での平均的な(②)が1(②)である。

1(②)＝(③)hPa

●高度による気圧の変化

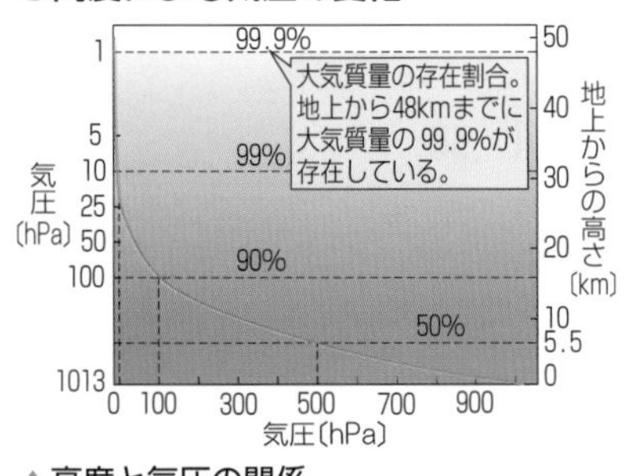

▲高度と気圧の関係

大気の密度は上空ほど(④)くなっている。一般に，高度が5.5 km上昇すると気圧は約半分に，高度が16 km上昇すると気圧は約10分の1になる。

●大気の組成

大気の組成は，高度約(⑤)kmまでほぼ一定で，大気はよく混ざりあっている。

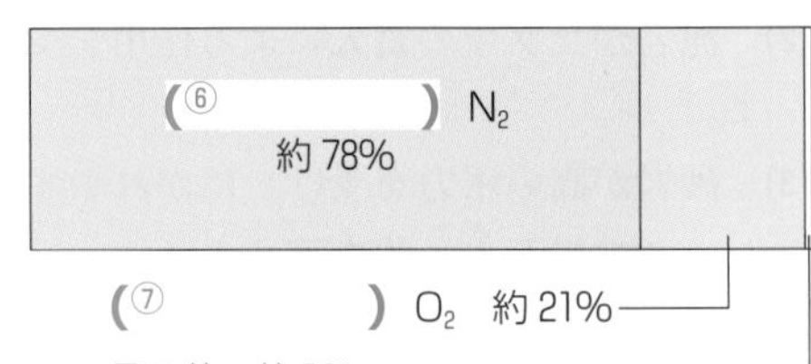

その他 約1%
アルゴン Ar
二酸化炭素 CO_2 など

※水蒸気(H_2O)は，高度約10 kmまでの領域にほとんどが存在し，その含有量は場所や時間によって大きく変化する。

2 大気の層構造

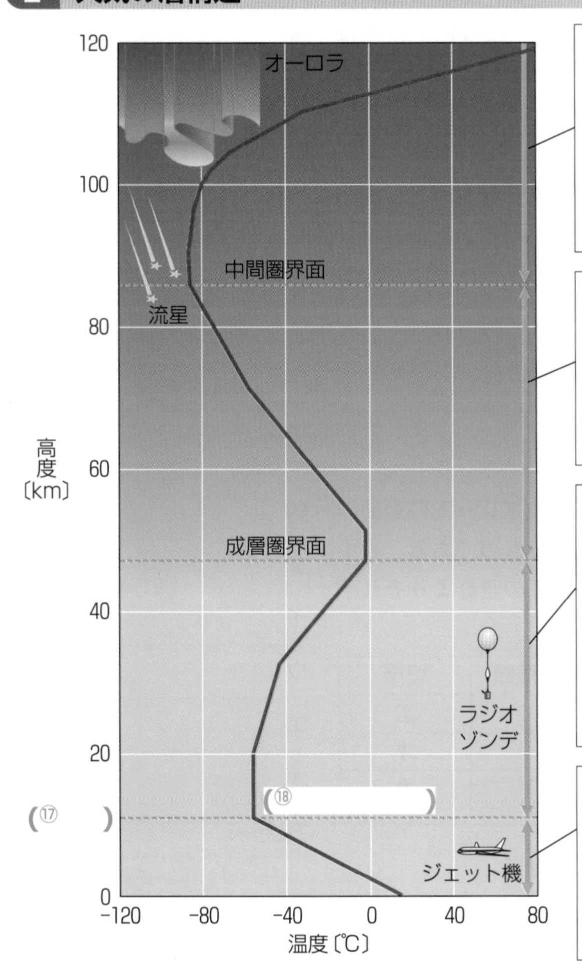

(⑧)圏(高度約80～90 km以上)
- 上空ほど気温が高く，高度約500～700 kmでほぼ一定の温度となる。
- 太陽からのX線や紫外線により酸素分子(O_2)が酸素原子(O)に解離し，大気の温度が上昇する。
- 高緯度地方では(⑨)が見られる。

(⑩)圏(高度約50～90 km)
- 上空ほど気温が低く，(⑪)面付近で約−85℃に達する。
- 気温低下の割合である(⑫)が小さく，大気圏下層ほどの強い対流はないと考えられている。

(⑬)圏(高度約11～50 km)
- 高度約20 kmまでは気温がほぼ一定。それ以降は上空ほど気温が高くなり，高度約50 kmで約0℃に達する。
- (⑭)(O_3)が太陽からの紫外線を吸収するため，大気の温度が上昇する。
- (⑭)の密度が最も大きい高度約20～30 kmの領域に(⑮)がある。

(⑯)圏(地表～高度約11 km)
- 上空ほど気温が低い。
- (⑫)は平均0.65℃/100 mである。
- 地表で暖められた空気の上昇で対流が起こっており，雲の発生や降水などの大気現象が生じている。

知識ぷらす＋ 対流圏界面の高さは平均して約 11km であるが，赤道付近では約 16km，高緯度地域では約 8km であり，緯度によって異なる。

練習問題

60 | 地球の大気 | 次の(1)～(7)に答えよ。

(1) 1 気圧は約何 hPa か。
(2) 気圧は上空ほどどうなるか。
(3) 高度が 5.5km 上昇した場合，気圧は約何倍になるか。
(4) 水蒸気を除いた大気組成のうち，割合の大きいものを 2 つ答えよ。
(5) 水蒸気を除いた大気組成は，何圏までほぼ一定であるか。
(6) 水蒸気のほとんどが存在している領域は何圏か。
(7) 高度とともに気温が上昇している領域は何圏か。2 つ答えよ。

61 | 対流圏 | 次の(1)～(4)に答えよ。

(1) 対流圏の上限の面を何というか。
(2) (1)の高さは平均約何 km か。
(3) 気温が低下する割合を何というか。
(4) 対流圏内の(3)の割合は約何℃ /100 m か。

62 | 成層圏 | 次の文の空欄に適する語句や数値を答えよ。

成層圏は，(　①　)圏の上限から高度約(　②　)km までの領域である。成層圏では，大気中のオゾンが(　③　)を吸収し，高度とともに気温が(　④　)している。高度約 20 ～ 30 km あたりには，オゾン密度が最も大きい(　⑤　)がある。

63 | 中間圏 | 次の(1)～(3)に答えよ。

(1) 中間圏の上限は約何 km ～何 km か。
(2) 中間圏では，気温は高度とともにどうなるか。
(3) 中間圏の最上部での気温は約何℃か。

64 | 熱圏 | 次の文の空欄に適する語句を答えよ。

(　①　)圏の上にある熱圏では，太陽からの(　②　)線や紫外線により，酸素分子が酸素原子に解離しているため，高度とともに気温が(　③　)くなっている。また，熱圏では，写真 A，B のような現象が見られる。写真 A は，太陽から放出された荷電粒子(太陽風)が大気中の分子や原子と衝突して発光する現象で，(　④　)という。写真 B は，宇宙からの小さな塵などが地球大気に突入して発光する現象で，(　⑤　)という。

A

B

60

(1) 約	hPa
(2)	
(3) 約	倍
(4)	
(5)	
(6)	
(7)	

61

(1)	
(2) 約	km
(3)	
(4) 約	℃ /100 m

62

①
②
③
④
⑤

63

(1) 約	km
(2)	
(3) 約	℃

64

①
②
③
④
⑤

14 大気中の水とその状態

1 大気中の水

・(①　　　　　　　)

空気中に含むことのできる最大の水蒸気量。

単位は(②　　　　　)で表す。

・(③　　　　　　　)

飽和している空気の水蒸気の圧力。単位は(④　　　　)で表す。

(③　　　　　　　　)は，温度によってその値が変化する。

・(⑤　　　　)(相対湿度)

空気中に含まれる水蒸気の量を，その気温の飽和水蒸気圧(飽和水蒸気量)に対する割合で示したもの。

$$湿度〔\%〕=\frac{空気中の水蒸気圧〔\mathrm{hPa}〕}{その気温の飽和水蒸気圧〔\mathrm{hPa}〕}\times 100$$

$$=\frac{空気中の水蒸気量〔\mathrm{g/m^3}〕}{その気温の飽和水蒸気量〔\mathrm{g/m^3}〕}\times 100$$

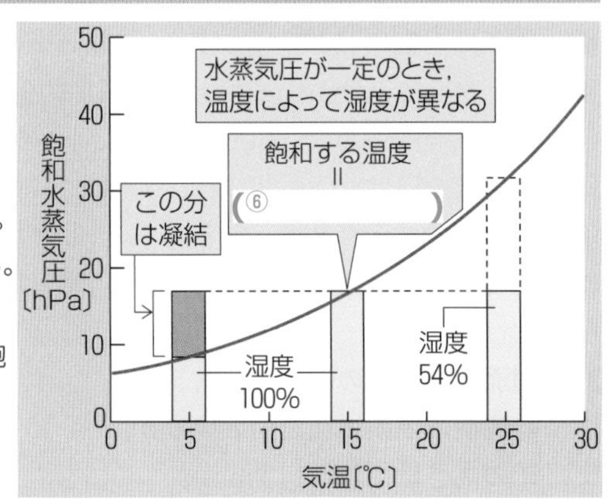

2 水の状態変化

温度が変わらずに，状態変化に伴って出入りする熱を(⑦　　　　)という。一方，対流や伝導などによって出入りし，温度変化として現れる熱を(⑧　　　　)という。

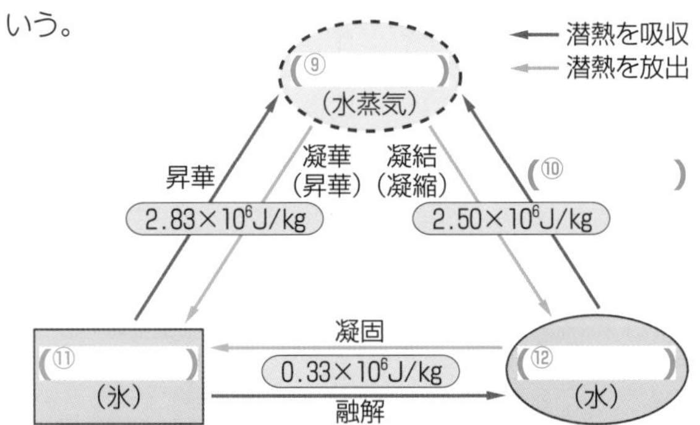

3 安定と不安定

周囲の空気に比べ，低温の空気は密度が大きいため下降し，高温の空気は密度が小さいため上昇する。暖気の上に寒気がある場合，大気は(⑬　　　　)になり，対流が発生する。一方，寒気の上に暖気がある場合，対流は発生しにくく，大気は(⑭　　　　)である。

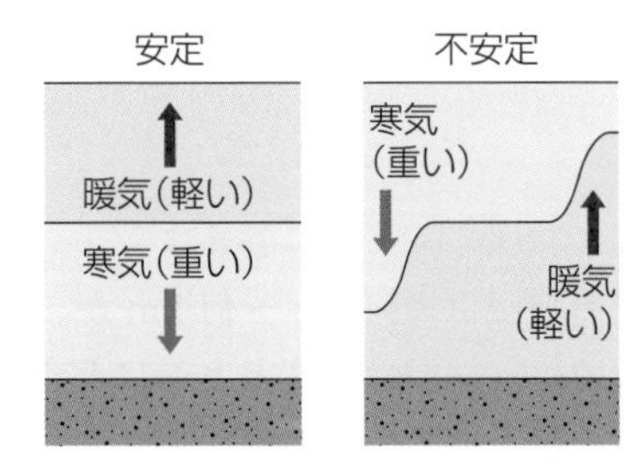

4 雲

●雲のでき方

水蒸気を含んだ空気塊が上昇すると，膨張して温度が(⑮　　　　)し，やがて飽和に達する。さらに空気塊の温度が低下すると，空気中の水蒸気は(⑯　　　　　)とよばれる微粒子を核として凝結し，雲粒をつくる。

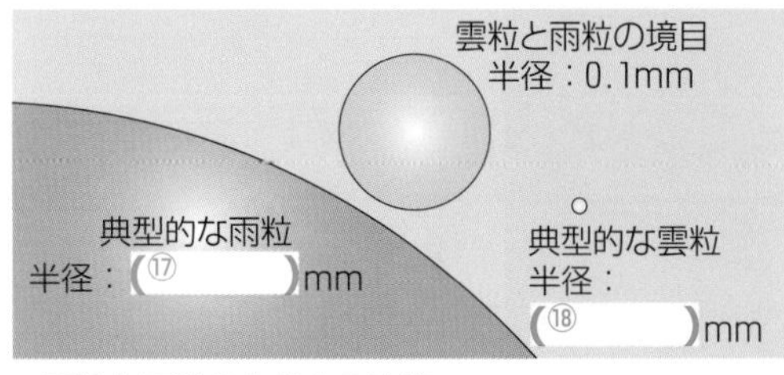

▲雲粒と雨粒の大きさの比較

●雲の種類

層状雲…温暖前線に沿って風が吹き上げる場合や，夜間の放射冷却により地表付近の温度が低下する場合に発生する水平方向に広がる雲。長時間雨を降らせる(⑲　　　　)雲や，雲海をつくる層雲などがある。

対流雲…日射による地表温度の上昇や上空への寒気の流入によって，強い上昇気流が生じる場合に発生する雲。(⑳　　　　)方向に発達する。にわか雨や雷を伴う(㉑　　　　)雲や，晴天時の積雲がある。

◀対流雲(海上の積乱雲)

雨粒は，涙型よりまんじゅうに近い形をしている。無重力で浮かぶ水滴は球形だが，重力に引かれて落下するうちに，空気から抵抗を受け，下がつぶれたような形になる。

練習問題

65 | 空気中の水蒸気 |

次の(1)〜(6)に答えよ。

(1) 1 m^3 の空気中に含むことのできる最大の水蒸気量を何というか。
(2) (1)の単位は何か。
(3) 飽和している空気の水蒸気の圧力を何というか。
(4) (3)の単位は何か。記号で答えよ。
(5) (4)の読みは何か。
(6) (3)の量は，気温が高くなるとどうなるか。

65
(1)
(2)
(3)
(4)
(5)
(6)

66 | 水の状態変化 |

次の(1)，(2)に答えよ。

(1) 温度が変わらずに，状態変化に伴って出入りする熱を何というか。
(2) 対流や伝導などによって出入りする，温度変化として現れる熱を何というか。

66
(1)
(2)

67 | 湿度 |

次の表は，温度と飽和水蒸気圧の関係を表したものである。これについて，あとの(1)〜(4)に答えよ。

温度〔℃〕	5	10	15	20	25	30	35
飽和水蒸気圧〔hPa〕	8.7	12.3	17.0	23.4	31.7	42.4	56.2

(1) 露点温度に達したときの空気の湿度は何％か。
(2) 気温 20℃，水蒸気圧 12.3 hPa の空気の露点温度は何℃か。表の温度から選べ。
(3) 気温 30℃，水蒸気圧 17.0 hPa の空気の湿度は何％か。四捨五入して整数で答えよ。
(4) 気温 20℃，湿度 50％の空気の水蒸気圧は何 hPa か。小数第一位まで求めよ。

67
(1) ％
(2) ℃
(3) ％
(4) hPa

68 | 安定と不安定 |

次の文の空欄に適する語句を答えよ。

右の写真Aは，積乱雲であり，強い(　①　)気流が生じるときにできる雲である。この雲は(　②　)方向に発達し，大気の状態が(　③　)な場合に発生しやすい。一方，写真Bは，(　④　)方向に広がる層状雲で，大気の状態が(　⑤　)である場合に発生しやすい。下の図のア，イのうち，大気の状態が(　③　)な場合を示すのは(　⑥　)であり，(　⑤　)である場合を示すのは(　⑦　)である。

A

B

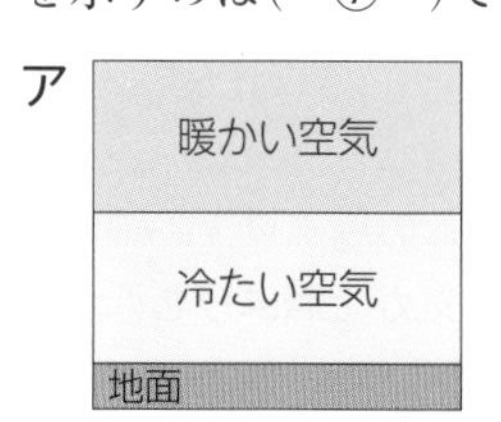

68
①
②
③
④
⑤
⑥
⑦

2章 ● 大気と海洋

15 地球のエネルギー収支

1 太陽放射と地球放射

●太陽定数

太陽から放射されるエネルギーを(①)(日射)という。地球の大気圏外で，太陽光に垂直な1 m^2 の面が単位時間あたりに受けとる(①)は約(②) kW/m^2 であり，これを(③)という。

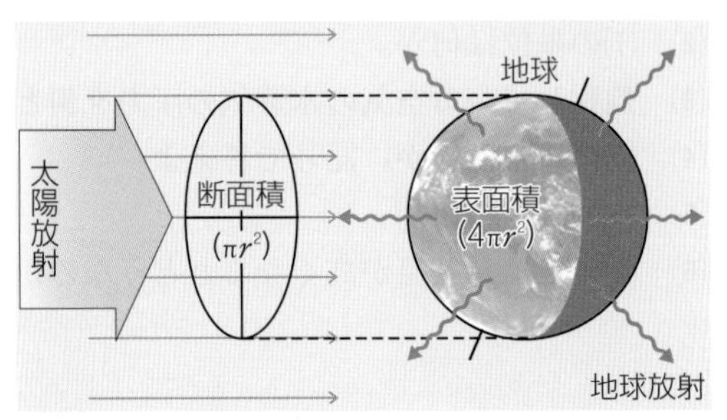

●太陽放射と地球放射のスペクトル

地球から宇宙空間に向かう放射を(④)といい，この放射は(⑤)線の領域に放射強度のピークをもつ。

一方，(①)は(⑥)光線の領域に放射強度のピークをもつ。太陽放射による加熱と地球放射による冷却がつりあうまで地球の温度が上昇すると，やがて温度上昇は止まり，(⑦)状態に達する。その温度は約(⑧)K(−18℃)であり，これを(⑨)という。

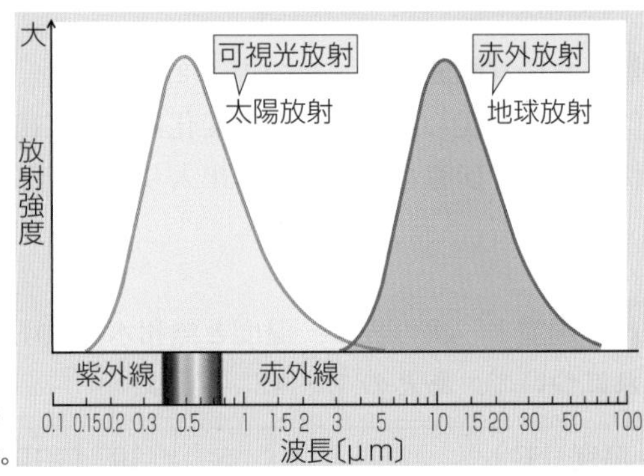

実際は太陽放射の強度の方が地球放射よりはるかに強いが，比較のためにピークの高さをそろえた。

2 地球大気のエネルギー収支

地球全体に入射する太陽放射を全地表面積で平均すると，約 341 W/m^2 となる。

また，入射光エネルギーに対する反射光エネルギーの比を(⑩)といい，宇宙から見た地球の(⑩)は約 0.3 である。

●温室効果

水蒸気・二酸化炭素・メタンなどの(⑪)が，地表から放射される赤外線を吸収・再放射することによって，地表面を暖めることを(⑫)という。

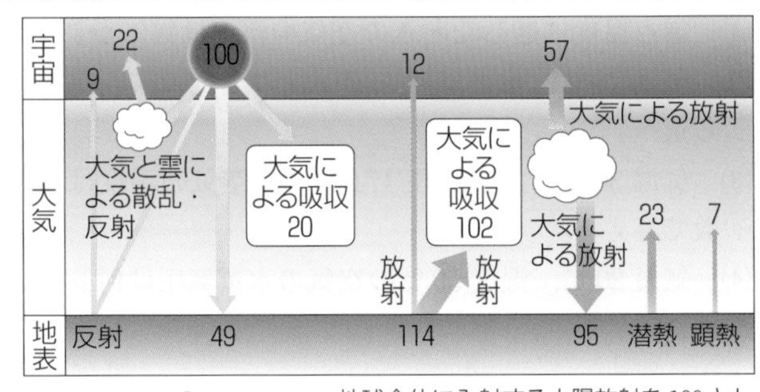

▲地球全体に入射する太陽放射を 100 として表している。(出典：IPCC(2007))

3 海陸風循環

●海陸風

陸は海よりも暖まりやすく冷めやすいため，海岸付近では，日中に海から陸に向かって(⑬)風が吹き，夜間には陸から海に向かって(⑭)風が吹く。このように，日中と夜間で反転する海岸付近の循環を(⑮)循環という。

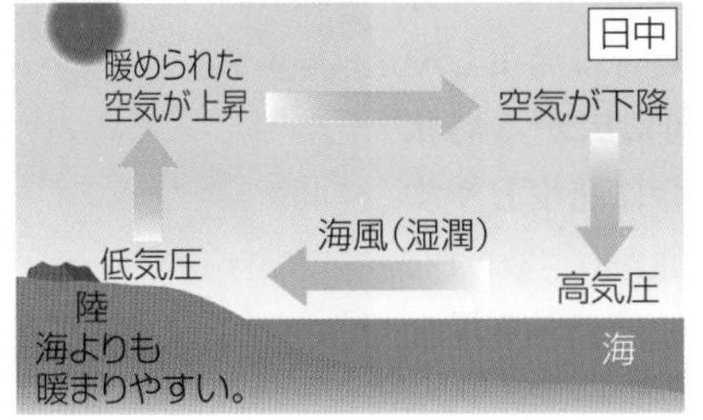

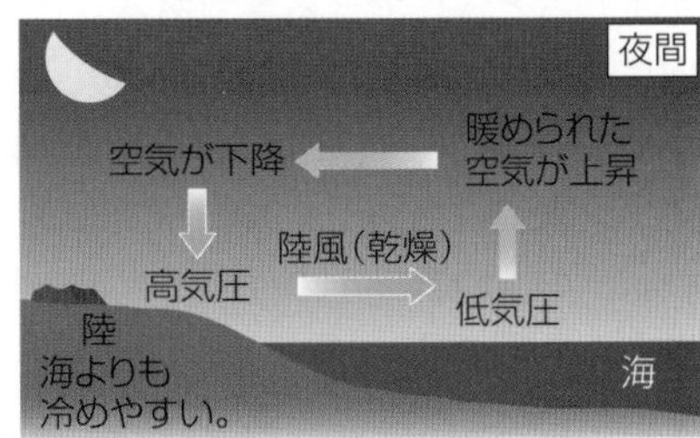

●大気境界層

日中，地表面の影響を強く受ける高さ約 1 km までの層を(⑯)層といい，この層より上の領域を(⑰)という。夜間，とくに晴れた日には，放射冷却によって地表に接した空気が上層よりも低温になるため，(⑱)層が生じる。

知識ぷらす＋　物質1gの温度を1℃上昇させるのに必要なエネルギーの大きさを比熱という。海洋は陸地に比べて比熱が大きく，暖まりにくく冷えにくい。

練習問題

69 ｜太陽放射と地球放射｜　次の(1)～(6)に答えよ。

(1)　太陽から放射されているエネルギーを何というか。

(2)　(1)の強度が最大になるのはどの波長領域か。あとの語群から選べ。

(3)　地球から放射されているエネルギーを何というか。

(4)　(3)の強度が最大になるのはどの波長領域か。あとの語群から選べ。

(5)　地球の大気圏外で，太陽光に垂直な$1 m^2$の面が1秒間に受ける(1)の強度を何というか。

(6)　(5)は約何kW/m^2か。

【語群】　赤外線　可視光線　紫外線　X線

70 ｜エネルギーのつりあい｜　次の(1)～(3)に答えよ。

(1)　地球は，太陽から受けとる放射エネルギーと地球から放射するエネルギーがつりあった状態にある。この状態に達する温度を何というか。

(2)　地球の(1)は約何Kか。

(3)　(2)は約何℃か。

71 ｜地球のエネルギー収支｜　次の図は，地球のエネルギー収支を示したものである。図中の矢印はエネルギーの向きを示しており，数値は地球に入射する太陽放射を100としたときの相対的な大きさを示している。次の(1)～(7)に答えよ。

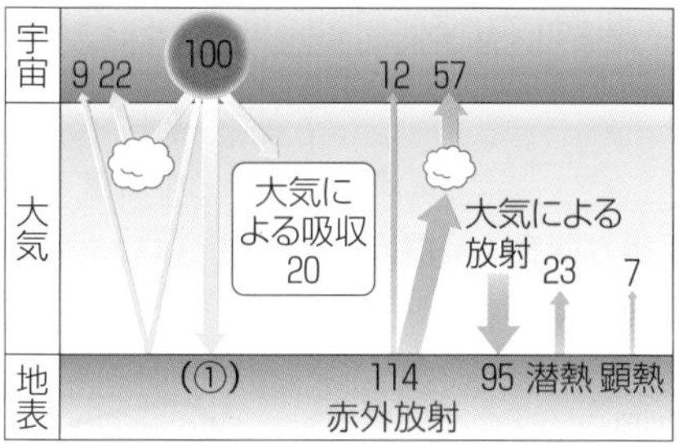

(1)　地表が吸収する太陽放射の大きさ(図中の①)はいくらか。

(2)　地球に入射する太陽放射のうち，大気や地表に吸収されず宇宙空間へ反射される放射の大きさはいくらか。

(3)　入射光エネルギーに対する反射光エネルギーの比を何というか。

(4)　地球の(3)の値はいくらか。(2)をもとに答えよ。

(5)　地表からの放射のうち，大部分は大気によって吸収・再放射され，地表を暖めている。このような効果を何というか。

(6)　(5)の役割をはたす気体を何というか。

(7)　(6)にはどのようなものがあるか。代表的なものを3つ答えよ。

72 ｜海陸風｜　次の文の空欄に適する語句を下の語群から選べ。ただし，同じ語句を何回選んでもよい。

海岸付近では，海と陸の熱的性質の違いによって起こる温度差のため，昼と夜で異なる向きの風が吹く。昼間は，日射によって暖まりやすい(　①　)のほうが高温・低圧となり，(　②　)から(　③　)に向かって風が吹く。この風を(　④　)という。また夜間は，放射冷却によって冷めやすい(　⑤　)のほうが低温・高圧となり，(　⑥　)から(　⑦　)に向かって風が吹く。この風を(　⑧　)という。

【語群】　陸　海　陸風　海風

解答欄

69
(1)
(2)
(3)
(4)
(5)
(6) 約　　　kW/m^2

70
(1)
(2) 約　　　K
(3) 約　　　℃

71
(1)
(2)
(3)
(4)
(5)
(6)
(7)

72
①
②
③
④
⑤
⑥
⑦
⑧

16 大気の大循環

1 南北のエネルギー輸送

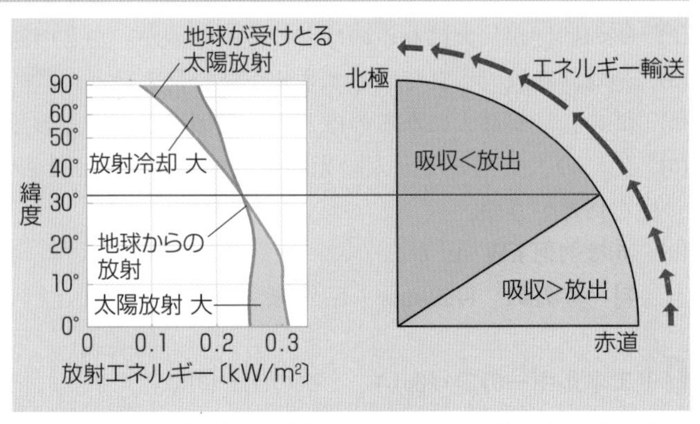

地球に入射する地表面に垂直な太陽放射は，(①　　　)によって大きく異なり，地球が受けとる太陽放射は，(②　　　)付近で多く，両極域で(③　　　)い。これは，緯度によって太陽高度が異なるためである。

また，地球からの放射は赤道付近で多いが，緯度による差は太陽放射ほど大きくはない。

低緯度地域では，地球からの放射よりも地球が受けとる太陽放射のほうが(④　　　)いため，熱が過剰になる。逆に，(⑤　　　)緯度地域では，地球が受けとる太陽放射よりも地球からの放射のほうが多いため，熱が不足する。このようにして生じた南北の温度差を解消するために，大気や(⑥　　　)の大循環によって(⑦　　　)緯度から(⑧　　　)緯度に向かってエネルギー輸送が行われる。

2 大気の大循環

地球規模の組織的な大気の流れを(⑨　　　)といい，この循環によって，低緯度地域で過剰になっているエネルギーが高緯度地域へ運ばれている。

(⑩　　　)
放射冷却により冷えた空気が(⑪　　　)気流となり，極から低緯度に向かって風が吹き，緯度60°付近(寒帯前線帯)で上昇し，極に戻る循環。

(⑫　　　)
中緯度で恒常的に吹いている西寄りの風。南北に蛇行し，高緯度に熱を輸送。対流圏界面付近で風速が最大となり，ジェット気流を形成する。

→ 地上の風
→ 上空の風

極偏東風

(⑬　　　)
ハドレー循環で南北にわかれた空気が下降する領域。緯度30°付近。

(⑭　　　)(偏東風)
緯度30°付近から低緯度に向かって吹きだす東寄りの風。ハドレー循環の一部をなす。

60°
寒帯前線帯
30°
(⑬　　　)
北東貿易風
0°
(⑮　　　)
南東貿易風
30°
60°
寒帯前線帯
極偏東風

(⑮　　　)
暖められた湿潤な空気が南北から収束して上昇気流を形成する領域。

(⑯　　　)
赤道付近で上昇した空気が対流圏界面で南北にわかれ，緯度(⑰　　　)付近で下降し，地表で東寄りの風となって低緯度に戻る循環。

北半球で最も暑くなるのは，日照時間が最も長くなる夏至から１～２か月後である。これは，太陽放射で暖められた地表が大気を暖めるまでに時間がかかるからである。

練習問題

73 | **南北のエネルギー輸送** |　次の文の空欄に適する語句を答え，あとの問いに答えよ。

地球が受けとる太陽放射は高緯度地域ほど(　①　)いため，緯度によって地表面の温度に差が生じる。この南北の温度差を解消する向きに，地球規模の組織的な大気の流れが生じて，(　②　)緯度地域から(　③　)緯度地域にエネルギーが輸送されている。特に低緯度地域では，(　④　)の大循環によるエネルギー輸送も，大気による輸送と同様に大きな役割を果たしている。

問　文中の下線部のような流れを何というか。

73
①
②
③
④
問

74 | **大気大循環** |　下の図は，北半球の大気大循環を模式的に表したものである。(1)～(4)に答えよ。

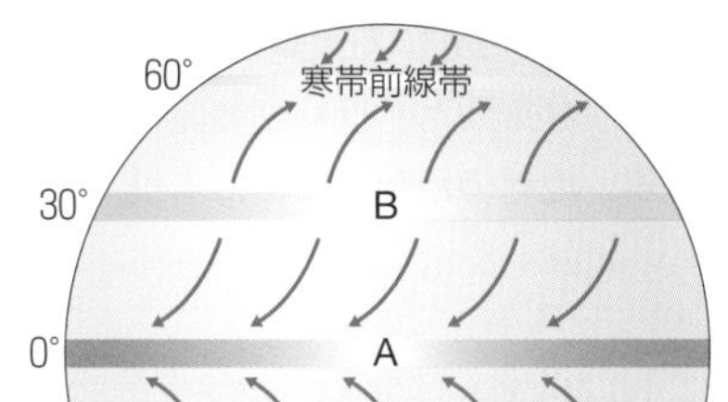

(1)　赤道付近にある領域Aでは，雲が多く発生している。この領域では，上昇気流・下降気流のどちらが盛んか。

(2)　領域Aは何帯とよばれるか。

(3)　北緯30°付近の領域Bでは，晴天が多い。この領域では，上昇気流・下降気流のどちらが盛んか。

(4)　領域Bは何帯とよばれるか。

74
(1)
(2)
(3)
(4)

75 | **低緯度地域の循環** |　次の文の空欄に適する語句を答えよ。

赤道付近では，暖められた湿潤な空気が上昇するため，空気が南北から収束して(　①　)を形成している。赤道で上昇した空気は，緯度(　②　)°付近で下降し，(　③　)を形成している。(　③　)から赤道に向かって吹きだした風は(　④　)寄りの(　⑤　)とよばれる風になる。このような低緯度における循環を(　⑥　)という。

75
①
②
③
④
⑤
⑥

76 | **中緯度地域のエネルギー輸送** |　次の文の空欄に適する語句を答えよ。

中緯度地域では，(　①　)寄りの風が常に吹いており，この風は(　②　)とよばれる。(　②　)は圏界面付近で特に強く吹き，これを(　③　)気流とよぶ。中緯度地域では，前線を伴った(　④　)低気圧が生じることが多く，(　②　)とともに低緯度側から高緯度側に熱を輸送している。

76
①
②
③
④

77 | **高緯度地域の循環** |　次の(1)，(2)に答えよ。

(1)　極域では，上昇気流・下降気流のどちらが生じているか。

(2)　極から吹きだす風の風向はどちら寄りか。東・西・南・北で答えよ。

77
(1)
(2)　　　寄り

17 温帯低気圧と熱帯低気圧

1 高気圧と低気圧

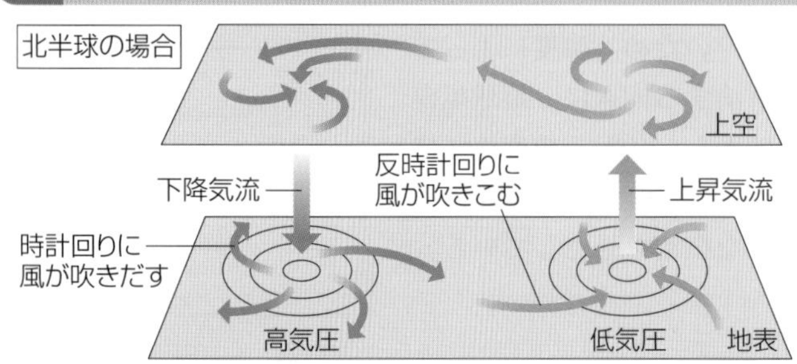

(①) …周囲より気圧の高い所。中心から風が吹きだし，(②)気流が生じる。雲が発生しにくく，晴天になりやすい。

(③) …周囲より気圧の低い所。中心に向かって風が吹きこむため，(④)気流が生じる。雲が発生しやすく，雨が降りやすい。

2 温帯低気圧と前線

(⑤) …温度や湿度などが均質となっている大規模な空気のかたまり。

(⑥)低気圧…高緯度地方の寒冷な気団と，低緯度地方の温暖な気団との境目に発達する大規模な大気の渦。エネルギー源は南北の気団の温度差。地球の自転の影響により，北半球では(⑦)回りに風が吹きこむ。

西側

・高緯度側の乾燥した寒気が暖気の下に潜りこみ，(⑩)前線を形成。

・前線面の傾斜が急で，背の高い(⑪)雲が発達し，狭い範囲で激しい雨が降る。

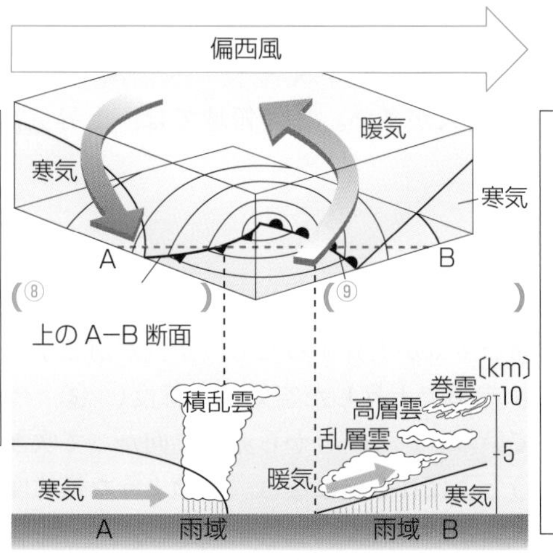

東側

・低緯度側の湿潤な暖気が寒気の上にせり上がり，(⑫)前線を形成。

・前線面の傾斜は緩く，(⑬)雲によって広い範囲に穏やかな雨が降る。

・(⑬)雲のほか，高層雲や巻雲も見られる。

3 熱帯低気圧

(⑭)低気圧…熱帯の海上で発達する低気圧。海面水温が 26 ～ 27℃以上の場所で発生する。エネルギー源は，水蒸気が凝結する際に放出される(⑮)。前線は伴わない。存在する場所により，台風，ハリケーン，サイクロンなどとよばれる。北西太平洋では，最大風速が 17.2 m/s 以上に達したものを(⑯)とよぶ。

●台風が発生するしくみ

暖かい海洋上で水蒸気を含んだ空気塊が上昇すると，上昇気流の中で水蒸気が凝結して(⑰)を放出する。

→(⑰)によって空気塊が暖められ，上昇気流が(⑱)まる。

→地上の中心気圧が(⑲)がり，中心に向かって風が吹きこむ。

→地球の自転による力がはたらき，巨大な渦になる。

●台風の経路

台風の経路は，季節やそのときの気圧配置の影響を大きく受ける。夏から秋には(⑳)の西縁をまわって北上し，日本に接近・上陸する。

▲熱帯低気圧の衛星画像

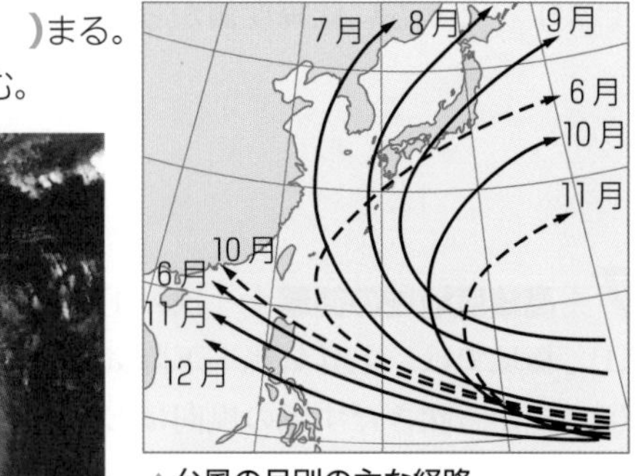

▲台風の月別の主な経路

(実線は主な経路，破線はそれに準ずる経路)

知識ぷらす＋　北西太平洋領域に発生する台風には国際的組織である台風委員会によって決められた名前がつけられる。名前は140個あり，平成12年の台風第1号から発生順に名づけられている。

練習問題

78 | **高気圧と低気圧** |　次の文の空欄に適する語句や短文を下の語群から選べ。

気圧が周囲より高い所を（　①　），気圧が周囲より低い所を（　②　）という。（　②　）では，（　③　）いるため，中心付近では（　④　）気流により雲が発生しやすく，（　⑤　）が広がる。一方，（　①　）の中心付近では（　⑥　）気流となり，雲が発生しにくく（　⑦　）が広がる。

【語群】　中心に向かって風が吹きこんで　中心から風が吹きだして
　　低気圧　高気圧　下降　上昇　雨域　晴天域

79 | **中緯度の低気圧** |　次の文の空欄に適する語句を答えよ。ただし，③～⑤は図中の記号で答えよ。

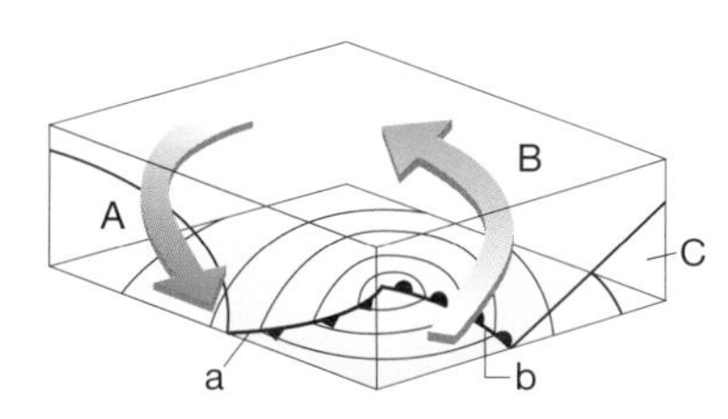

広域にわたって温度や湿度などが均質となっている大規模な空気塊を（　①　）という。

図は，亜熱帯の（　①　）と寒帯の（　①　）の境目に発達する大規模な空気の渦である（　②　）の模式図である。暖気は（　③　），寒気は（　④　）と（　⑤　）で，a は（　⑥　）前線，b は（　⑦　）前線である。前線 a 付近では，急激な上昇気流により（　⑧　）雲が発生しやすいのに対し，前線 b では広い範囲で水平方向に広がった（　⑨　）状の雲が発生しやすい。

80 | **熱帯の低気圧** |　次の(1)～(4)に答えよ。

(1)　熱帯の海上で発達する低気圧を何というか。

(2)　(1)が発生する海域として最も適当なものを，次の語群から選べ。

【語群】　赤道　緯度5°～20°付近　緯度30°～40°付近

(3)　(1)が発生するのに必要な最低の海面水温として最も適当なものを，次の語群から選べ。

【語群】　35℃以上　30～31℃　26～27℃　25℃以下

(4)　日本付近に存在する熱帯低気圧のうち，最大風速が17.2m/s以上になったものを何というか。

81 | **温帯低気圧と熱帯低気圧** |　温帯低気圧と熱帯低気圧についてまとめた次の表について，空欄に適する語句を答えよ。

	温帯低気圧	熱帯低気圧
構造	暖気と寒気の渦	（　①　）の渦
エネルギー源	南北の（　②　）差	水蒸気の凝結に伴う（　③　）
前線	伴うこともある	（　④　）
発生場所	中緯度	緯度5°～20°付近で海面水温26～27℃以上の海域

78
①
②
③
④
⑤
⑥
⑦

79
①
②
③
④
⑤
⑥
⑦
⑧
⑨

80
(1)
(2)
(3)
(4)

81
①
②
③
④

2章　●大気と海洋

18 海洋の層構造

1 海水の組成

海水には天然にある92の元素すべてがとけている。これらの元素は(①　　　　　)の状態で存在している。海水の塩類の組成はどこの海でもほぼ一定である。これは海水が長い間によく(②　　　　)された結果である。

海水中の塩類の濃度を(③　　　　)といい，海水全体での平均は約(④　　　　)%である。表層の海水は，とけ込んでいる(③　　　　)のために pH8.1 程度の(⑤　　　　　)性を示す。

塩類	化学式	質量%
(⑥　　　　　　　　)	NaCl	77.9
(⑦　　　　　　　　)	$MgCl_2$	9.6
硫酸マグネシウム	$MgSO_4$	6.1
硫酸カルシウム	$CaSO_4$	4.0
塩化カリウム	KCl	2.1
そのほか	—	0.3

2 海面水温の分布と変化

海面は太陽放射によって温められ，その水温は赤道付近が(⑧　　　　)く，高緯度にいくと徐々に(⑨　　　　)くなる。海洋の表層における水温は，大気との(⑩　　　　)のやり取り，波浪，海流の影響によって変化し，季節によっても異なる。日本列島近海の海面温度は，夏季が約15～29℃，冬季が2～23℃である。また，高緯度ほど温度変化が(⑪　　　　)い。

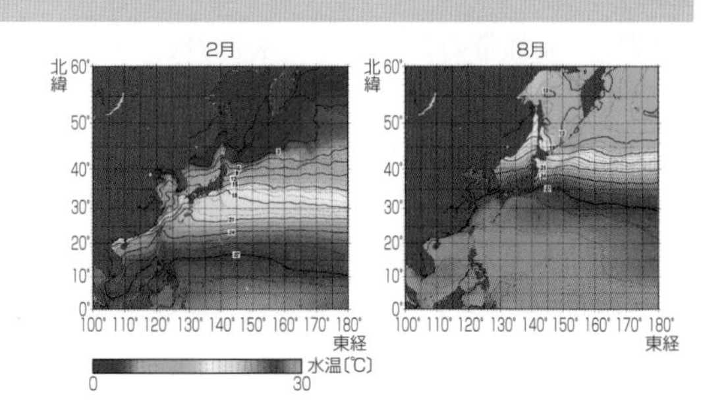

3 海水の層構造

●海水温の鉛直分布

海水は太陽放射によって温められるため，海水温の鉛直分布を見ると，海面付近ほど温度が(⑫　　　　)く，深くなるにつれて温度が(⑬　　　　)くなる。また，太陽放射の受熱量は緯度によっても異なり，表層の海水の温度は，低緯度ほど(⑭　　　　)く，高緯度ほど(⑮　　　　)い。

水温〔°C〕 5 10 15 20 25
深度〔m〕 0 1000 2000 3000 4000
低緯度
中緯度（夏）
中緯度（冬）
極域

(⑯　　　　　　)層…海面付近の層。風や波によってよく混合されているため，水温は深さによらずほぼ一定である。層の厚さや水温は，地域や季節により変化する。

(⑰　　　　　　)層…表層混合層と深層の間にあり，深くなるにつれて水温が急激に低下する層。塩分の差も大きく，海底の地形や季節によって層の厚さが変化する。低緯度では，表層と深層との温度差が大きくなるので層が厚くなるが，極域では見られない。

(⑱　　　　　)層…深さとともに水温が緩やかに変化する層。2000 m 以深では緯度による水温や塩分の変化は見られず，温度は約(⑲　　　　)℃で一定。表層に比べてはるかに栄養が豊富。深層の水量は海水全体の約80%を占める。

練習問題

82 | **海水** | 次の(1)，(2)に答えよ。

(1) 海水中の塩類の濃度を何というか。

(2) 世界の海洋における(1)は平均約何％か。小数第一位まで答えよ。

82
(1)
(2) 約　　％

83 | **海水中の塩分** | 下の表の空欄に適する用語・記号を語群から選べ。また，あとの問いに答えよ。

	塩類	化学式	質量％
1	（ ① ）	NaCl	77.9
2	塩化マグネシウム	（ ② ）	9.6
3	（ ③ ）	$MgSO_4$	6.1
4	硫酸カルシウム	（ ④ ）	4.0
5	塩化カリウム	（ ⑤ ）	2.1
6	そのほか	――――	0.3

【語群】 硫酸ナトリウム　塩化ナトリウム　硫酸マグネシウム
炭酸マグネシウム　$MgCl_2$　MgS　$CaSO_4$　$CuSO_4$　$CrCl_2$　KCl

問　海水の塩類の組成はどこの海でもほぼ一定である。この理由を答えよ。

83
①
②
③
④
⑤
問

84 | **海水の鉛直構造** | 次の図は海水温の鉛直分布であり，a～cは，低緯度・中緯度・極域のいずれかを表している。次の(1)～(4)に答えよ。

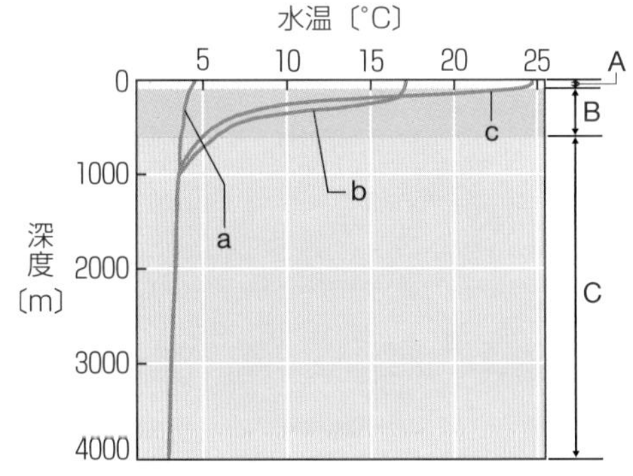

(1) 層A～Cをそれぞれ何というか。

(2) 次の文の空欄に適する語句を答えよ。

層Aは，（ ① ）や波によってよく混合されているため，深さによる水温の変化が小さい。また，a～cの海水温の鉛直分布を比較すると，層Aでは，緯度による水温の差が最も（ ② ）く，層Cでは，緯度による水温の差が最も（ ③ ）い。これは，太陽放射の受熱量が緯度によって異なり，特に表層で太陽放射の影響を大きく受けるためである。

(3) a～cのうち，低緯度のものはどれか。記号で答えよ。

(4) 季節による水温の変化が最も大きいのは，層A～Cのうちどれか答えよ。また，その理由を答えよ。

84
(1) A
B
C
(2) ①
②
③
(3)
(4) 層
理由

19 海水の運動と循環

1 海流と海水表層循環

(①) …広い海域にわたり，定常的で一定の向きに流れる海水の流れ。海上の卓越風によって発生し，地球の自転や地形の影響を受けて向きと強さが決まる。

●世界のおもな海流

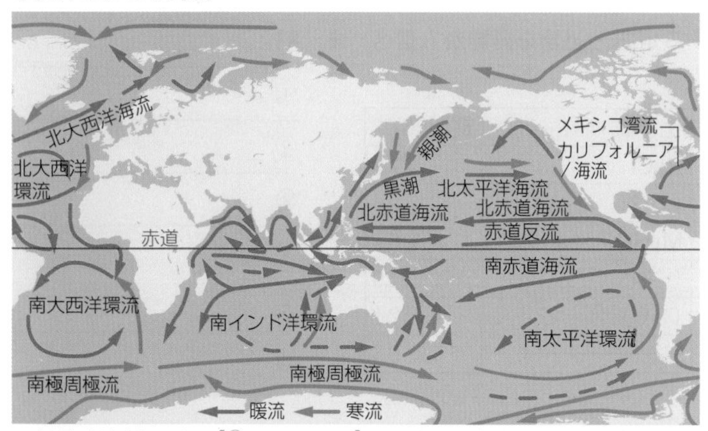

●日本近海の海流

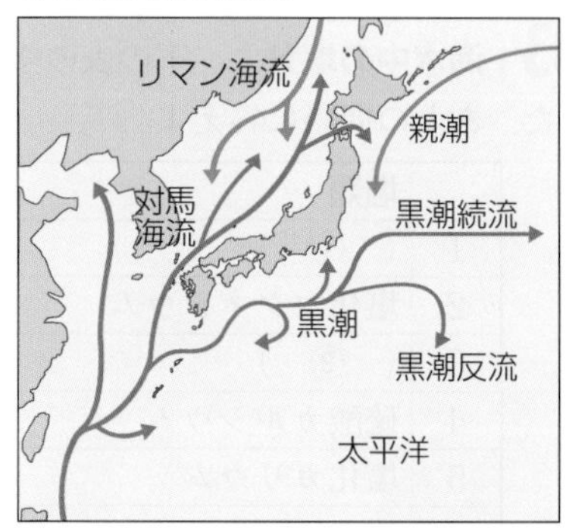

低緯度海域では，(②)風が表層の海水を東から西に向けて動かす。また，海流には地球の自転による力がはたらく。これらの影響により，北半球では(③)回り，南半球では(④)回りの表層循環が生じ，これらを(⑤)という。北太平洋では，黒潮→北太平洋海流→カリフォルニア海流→北赤道海流となって環流が生じている。

日本の近海の太平洋側には，暖流系の(⑥)と寒流系の(⑦)が存在する。

(⑥)の表面流速は，亜熱帯環流の中でも大きく，時速7 kmをこえ，1秒間に5000万 m^3 の海水を運んでいる。

2 深層循環

海水は海流による表層循環だけでなく，水温と(⑧)による密度差によって鉛直方向にも循環している。(⑨)付近の北大西洋では，気温が低いために海の表面が凍って，塩分が高く密度の(⑩)い低温の海水がつくられる。この低温の海水は，深海に向かって徐々に沈み込み，海底の地形に沿って流れ，長い時間をかけて世界中の海底を巡っている。やがて深層を移動していた海水は再び表層に戻る。このような大規模な海水の循環を(⑪)といい，約2000年という長大な時間をかけ，地球規模で循環している。

3 海洋の熱輸送

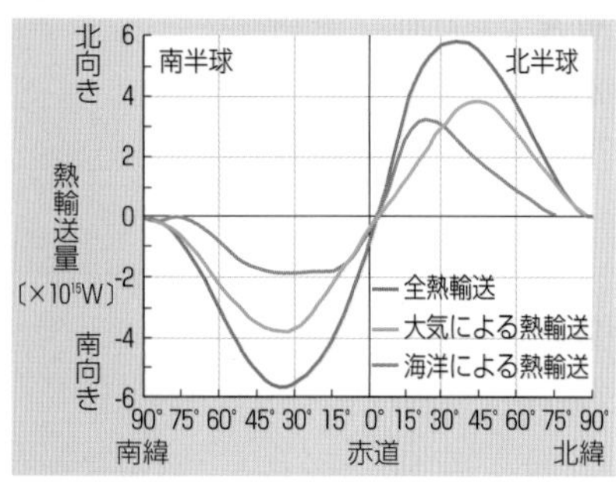

海洋や大気は，(⑫)緯度地域の熱を(⑬)緯度地域に運ぶことで地球の南北の温度差を緩和している。

- (⑭)緯度では，大気よりも海洋による熱輸送が大きい。
- 大気と海洋による熱輸送を合わせた全熱輸送は，中緯度で最も(⑮)くなる。

練習問題

85 | 表層循環 |

次の文の空欄に適する語句を答え，あとの問いに答えよ。

広い海域にわたり，定常的で一定の向きに流れる海水の流れを（　①　）という。右図は，太平洋における（　①　）を模式的に表したもので，風Aは（　②　），風Bは（　③　）を示している。風AとBにはさまれ，北半球では時計回り，南半球では反時計回りに生じている循環a(青矢印)を（　④　）という。

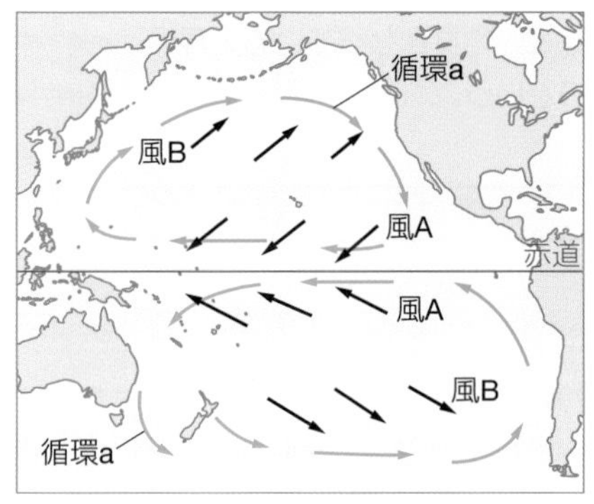

問　次の語群の海流は，北半球に見られる時計回りの表層循環を構成している海流である。最も低緯度を流れている海流から順番に並べよ。

【語群】　黒潮　北赤道海流　北太平洋海流　カリフォルニア海流

85
①
②
③
④
問
→
→
→

86 | 深層循環 |

次の文の空欄に適する語句を答え，あとの問いに答えよ。

海水の密度は，温度が（　①　）いほど，また塩分が（　②　）いほど大きい。

（　③　）付近の北大西洋では，寒さのために海の表面が凍って（　④　）が高くなり，密度の大きい海水ができる。この海水が深海に向かって沈みこみ，海底の地形に沿って移動し，やがて再び表層に戻り，上図のように世界中の海底を巡っている。これを（　⑤　）循環という。

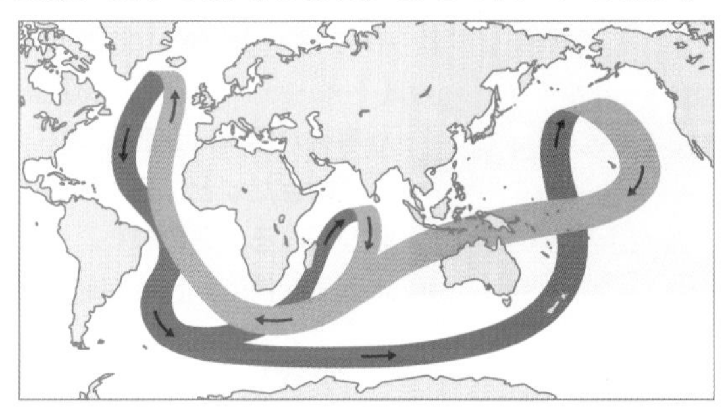

問　北大西洋で沈みこんだ海水が，北太平洋で再び表層に戻ってくるまでにかかる時間はおよそ何年か。

86
①
②
③
④
⑤
問 およそ　　年

87 | 熱輸送 |

次の文の空欄に適する語句を答えよ。ただし，③についてはあとの語群から選べ。

図は，地球の緯度別における熱輸送量を示したものである。図より，低緯度地域では，（　①　）による熱輸送よりも（　②　）による熱輸送のほうが大きいことがわかる。また，大気と海洋を合わせた全熱輸送量は（　③　）で最大となる。

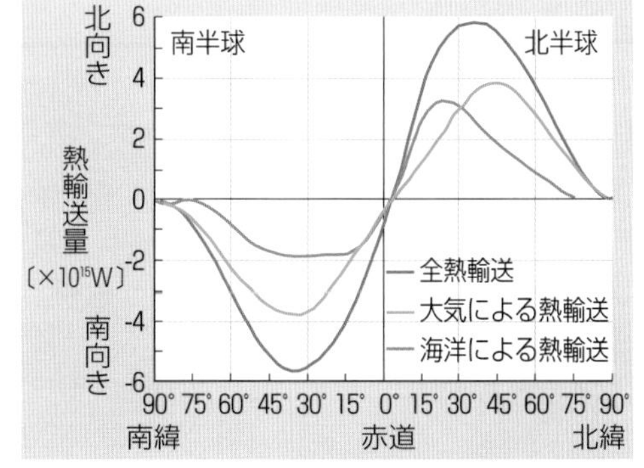

大気や海洋は，（　④　）緯度地域の熱を（　⑤　）緯度地域に輸送することで，南北の温度差を緩和している。

【語群】　低緯度　中緯度　高緯度

87
①
②
③
④
⑤

2章 ●大気と海洋

20 日本の四季

1 日本周辺の気団

広域にわたって，温度や湿度などが均質となっている大規模な空気塊のことを（①　　　　）という。

気団	発生地	活動時期	性質
シベリア気団	シベリア	冬	（⑤　　　） 乾燥
オホーツク海気団	オホーツク海	梅雨	寒冷 （⑥　　　）
小笠原気団	北太平洋	夏	（⑦　　　） 湿潤

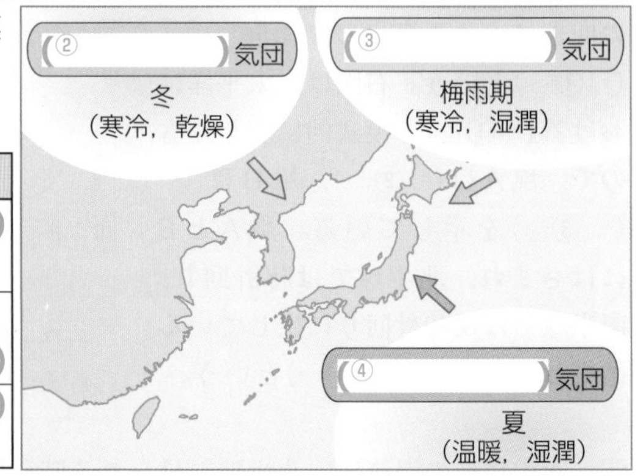

2 日本の四季

●冬

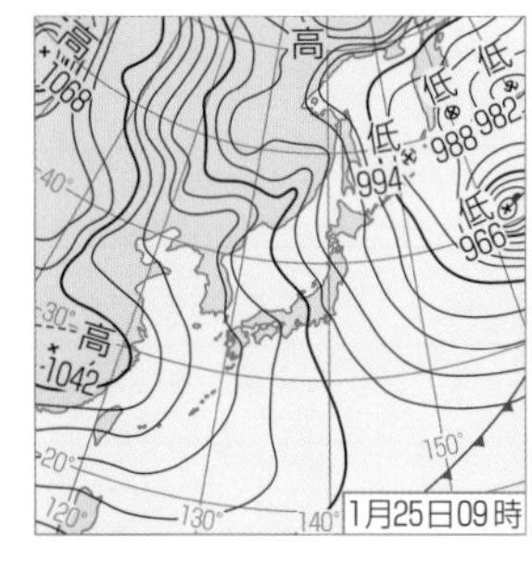

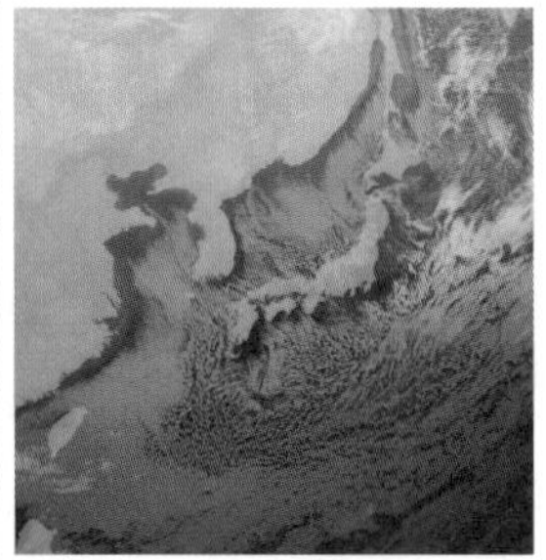

強い放射冷却によりシベリアを中心とする強い寒気団が形成され，（⑧　　　　）高気圧が発達する。一方，相対的に暖かい北太平洋上では低気圧が発達し，（⑨　　　　）の気圧配置となる。シベリアにたまった寒気が日本に北西の（⑩　　　　）（モンスーン）として吹きだすと，日本周辺の海域にこの風に沿った筋状の雲が現れる。冬の（⑩　　　　）は日本海上で大量の水蒸気を得て，日本海側に降雪をもたらす。

●春

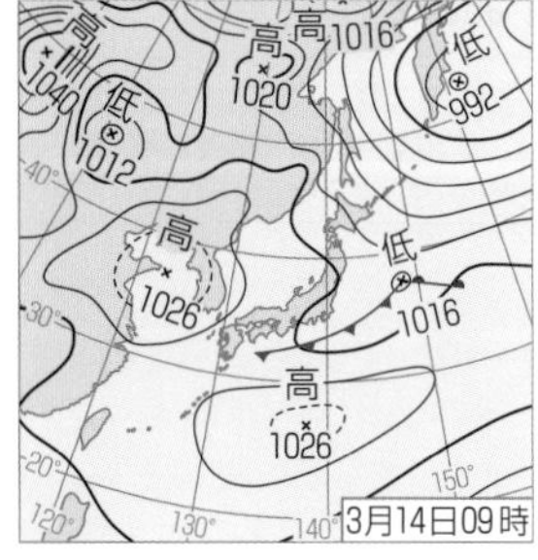

（⑧　　　　）高気圧が弱まると（⑪　　　　）風にのって（⑫　　　　）低気圧と（⑬　　　　）高気圧が日本付近を交互に通過するようになり，天気が周期的に変化する。

●梅雨

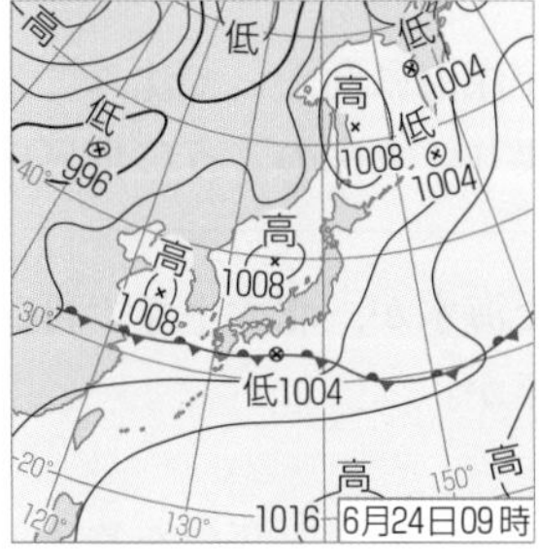

6～7月頃，東日本では北側の（⑭　　　　）気団と南側の（⑮　　　　）気団の境に停滞前線が形成され，（⑯　　　　）とよばれる。南西から暖かく湿潤な空気が流れ込み，多量の降水がもたらされる。

●夏

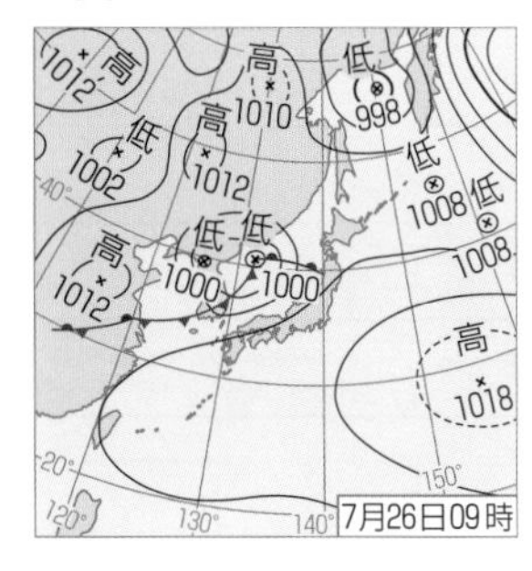

（⑰　　　　）高気圧の勢力が強まると梅雨が明け，日本付近の気圧配置は（⑱　　　　）となり，晴天が続く。強い日射により大気が不安定になり，夕立となることも多い。

●秋

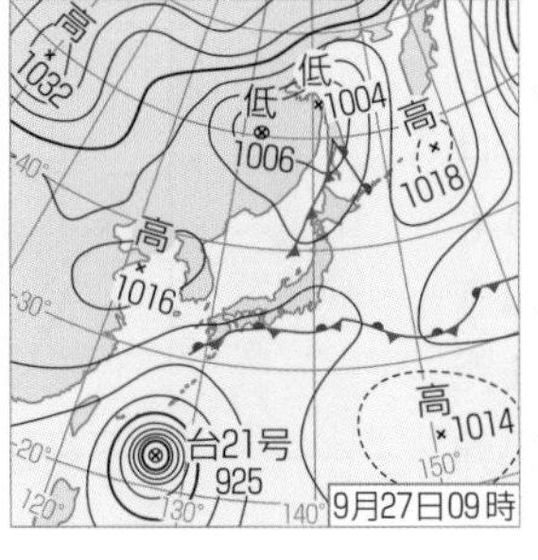

（⑰　　　　）高気圧の勢力が弱まって，大陸から寒気が南下してくると（⑲　　　　）とよばれる停滞前線が出現。この時期，（⑳　　　　）が南方で発生し，日本に接近することもある。その後，春と同様に天気が周期的に変化するようになる。

練習問題

88 ｜日本の四季｜　次の文の空欄に適する語句を答えよ。ただし，②，④は，南下，北上のいずれかで答えよ。

日本は中緯度にあり，常に(　①　)が吹いている。南には温暖な熱帯気団，北には寒冷な寒帯気団があり，その境目にジェット気流の軸(寒帯前線帯)がある。冬にはジェット気流が(　②　)して日本は(　③　)気団の支配下に，夏にはジェット気流が(　④　)して日本は(　⑤　)気団の支配下に入る。春には，移動性高気圧にのって大陸から温暖で乾燥した空気が流れ込み，梅雨期には寒冷で湿潤な(　⑥　)気団が訪れる。

88　①　②　③　④　⑤　⑥

89 ｜冬｜　次の(1)〜(4)に答えよ。

(1)　日本の冬の気候を支配する気団の性質を，次の例にならって答えよ。
　【例】温暖・乾燥

(2)　大陸から高気圧が張りだし，太平洋上に低気圧が発達する冬型の気圧配置を何というか。

(3)　冬型の気圧配置のとき，日本付近では大陸から海洋に向かって冷たい風が吹く。このように，季節によって特有な風向をもつ風を何というか。

(4)　冬の日本海を吹き渡る(3)の風向を８方位で答えよ。

89　(1)　(2)　(3)　(4)

90 ｜春｜　次の文の空欄に適する語句を答えよ。

寒冷で乾燥した(　①　)高気圧の勢力が(　②　)まると，偏西風にのって(　③　)低気圧と(　④　)高気圧が日本付近を交互に通過するようになる。このため春は天気が周期的に変化するようになる。

90　①　②　③　④

91 ｜梅雨｜　右図は，日本のある季節における特徴的な天気図である。

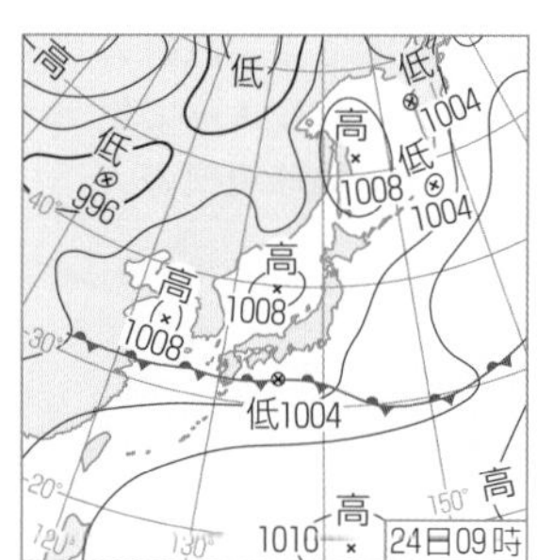

(1)　図中にある前線の種類は何前線か。

(2)　(1)の前線では，寒気団と暖気団の勢力はどちらが強いか。または同じか。

(3)　６月から７月にかけて日本付近にとどまる(1)の前線を特に何というか。

(4)　この時期に，日本付近に北から張りだす寒冷で湿潤な高気圧は何か。

91　(1)　(2)　(3)　(4)

92 ｜秋｜　次の文の空欄に適する語句を答え，あとの問いに答えよ。

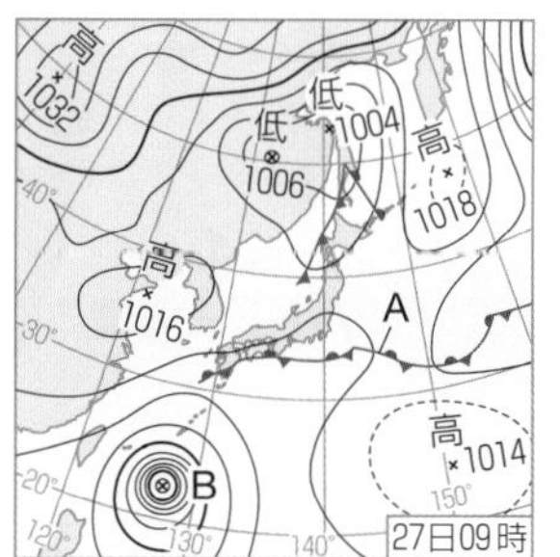

秋になって太平洋高気圧の勢力が(　①　)まると，北から寒気が流入して前線Aをつくる。この時期に日本付近に停滞する前線Aは，特に(　②　)とよばれることがある。また，Bは(　③　)で，太平洋高気圧のへりに沿って北上する。

問　Bは，温帯低気圧，熱帯低気圧のうちのどちらか。

92　①　②　③　問

大気と海洋の大循環

太陽放射のエネルギーによって地球は暖められ，地球放射のエネルギーとつり合って表面温度がほぼ一定に保たれている。

地球全体の熱収支

地球全体で見ると，地球が受けとる太陽放射のエネルギーと，地球から出ていく地球放射のエネルギーはつり合っており，平衡状態にある。地球の放射平衡温度は約255K（－18℃）で，ほぼ一定に保たれている。

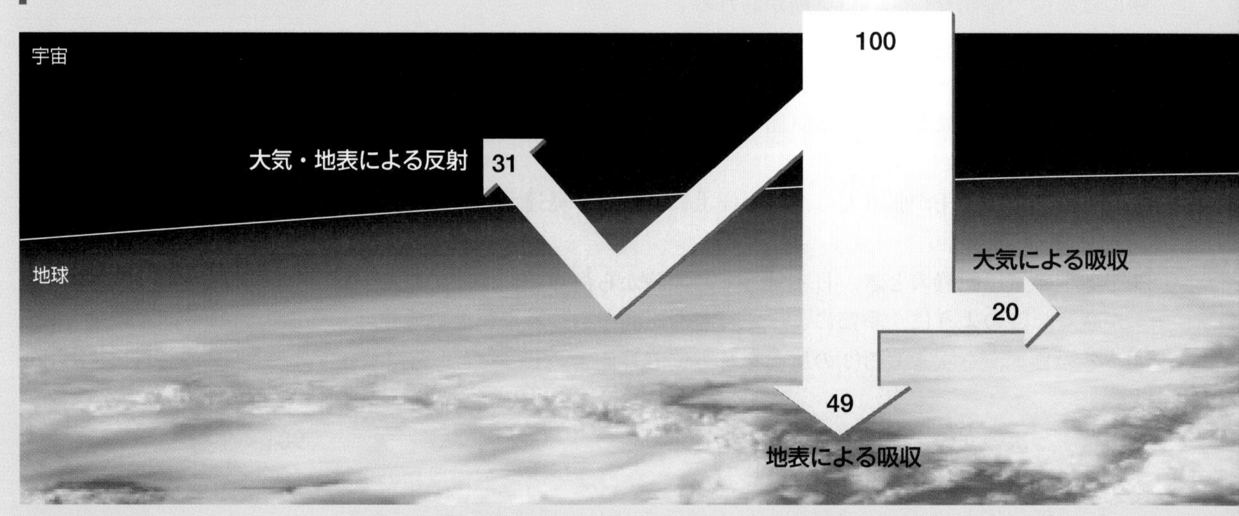

大気・海洋の大循環

地球が球状であるため，地球に入射する太陽放射のエネルギーは緯度によって異なる。これによって生じる南北の温度差を解消するように，地球規模の大気・海洋の大循環が生じている。

▶緯度60°～極付近

極付近で低温になった空気が下降し，地表を低緯度に向かって移動する循環が生じている。

▶緯度30°～60°付近

偏西風が南北に蛇行することによって，低緯度から高緯度へ熱が輸送されている。

▶赤道～緯度30°付近

赤道付近では太陽放射により高温になった空気が上昇し，亜熱帯高圧帯付近で下降する。このような循環によって，赤道から熱が輸送されている。

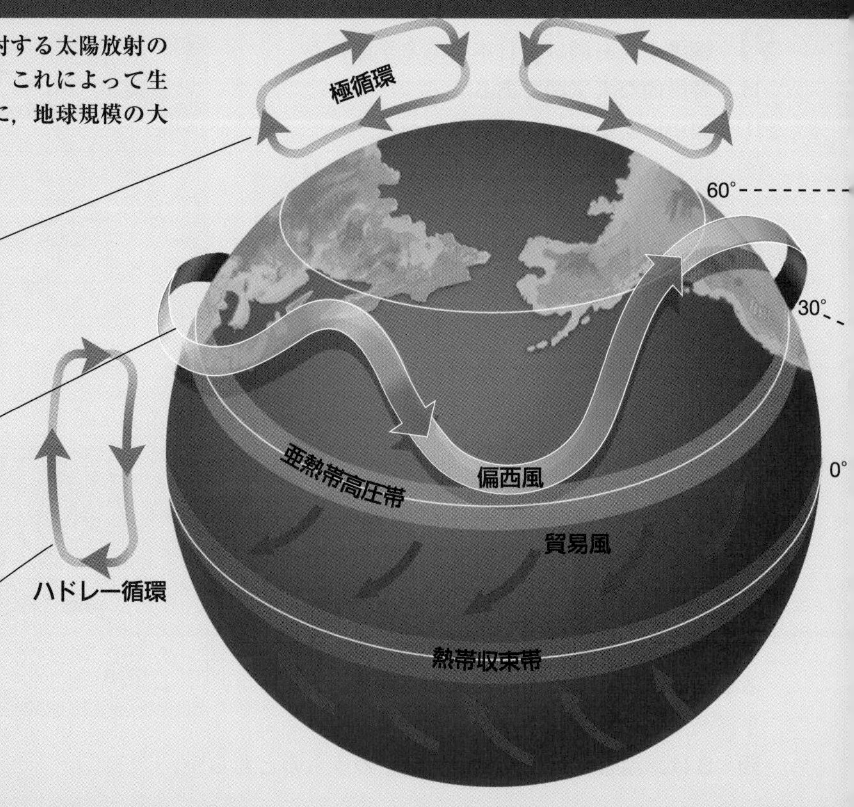

地球が受けとる太陽放射が場所によって異なることにより，大気・海洋には地球規模の大循環が生じている。

地球は薄い大気の層に包まれていて，この大気の層によって太陽放射のエネルギーの一部が吸収・再放出され，地球の表面温度が一定に保たれている。

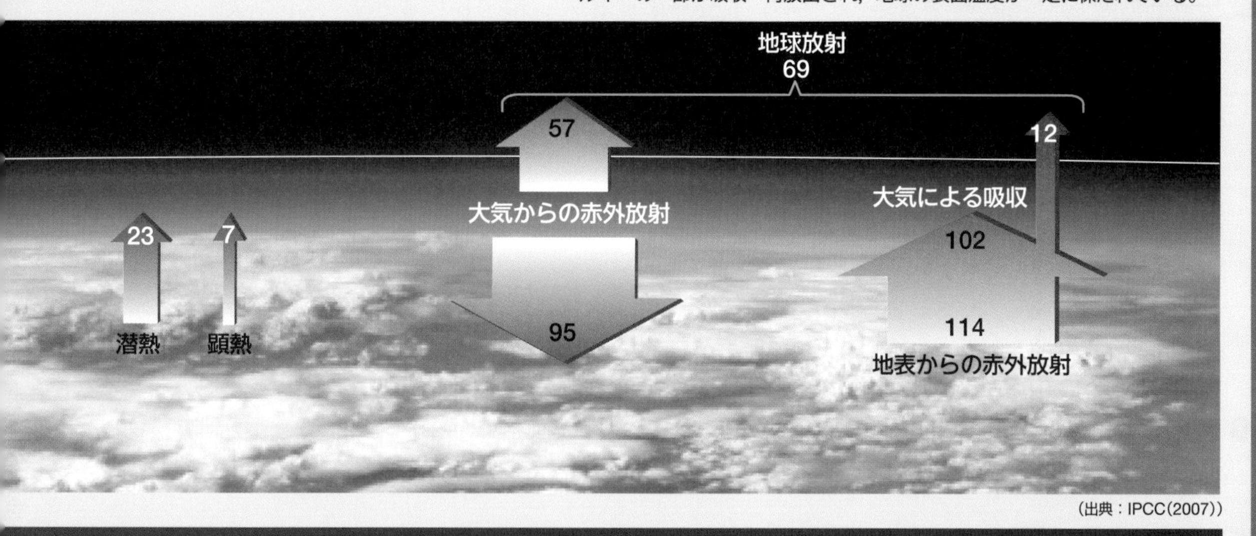

（出典：IPCC(2007)）

▶海洋の表層海流

表層の海流は，地表付近を吹く風に大きく影響を受けている。

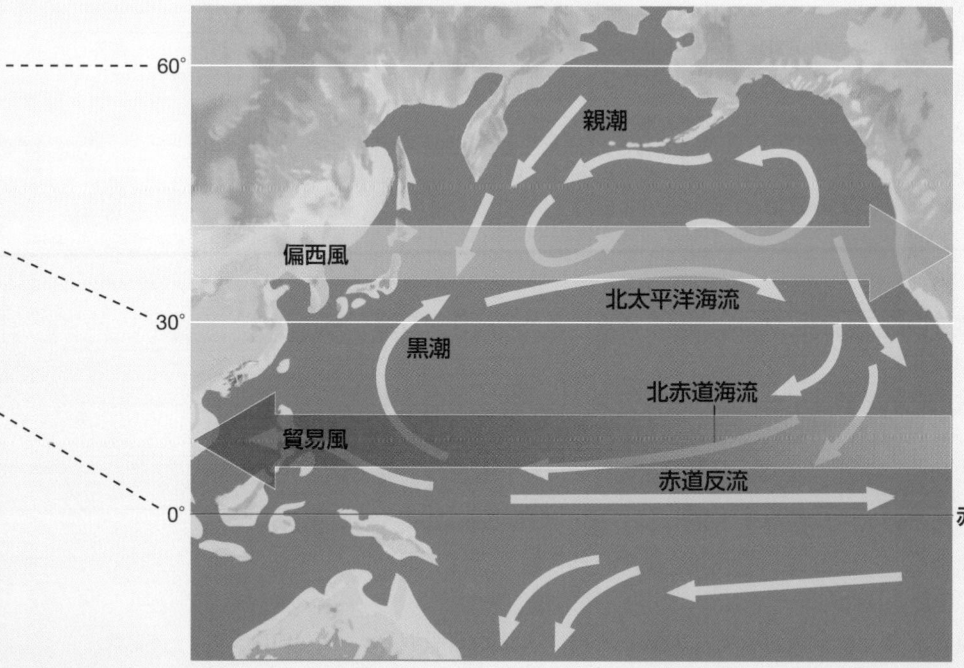

海洋では，表層と深層の密度差による鉛直方向の循環が生じている。これを深層水の大循環という。この大循環は，海水が北大西洋グリーンランド近海で沈み込み，北太平洋で湧昇してくるまで約2000年かかる。このようにゆっくりと3つの大洋を巡る循環は，地球の気候に大きな影響を与えていると考えられている。

章末問題

93 大気の鉛直構造 大気圏は，右図のような気温の鉛直分布の特徴に基づいて区分され，名称が与えられている。気温の鉛直分布が複雑であるのに対し，気圧は高度とともに単調に減少する。高度が5.5km上昇するごとに気圧は約半分になる。

一方，水蒸気を除く大気組成は，高度約［ア］kmまでほぼ一定であり，約［イ］%が窒素，約［ウ］%が酸素である。水蒸気は時間や場所による変動が大きく，対流圏の上限である高度約［エ］kmまでの領域にほとんどが存在している。

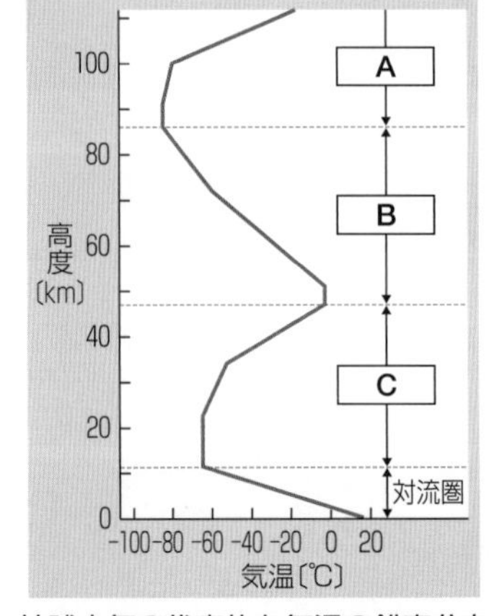

地球大気の代表的な気温の鉛直分布

(1) 図中の［A］～［C］に適する語句を答えよ。

(2) 文章中の［ア］～［エ］に適する数値を下の語群から選べ。ただし，同じ数値を何回選んでもよい。

【語群】 0 10 20 50 80 90

(3) 二酸化炭素は大気中に約何%含まれているか。次の語群から選べ。

【語群】 0.004 0.04 0.4 4.0 40

(4) 下線部より，高度11kmにおける気圧は地上気圧のおよそ何倍になるか。

(5) オゾン層があるのは［A］～［C］のどの層か。記号で答えよ。

93	
(1)	A
	B
	C
(2)	ア
	イ
	ウ
	エ
(3)	約　　%
(4)	およそ　　倍
(5)	

94 地球のエネルギー収支 右図は，地球に出入りするエネルギーを示したものであり，地球が受けとる太陽放射エネルギーと地球から放射されるエネルギーはつりあっているとする。

(1) 下線部のような状態を何というか。

(2) 図より，大気や地表から宇宙へ放出される地球放射はいくらか。

(3) 図中の(①)は大気から地表への放射を表している。(①)にあてはまる数値を答えよ。

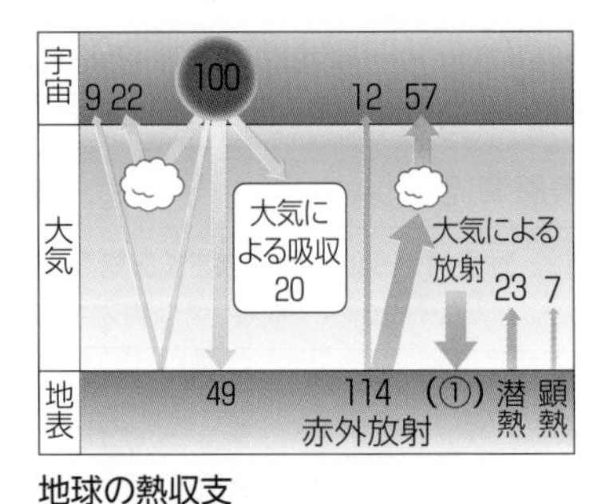

地球の熱収支

地球全体に入射する太陽放射エネルギーを100として示している。

94	
(1)	
(2)	
(3)	

95 低気圧 次の文章中の［ア］～［ウ］に入れる語を，あとの語群から選べ。

低気圧には温帯低気圧と熱帯低気圧がある。温帯低気圧は中緯度で発生する。中緯度の対流圏上部には強い［ア］寄りの風が吹いており，この流れの蛇行が低気圧の発生・発達に関係している。また，発達した温帯低気圧は前線を伴っている。一方，熱帯低気圧は低緯度で発生し，［イ］するときに［ウ］する熱をおもなエネルギー源としている。また，熱帯低気圧は前線を伴わない。

【語群】 北 西 雨粒が蒸発 水蒸気が凝結 大気へ放出 大気から吸収

(2013センター本試改)

95	
ア	
イ	
ウ	

96 **エネルギー収支** 次の図は，年間を通じて地球が吸収する太陽放射と地球放射の緯度分布を示した模式図である。図中の実線**ア**と破線**イ**は，それぞれ太陽放射と地球放射のどちらを表しているか答えよ。

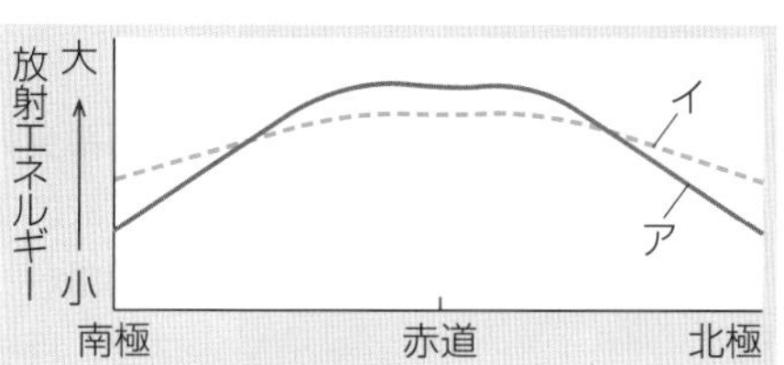

97 **日本の四季** 冬の典型的な気圧配置は［ア］の冬型である。発達した［イ］高気圧から吹き出した冷たく乾燥した風は，日本海上で大量の水蒸気を供給され，日本列島の日本海側に大量の［ウ］をもたらす。

一方，夏の典型的な気圧配置は［エ］とよばれている。［オ］高気圧は夏によく発達し，日本列島に暖かく湿った空気をもたらす。

春や秋には，西からやってくる［カ］高気圧や［キ］低気圧が日本付近を交互に通過し，天気が周期的に変化するようになる。

(1) 文章中の［ア］～［キ］に適する語句を答えよ。

(2) 下線部のように，季節によって決まった方向から吹く風のことを何というか。また，下線部の風の風向を8方位で答えよ。

(3) 次のA～Dは，日本の四季における特徴的な天気図である。冬，春，夏，秋の順に並べ，記号で答えよ。

A
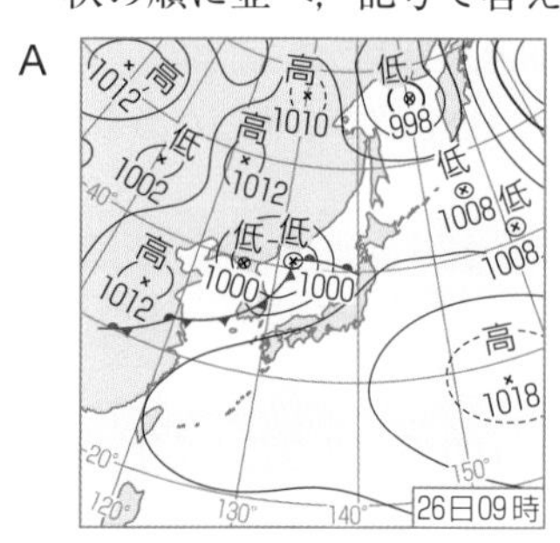

B
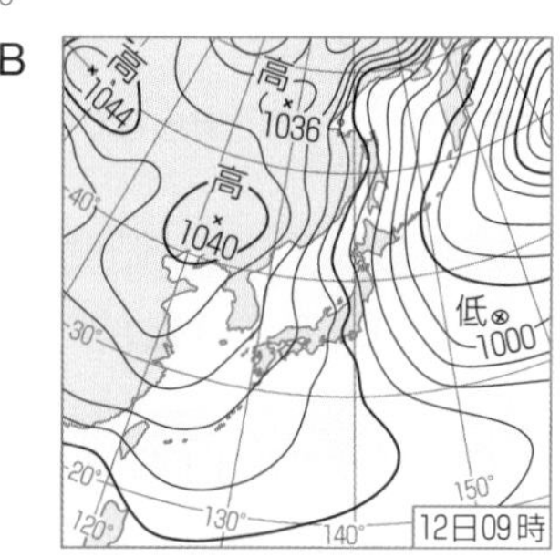

C
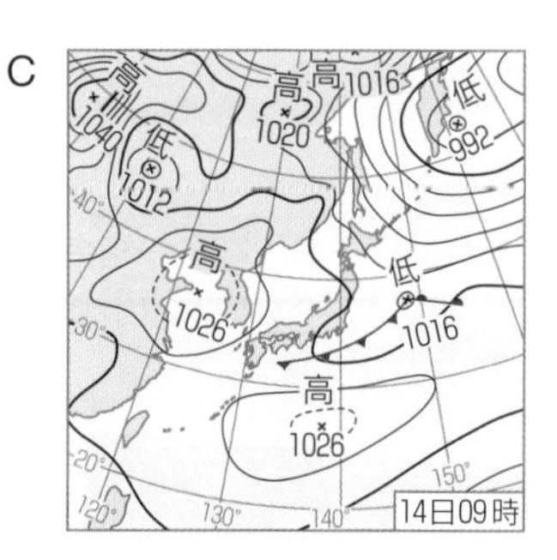

D
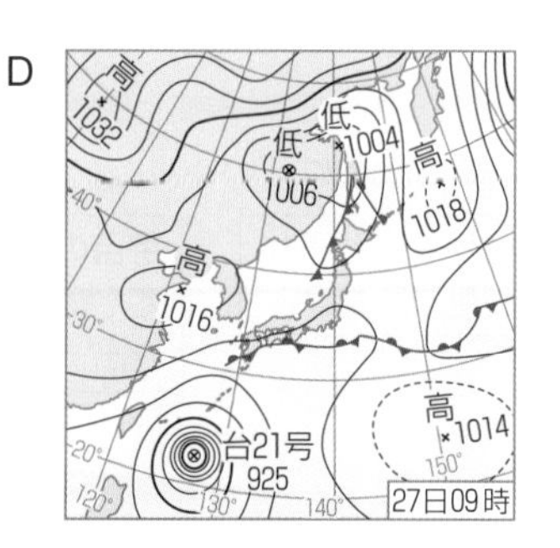

(4) 右の衛星画像は，春，夏，秋，冬のうち，どの季節によく見られるものか答えよ。

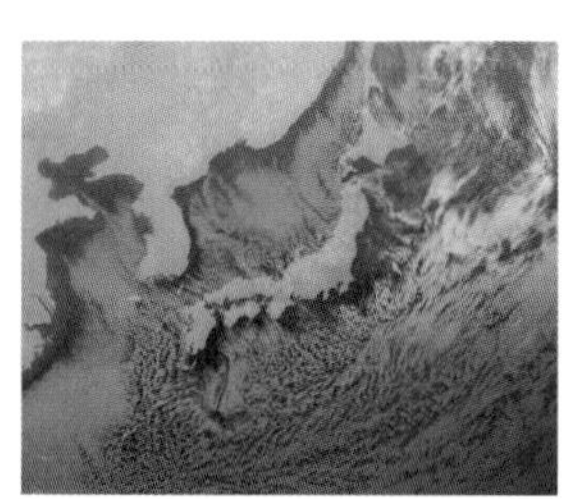

96	
ア	
イ	

97		
(1)	ア	
	イ	
	ウ	
	エ	
	オ	
	カ	
	キ	
(2)	名称	
	風向	
(3)		
(4)		

21 宇宙の誕生

1 宇宙の構造

●**銀河系の構造**

1000億個以上もの星，星と星とのあいだにあるガスや塵を含み，渦巻き形をした薄い(①　　　　)状の構造をなす。中心には，太陽の約430万倍もの質量をもち，光が外に出られない天体である巨大(②　　　　)がある。

太陽系
円盤状の(③　　　　)の中心から約2万6000光年離れた位置にある。天の川は地球から(③　　　　)を眺めた姿である。

暗黒ハロー

球状星団

暗黒ハロー(ガスハローやX線ハローなど)

(④　　　　)
銀河系全体をとり囲む，半径約7万5000光年の球状の領域。老齢な(⑤　　　　)星団がまばらに存在する。

(⑥　　　　)
バルジから続く，半径約5万光年の円盤状の部分。比較的若い星や(⑦　　　　)星団が分布する。

(⑧　　　　)
銀河系の中央にある，半径約1万光年の楕円体部。

▲散開星団
(プレアデス星団)

▲球状星団
(オメガ星団)

・**散開星団**…比較的若い星や星間ガスからなる星団。円盤部に分布。

・**球状星団**…老齢な恒星が球状に集まった星団。ハローに分布。

・**星の大集団**…銀河系と同じような星の大集団もあり，(⑨　　　　)とよばれている。それぞれ数億個〜1兆個の星が集まっている。(⑨　　　　)には，銀河系のように(⑩　　　　)の形をした円盤状のものから，楕円形，形が定まらないものなど，さまざまな構造がある。

2 天体の距離と光の速さ

・**天文単位**…(⑪　　　　)と地球の平均距離(約1億5000万km)を1(⑫　　　　)と定義し，単位の記号は(⑬　　　　)で表す。

・**光年**…光は1秒間で約(⑭　　　　)万km進む。したがって光は1年間で約9兆4600億km進むことがわかる。このように光が1年間に進む距離を1(⑮　　　　)とよぶ。

3 ビッグバン

宇宙は約138億年前に誕生し，現在も(⑯　　　　)を続けている。

ビッグバン…急激な膨張のあとに高温・高密度の火の玉(ビッグバン)となった。

陽子や中性子の誕生…素粒子から陽子や中性子が生まれた。

宇宙の晴れ上がり…原子核に電子が結合して(⑰　　　　)やヘリウム原子ができ,光が直進できるようになった。

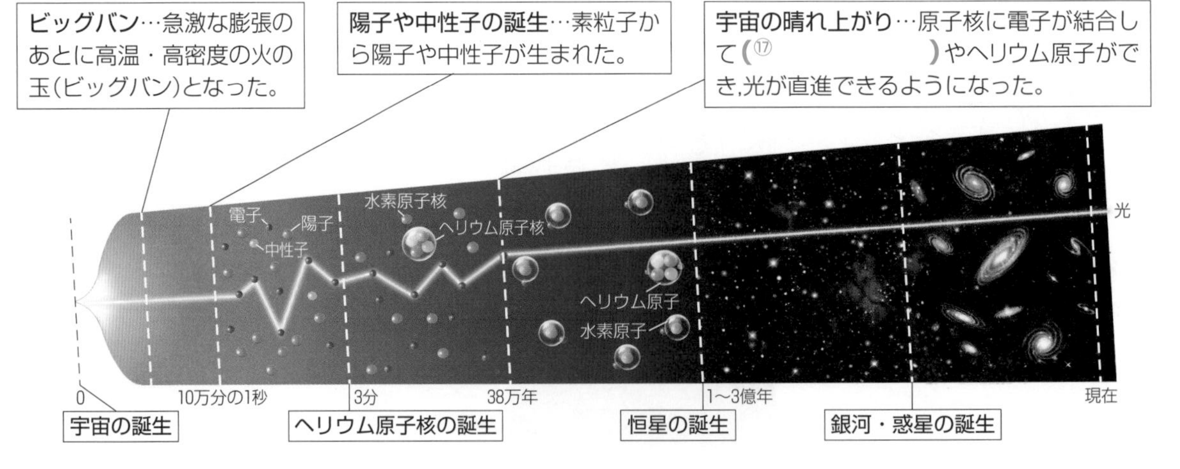

知識ぷらす＋ 2013年3月に発表された，ヨーロッパ宇宙機関（ESA）の宇宙背景放射観測衛星「Planck（プランク）」の観測結果により，宇宙の年齢は138億歳と推定されている。

練習問題

98 | **銀河系** | 右の写真は，夜空を撮影したものである。写真の中央に白っぽく見える帯状の部分は星の集団で，地球をとり巻くように一周している。これについて次の(1)～(3)に答えよ。

(1) この帯状の部分を何というか。

(2) (1)は何を内側から眺めたものか。

(3) (2)と同じような星の集団を何というか。

98
(1)
(2)
(3)

99 | **銀河系の構造** | 右の図は，太陽系が属する銀河の構造を示した模式図である。これについて，(1)～(3)に答えよ。

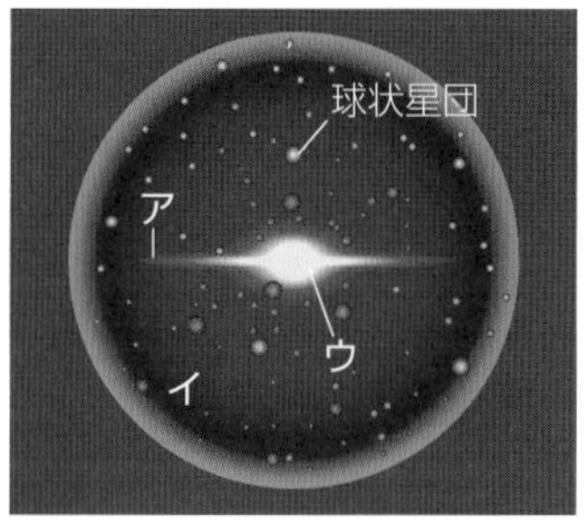

(1) 太陽系が属する銀河を何というか。

(2) 図のア～ウの名称をそれぞれ答えよ。

(3) 太陽系のある場所を，図のア～ウから1つ選べ。

99
(1)
(2) ア
イ
ウ
(3)

100 | **天体の距離** | 地球から太陽までの平均距離を1億5000万kmとして次の(1)，(2)に答えよ。

(1) 下線部分を1とする単位を何というか。

(2) 木星と太陽との平均距離は約7億7800万kmである。木星と太陽との平均距離を天文単位で表せ。ただし，有効数字2桁で答えよ。

100
(1)
(2)

101 | **光の進む距離** | 次の文章の空欄にあてはまる語句を答えよ。

遠くにある恒星や銀河までの距離は，光が1年間に進む距離を1(　①　)として表す。全天で最も明るい恒星シリウスまでの距離は約8.6光年，秋の夜空を飾るアンドロメダ銀河までは約230万光年である。したがって，地球で観測しているシリウスやアンドロメダ銀河からの光は，それぞれ今から約(　②　)年前，約(　③　)年前に放たれたということになる。

101
①
②
③

102 | **宇宙の歴史** | 次の(1)～(4)に答えよ。

(1) 宇宙が誕生したのは今から約何年前か。次の語群から1つ選んで答えよ。

【語群】 38万　46億　60億　100億　138億

(2) 宇宙が誕生してすぐの高温・高密度の火の玉の状態を何というか。

(3) 次の文章の空欄にあてはまる語句を答え，下の問いに答えよ。

宇宙の誕生から約38万年後，電子が(　①　)や(　②　)の原子核と結合して原子ができたため，光をさえぎっていた電子が急激になくなり，宇宙が見通せるようになった。

問　下線部を何というか。

(4) 宇宙は現在，どのような状態にあるか。次の語群から1つ選んで答えよ。

【語群】 収縮している　静止している　膨張している

102
(1) 約　　　年前
(2)
(3) ①
②
問
(4)

3章 ●宇宙、太陽系と地球の誕生

22 現在の太陽

1 太陽の概観

太陽は，太陽系で唯一，自ら光を出して輝く(①　　　　)である。

半径	約 70 万 km(地球の約 109 倍)
質量	地球の約 33 万倍(太陽系全体の 99.9%)
地球からの平均距離	約(②　　　　　　　　)km
自転周期	赤道付近：約 25 日　極付近：30 日以上

●太陽の表面

・(③　　　　)…可視光線で見ることができる太陽表面の層。温度は約 5800 K で，厚さ数百 km の薄い層。中央が最も明るく，縁へ向かうにつれて暗くなっている。

・(④　　　　　)…光球面に見られる小さな粒状の模様。太陽の表面付近で起こる対流によるものである。直径は平均 1000 km ほどで，寿命は 6 ～ 10 分間である。

・(⑤　　　　)…光球面に見られる黒い斑点。温度は約 4000 K で，まわりの光球面より温度が低いため暗く見える。

(⑤　　　　)の位置を継続的に観測すると，太陽は惑星の公転と同じ方向に(⑥　　　　)していることがわかる。太陽はガスでできているため，(⑥　　　　)周期は(⑦　　　　)によって異なる。

(⑧　　　　)付近では 25 日程度，極付近では 30 日以上にもなる。また，(⑤　　　　)の数は太陽活動の活発さによって増減する。数が多く現れるときを黒点(⑨　　　　)期といい，太陽の活動が活発なときである。数が少ないときを黒点(⑩　　　　)期という。

・(⑪　　　　)…光球面に見られる白い斑点。まわりの光球面よりも温度が数百 K 高いため，明るく見える。

●太陽の外層部

・(⑫　　　　)…光球の外側の厚さ数千 km ～ 1 万 km の希薄な大気。温度は数千～ 1 万 K 程度。

・(⑬　　　　　)…彩層の外側に広がる希薄なガス。皆既日食時には黒い月のまわりに真珠色の淡い光として見ることができる。温度は 100 万 K 以上。おもに水素やヘリウムの原子核や電子でできており，(⑭　　　　　)として宇宙空間へ流れ出ている。

・(⑮　　　　　)(紅炎)…彩層からコロナの中に吹き上げたように見えるアーチ形の巨大なガス。

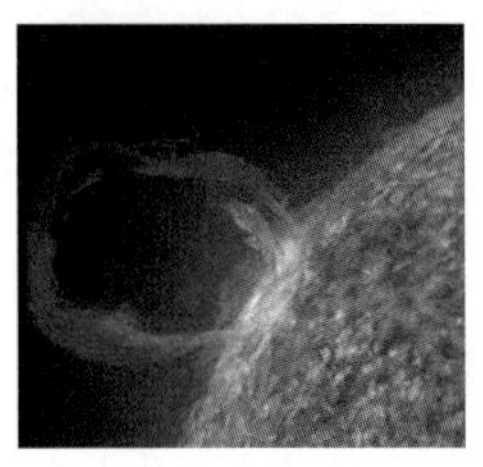

2 太陽のエネルギー源

太陽の中心の温度は約 1500 万 K で，毎秒 3.8×10^{26} J ものエネルギーが放射されている。このエネルギー源は，4 個の水素原子核から 1 個のヘリウム原子核ができる(⑯　　　　　　)であり，1 秒間に約 6 億 t の水素が消費されている。この(⑯　　　　　　)は温度と圧力が高いほど活発になるため，ほとんどが太陽の中心で起こる。発生したエネルギーは中心部では放射によって，表面付近では対流によって伝わる。

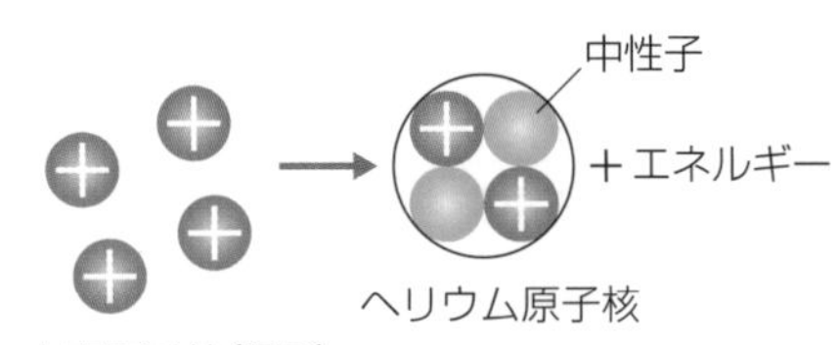

練習問題

103 | 太陽の概観 |

次の図は，太陽の概観のようすである。図の①～⑤の名称を答え，次の(1)～(7)に答えよ。

(1) 太陽の表面である④の温度は約何 K か。

(2) 黒く見える③の部分の温度は約何 K か。

(3) ③が黒く見える理由を簡潔に答えよ。

(4) 太陽の活動が活発なとき，③の数はどうなるか。

(5) 太陽表面に見られることがある，白い斑点を何というか。

(6) (5)が白く見える理由を簡潔に答えよ。

(7) ⑤が惑星空間に流れ出たものを何というか。

104 | 太陽のエネルギー源 |

次の文の空欄にあてはまる語句を答えよ。

太陽の中心部は約(　①　)K で，毎秒 3.8×10^{26} J のエネルギーを放射している。このエネルギー源は，4 個の(　②　)原子核から 1 個の(　③　)原子核が生成される(　④　)反応である。

105 | 核融合反応 |

太陽は水素の核融合反応でその表面から毎秒 3.8×10^{26} J のエネルギーを宇宙空間に放出している。この反応においては水素 1 kg あたり 6.3×10^{14} J のエネルギーを放出する。太陽のエネルギー放出率が不変だとすると，太陽は誕生から現在までに何 kg の水素が使われたことになるか。太陽の年齢を約 50 億年(1.6×10^{17} 秒)とするとき，最も近い値を語群から選べ。

【語群】 1.1×10^{25} kg　2.4×10^{27} kg　9.7×10^{28} kg　2.0×10^{30} kg

106 | 太陽 |

次の(1)～(6)について，下線部が正しい場合には○を，誤っている場合には正しい語句を記せ。

(1) 彩層の外側に広がる希薄な大気層をプロミネンスといい，皆既日食のときには真珠色の淡い光として見える。

(2) コロナは光球よりも温度が低い。

(3) 黒点の数は太陽の活動の活発さによって増減し，黒点極大期には，黒点の数は少なくなる。

(4) 太陽の光球面に見られる粒状の模様を白斑といい，表面付近で起こる対流によるものである。

(5) 太陽の自転周期は緯度によって異なり，極付近よりも赤道付近のほうが自転周期は長い。

(6) 太陽の自転周期が緯度によって異なるのは，太陽がガスでできているからである。

103
①
②
③
④
⑤
(1) 約　K
(2) 約　K
(3)
(4)
(5)
(6)
(7)

104
①
②
③
④

105

106
(1)
(2)
(3)
(4)
(5)
(6)

23 太陽の誕生

1 太陽の形成過程

地球から太陽までの距離は約(① 　　　　　)km で，他の恒星や銀河に比べて近いが，昔の姿を直接観測することはできない。しかし，宇宙には太陽と似た恒星が数多く存在することから，太陽の形成初期の状態に似た天体も存在しているのではないかと考えられ，それらの天体を観測することで，太陽の形成過程は明らかにされてきた。

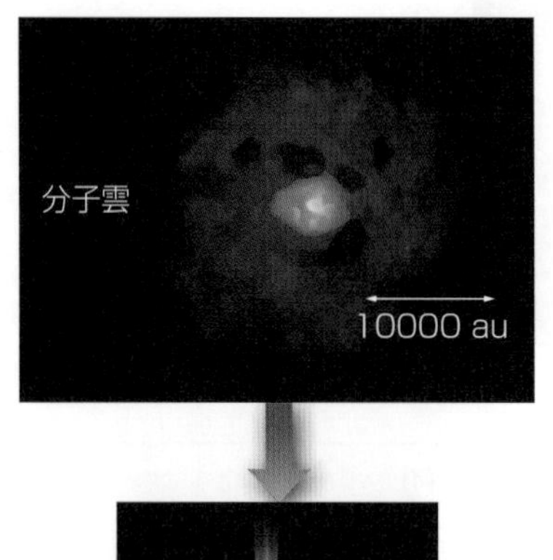

太陽の誕生

●太陽のふるさと

星と星のあいだには，(② 　　　　)やヘリウムなどの(③ 　　　　)ガスが存在する。(③ 　　　　)ガスと固体の塵をまとめて(④ 　　　　)といい，これらが多く集まっているところを(⑤ 　　　　)という。他の星の光を受けて輝くと(⑥ 　　　　)星雲，他の星の光をさえぎってしまうと(⑦ 　　　　)星雲として観察される。(⑤ 　　　　)が低温で，ガスが分子として多く存在する場合には(⑧ 　　　　)という。(⑧ 　　　　)は特に密度が大きいところであり，太陽などの恒星はこの中で生まれた。

▲散光星雲(オリオン大星雲)

▲暗黒星雲(馬頭星雲)

●原始太陽の形成

およそ 50 億年前，水素や(⑨ 　　　　)を主成分とするガスが収縮し，ある程度星間物質が集まると，自分自身の重力で収縮が続いた。そして，収縮に伴って中心部の温度が高くなり，重力による収縮と内部の圧力がつり合うようになり，一般には原始星とよばれる段階の(⑩ 　　　　)が誕生した。(⑩ 　　　　)のまわりのガスは収縮しながら回転を速め，偏平な円盤状となって(⑪ 　　　　)が生まれた。なお，原始星はそのまわりの濃いガスにより，可視光線での観測は困難であり，赤外線により観測される。

●主系列星へ

原始星がさらに収縮して，中心の温度が 1000 万 K をこえると，中心部では水素原子核の(⑫ 　　　　)反応が始まった。こうして太陽は今からおよそ 46 億年前に誕生した。このように，水素の(⑫ 　　　　)反応が中心核で起こる段階の星を，一般に(⑬ 　　　　)という。(⑬ 　　　　)は長期期間安定した(⑫ 　　　　)反応によって輝き，太陽の中心核では，現在も(⑫ 　　　　)反応が続いている。

ベテルギウスは冬を代表する「オリオン座」の1等星である。年老いた赤い色の星であり，太陽の1000倍近い大きさに達している。将来，大爆発を起こすと考えられている。

練習問題

107 ｜**太陽の形成過程**｜　次の(1)，(2)に答えよ。

(1)　太陽は，ビッグバンからおよそ何億年後に誕生したか。語群から選んで答えよ。

【語群】　6億年　35億年　50億年　90億年　140億年　190億年

(2)　以下は，太陽の形成過程を示したものである。空欄に適する語句を答えよ。

（　①　）→星間雲→（　②　）（一般には原始星とよばれる）→（　③　）

107
(1) およそ　　　後
(2) ①
②
③

108 ｜**星間物質**｜　次の文の空欄に適する語句を答え，あとの問いに答えよ。

星と星のあいだにあるガスと固体の塵などをまとめて（　①　）といい，これらがより多く集まった部分を（　②　）とよぶ。右の写真のAの部分は，（　②　）が他の天体に照らされて輝いており，（　③　）星雲とよばれる。Bの部分は，（　②　）が他の天体の光をさえぎっており，（　④　）星雲とよばれる。（　②　）のうち，低温でガスが分子として存在しているものを（　⑤　）という。

問　下線部のガスの成分について，おもな元素名を2つ答えよ。

108
①
②
③
④
⑤
問

109 ｜**太陽の誕生**｜　次の(1)～(5)に答えよ。

(1)　星間物質が濃集して星間雲となり，やがて自身の重力により収縮が続くと，星間雲の中心部の温度はどうなるか。

(2)　(1)の状態から，重力による収縮と内部の圧力がつり合い，明るく輝きだした段階の星を一般に何というか。

(3)　(2)は，現在の太陽になるまで，膨張するか，収縮するか答えよ。

(4)　次の文章の空欄に適する語句を答えよ。

(2)の中心温度が1000万Kをこえると，中心部では（　①　）が（　②　）に変わる（　③　）反応が起こる。この反応が中心核で起こる段階の星を一般に（　④　）とよび，長期間安定した（　③　）反応によって輝く。

(5)　(4)③の反応は，現在の太陽の中心核でも続いているか，終わっているか答えよ。

109
(1)
(2)
(3)
(4) ①
②
③
④
(5)

110 ｜**太陽の形成過程**｜　次の(1)～(5)について，下線部が正しい場合には○を，誤っている場合には正しい語句を記せ。

(1)　暗黒星雲は，星間物質の密度が小さい領域である。

(2)　星間ガスのおもな成分は水素と二酸化炭素である。

(3)　星間雲が他の恒星の光に照らされて輝いているものを暗黒星雲という。

(4)　原始星は，まわりに濃いガスがあるために可視光線での観測が困難である。

(5)　主系列星では，中心部で水素の燃焼が起きている。

110
(1)
(2)
(3)
(4)
(5)

24 太陽系の姿

1 太陽系

太陽系は，8つの(①　　　　)，彗星や小惑星などの太陽系小天体，(①　　　　)のまわりを回る(②　　　　)などで構成されている。海王星よりも外側には(③　　　　　　　　)が存在し，太陽系の果てには，氷の小天体が球殻状に存在する(④　　　　　　　)があると考えられている。

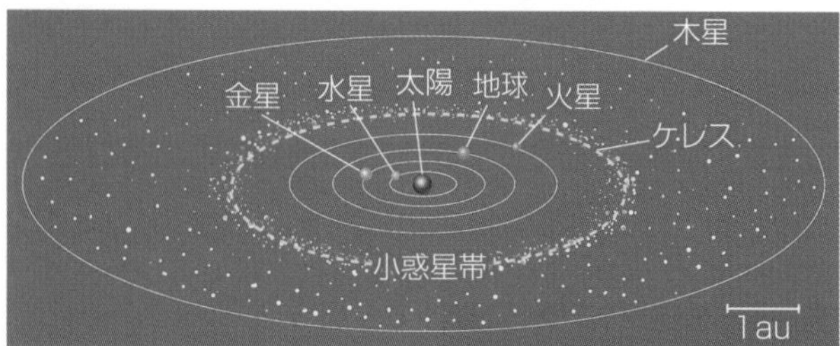

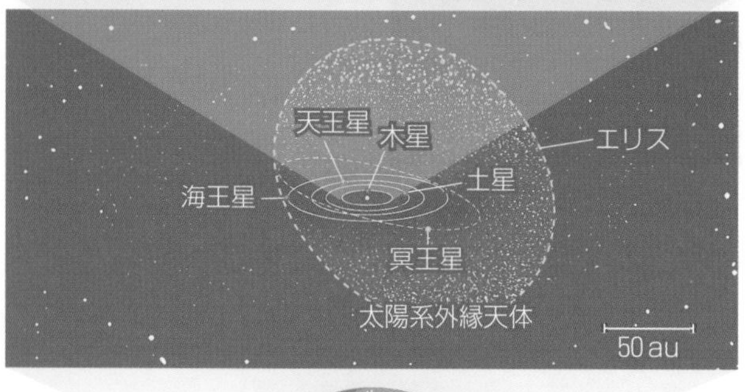

●惑星
太陽のまわりを公転する天体。太陽系の惑星は(⑤　　　　)個ある。公転の向きはすべて同じであり，公転軌道はほぼ同一平面上にある。

●(⑥　　　　)
惑星のまわりを公転する天体。

●太陽系小天体
(⑦　　　　)…太陽に近づくとガスを放出して尾を引く小天体。
(⑧　　　　　　)…岩石質の小天体。火星と木星の間に多く存在する。
(⑨　　　　　　　　　)…海王星の軌道の外側を回る小天体。氷を主成分とする。

●(⑩　　　　)
太陽系唯一の恒星であり，太陽系の質量の大部分を占める。太陽系全体を暖める熱源となっている。

●(⑪　　　　　　)
彗星のような氷の小天体が球殻状に存在している。直径はおよそ1光年。

1天文単位(au)
太陽と(⑫　　　　　)の平均距離。
約1億5000万kmである。

2 太陽系を構成するおもな天体

太陽系は，小惑星が多く存在する(⑬　　　　　　)を境に惑星の性質が異なる。

		平均距離〔天文単位〕	赤道半径(地球＝1)	平均密度〔g/cm^3〕	公転周期〔年〕	自転周期〔日〕	衛星の数
惑星	(⑭　　　　)	0.387	0.38	5.43	0.241	58.65	0
	(⑮　　　　)	0.723	0.95	5.24	0.615	243.02	0
	地球	1.000	1(6378 km)	5.51	1.000	0.9973	1
	(⑯　　　　)	1.524	0.53	3.93	1.881	1.0260	2
	(⑰　　　　)	5.203	11.21	1.33	11.862	0.414	79以上
	(⑱　　　　)	9.555	9.45	0.69	29.457	0.444	85以上
	(⑲　　　　)	19.218	4.01	1.27	84.021	0.718	27以上
	(⑳　　　　)	30.110	3.88	1.64	164.770	0.671	14以上
小惑星	ケレス	2.769	0.07	2.2	4.60	0.378	—
太陽系外縁天体	冥王星	39.846	0.19	1.85	248	6.39	5
	エリス	67.745	0.19	2.3	561	—	1

赤道半径が最大の惑星は(㉑　　　　)で，最小の惑星は(㉒　　　　)である。また，衛星をもたない惑星は(㉒　　　　)と(㉓　　　　)である。

1977 年に地球を飛び立ったボイジャー 1 号は，約 1 年半後に木星に到着し，約 35 年後の 2012 年に太陽系を出て，現在，地球から最も遠くにある人工物体となっている。

練習問題

111 | **太陽系** | 次の(1)～(7)に答えよ。

(1) 太陽を中心とした天体の集まりを何というか。
(2) (1)に属する天体のうち恒星は何個あるか。
(3) (1)に属する天体で，太陽のまわりを回る 8 個の天体を何というか。
(4) (3)の公転の向きはどうなっているか。
(5) (3)のまわりを公転する天体を何というか。
(6) 小惑星帯はどことどこの間にあるか。惑星の名称を 2 つ答えよ。
(7) 太陽系の果てにあると考えられている球殻状の小天体の集まりを何というか。

112 | **太陽系内の距離** | 次の(1)～(3)に答えよ。

(1) 太陽と地球の平均距離を 1 とする単位を何というか。記号も書け。
(2) 光が 1 年間で進む距離を 1 とする単位を何というか。
(3) オールトの雲の直径はおよそどれだけか。(2)の単位で答えよ。

113 | **太陽系の天体** | 次の図は太陽系の天体の公転軌道を示している。①～⑨の天体の名称をそれぞれ答えよ。

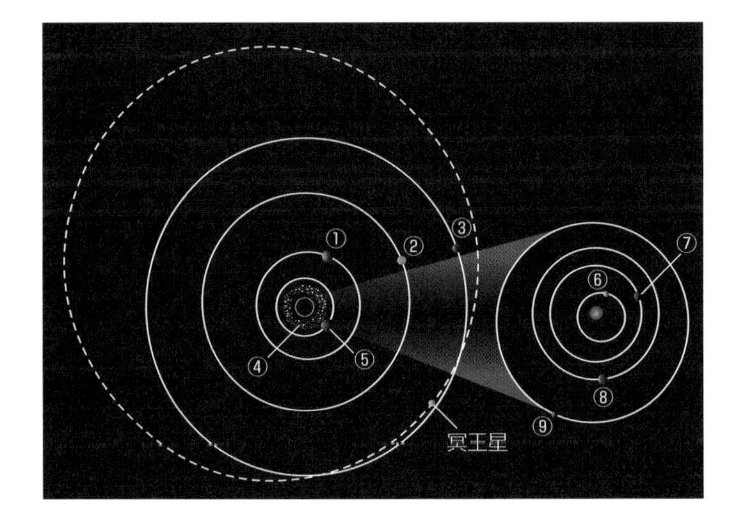

114 | **太陽系の大きさ** | 次の(1)～(4)に答えよ。ただし，光の速さを 30 万 km/ 秒，1 年を 3×10^7 秒とする。

(1) 1 天文単位は，約何 km か。
(2) 太陽から出た光が，地球に届くまでにかかる時間は約何分何秒か。
(3) オールトの雲の直径を 100 m で表したとき，太陽から地球までの距離は約何 mm か。四捨五入して整数で答えよ。
(4) 木星の赤道半径は，地球の赤道半径の約何倍か。p.56 の表を用い，四捨五入して整数で答えよ。

111
(1)
(2) 個
(3)
(4)
(5)
(6)
(7)

112
(1) 名称
記号
(2)
(3) およそ

113
①
②
③
④
⑤
⑥
⑦
⑧
⑨

114
(1) 約 km
(2) 約
(3) 約 mm
(4) 約 倍

25 太陽系の誕生

1 太陽系の誕生

●原始太陽と原始太陽系円盤

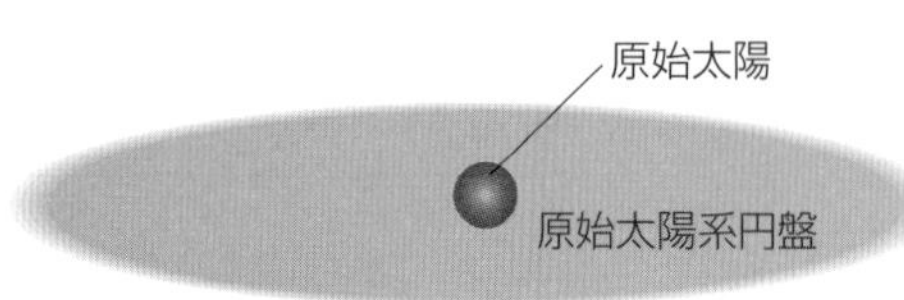

およそ 50 億年前，水素･ヘリウムを主成分とするガスが収縮し，中心部に集中したガスが(①)となった。
(①)のまわりのガスが収縮しながら回転し，偏平な円盤状となって(②)ができた。太陽系の惑星の公転の向きがすべて同じなのは，太陽系がこのようにできたためだと考えられている。

●微惑星の形成

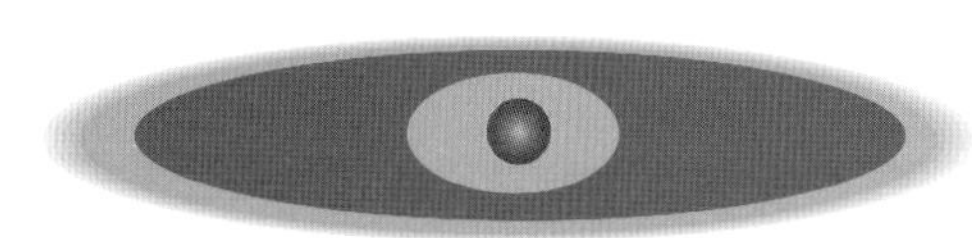

原始太陽系円盤に含まれる固体成分(塵)は，円盤の中心の平面に密集して薄い層をつくり，その層の中に大きさ 1 km ～ 10 km ほどの(③)が大量にできた。太陽に近いところほど高温であるため，(③)には次のような違いができた。
凍結線より内側：岩石や金属が主成分
凍結線より外側：岩石や金属に加えて(④)が主成分

●惑星の形成

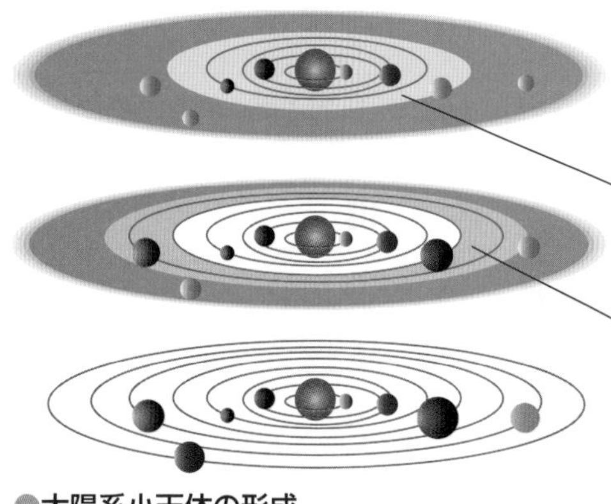

微惑星が衝突・合体をくり返して成長し，(⑤)が形成された。存在していた微惑星の性質の違いにより，太陽からの距離に応じて性質の異なる惑星などの天体ができた。

凍結線より内側：岩石や金属を主成分とする(⑥)型惑星が形成された。

凍結線より外側：氷を含んだ大きな原始惑星となり，原始太陽系円盤内の水素やヘリウムなどのガス成分も集めて(⑦)惑星や巨大氷惑星が形成された。

●太陽系小天体の形成

木星から海王星の領域では，氷を主成分とする微惑星が太陽系から放出され，その一部は太陽系最外縁部にとどまり，(⑧)のもととなった。海王星よりも外側では，氷を主成分とする微惑星が十分に成長できずに取り残され，冥王星型天体などの(⑨)となった。

火星と木星の間には，岩石を主成分とする原始惑星ができたが，木星の強い重力によりそれ以上は成長できず，岩石質の小さな天体が多数存在する(⑩)となったと考えられている。

2 地球型惑星と木星型惑星

	(⑪)型惑星 (岩石惑星)	(⑫)型惑星	
		巨大ガス惑星	(⑬)
惑星名	水星・金星・地球・火星	木星・土星	天王星・海王星
赤道半径(地球＝1)	小さい	大きい	中間
平均密度〔g/cm^3〕	(⑭)	かなり小さい	小さい
自転周期	長い	(⑮)	
環(リング)	(⑯)	ある	
衛星の数	ないまたは少ない	とても多い	多い
偏平率	小さい	大きい	やや大きい

知識ぷらす＋ 多くの隕石に見られるコンドリュールは，直径1mm程度の球状の粒子であり，溶融後に急冷されてできたと考えられ，太陽系の形成過程の重要な情報をもつと考えられている。

練習問題

115 | **太陽系の誕生** | 次の(1)～(4)に答えよ。

(1) 原始太陽が誕生したのは，今から約何億年前か。
(2) 原始太陽のまわりにできた円盤状のガスを何というか。
(3) (2)に含まれる塵が集まってできた，大きさ1～10km程度の天体を何というか。
(4) (3)が衝突・合体をくり返してできた，きわめて初期の惑星を何というか。

116 | **惑星の形成** | 次の(1)～(5)に答えよ。

(1) 太陽系の惑星は，その性質の違いにより大きく2つにわけることができる。この2種類の違いをわけた線を何というか。
(2) (1)より太陽に近い場所にできた微惑星の主成分を2つ答えよ。
(3) (1)より太陽に近い場所にできた惑星を何型惑星というか。
(4) (1)の線より太陽から遠い場所にできた微惑星が，(2)のほかに含んでいた気体以外の成分は何か。
(5) (1)より太陽から遠い場所にできた惑星を何型惑星というか。

117 | **太陽系小天体の形成** | 次の文章の空欄に適する語句を下の語群から選んで答えよ。ただし，同じ語句を何回選んでもよい。

惑星の成長過程では，衝突せずにはね飛ばされてしまう微惑星が無数にあった。(①)と(②)の間では，(③)の強い重力によって微惑星が成長できずに，小惑星帯を形成した。また，太陽系外縁天体や(④)を起源とする小天体で，太陽に近づくと氷が昇華して尾を引くものが(⑤)である。

【語群】小惑星帯　太陽系外縁天体　オールトの雲　彗星
太陽　水星　金星　地球　火星　木星　土星　天王星　海王星

118 | **惑星の分類** | 太陽系の8つの惑星を，地球型惑星，木星型惑星に分類せよ。

119 | **惑星の性質** | 次の文の空欄に適する語句を答えよ。

地球型惑星は木星型惑星に比べて，赤道半径が(①)く，質量が(②)く，平均密度が(③)い。木星型惑星は，質量が(④)いため，衛星の数が(⑤)く，環(リング)をもつ。また，木星型惑星は固体の表面をもたず，自転周期が(⑥)いため，偏平率は地球型惑星に比べて(⑦)い。

115
(1) 約　　億年前
(2)
(3)
(4)

116
(1)
(2)
(3)
(4)
(5)

117
①
②
③
④
⑤

118
地球型惑星

木星型惑星

119
①
②
③
④
⑤
⑥
⑦

3章 ●宇宙，太陽系と地球の誕生

26 太陽系の天体①

1 地球型惑星の比較

小惑星帯より(① 　　　)側に分布する地球型惑星は，おもに岩石と金属からなる微惑星が集積してできた惑星であり，木星型惑星に比べて赤道半径が(② 　　　)く，平均密度が(③ 　　　)い。また，固体の表面をもち，自転周期が(④ 　　　)いため偏平率が(⑤ 　　　)い。

(⑥ 　　　)は太陽系の惑星の中で最も小さい。

(⑦ 　　　)は地球とほぼ同じ大きさで，火星は地球の約半分程度の大きさである。

地球型惑星と月の大きさ比較

2 地球型惑星の特徴

●**水星**　半径 2440 km

太陽系の惑星のうち，最も内側を公転している。直径は地球の約 1/3 で，太陽系最小の惑星である。
表面は(⑧ 　　　)におおわれ，大気はほとんどない。
昼夜の長さはそれぞれ約 88 日と長く，表面温度は最高約 400℃（昼間），最低－180℃（夜間)と，寒暖の差が大きい。

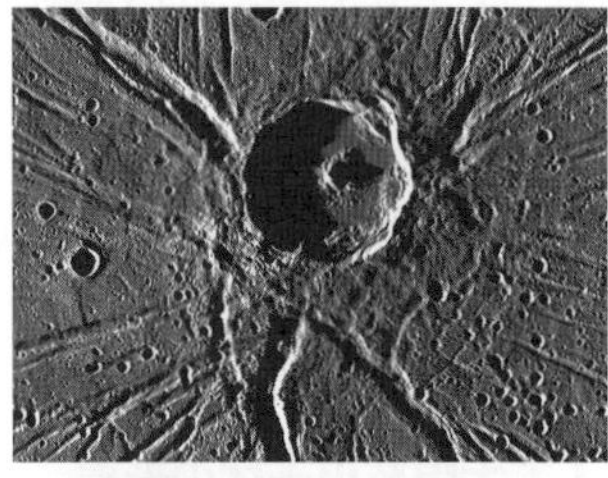

▲水星表面のクレーター

●**金星**　半径 6052 km

水星の外側を公転している。地球とほぼ同じ大きさ。(⑨ 　　　)を主成分とする厚い大気におおわれている。(⑩ 　　　)効果によって表面温度は約 460℃，表面の大気圧は地球の約 90 倍と高い。自転の向きは，地球とは逆回りである。

▲レーダー観測の結果から作成された金星の地形図

●**地球**　半径 6378 km

太陽系の中で，液体の水による(⑪ 　　　)をもつ唯一の惑星。大気の主成分は，窒素と生命活動を起源とする(⑫ 　　　)である。また，地球の衛星である(⑬ 　　　)は，その直径が地球の約 1/4 であり，ほかの惑星と衛星の直径比に比べて非常に大きい。

▲月

●**火星**　半径 3396 km

直径は地球の約半分。表面は，鉄が酸化しているため赤く見える。大気の主成分は(⑭ 　　　)であるが，表面の大気圧は地球の約 6/1000 と極めて希薄である。(⑮ 　　　)変化があり，極地方の氷（極冠)の広がり方が変化する。表面温度の平均はおよそ－60℃である。

▲マーズ・サイエンス・ラボラトリーが撮影した火星の表面

知識ぷらす＋ 地球から金星を見ると，金星は太陽に近い方向に見えるため，夕方の西の空（宵の明星）か明け方の東の空（明けの明星）に現れ，夜中には見ることができない。

練習問題

120 | **地球型惑星の比較** |　次のａ～ｄは，地球型惑星の概観のようすである。地球型惑星について，次の(1)～(4)に答えよ。ただし，それぞれの写真は，惑星の半径をそろえて示してあり，実際の大きさの比とは異なる。

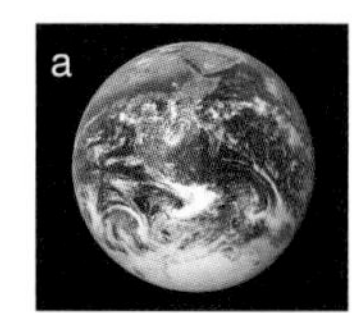

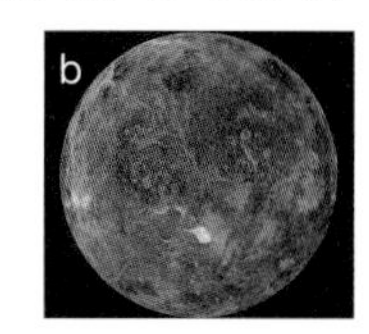

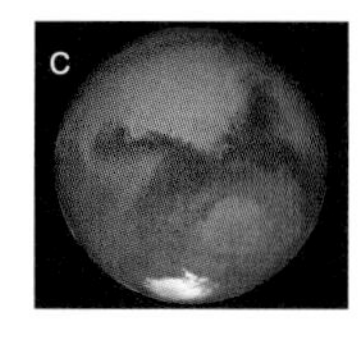

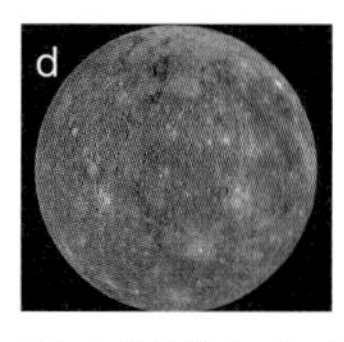

(1)　地球型惑星は，おもに何から構成されているか。下の語群から２つ選べ。
【語群】　金属　岩石　氷　ガス
(2)　ａ～ｄの惑星の名称を答えよ。
(3)　ａ～ｄの惑星を，太陽に近いものから順に並べ，記号で答えよ。
(4)　ａ～ｄの惑星を，半径が小さいものから順に並べ，記号で答えよ。

121 | **地球型惑星の特徴** |　地球型惑星について，次の(1)～(7)に答えよ。
(1)　地球とほぼ同じ大きさの惑星はどれか。
(2)　大気がほとんどない惑星はどれか。
(3)　大気の主成分が窒素である惑星はどれか。
(4)　自転の向きが他の惑星と逆になっている惑星はどれか。
(5)　大気の主成分が二酸化炭素である惑星はどれか。２つ答えよ。
(6)　生命の存在が確認されている惑星はどれか。
(7)　季節変化のある惑星はどれか。２つ答えよ。

122 | **水星** |　次の文の空欄に適する語句を下の語群から選んで答えよ。ただし，同じ語句を何回選んでもよい。
　水星は，ほかの惑星と比べて半径が(　①　)ため，大気が(　②　)。また，昼夜の表面温度の差が非常に(　③　)。
【語群】　大きい　小さい　ほとんどない　とても濃い

123 | **金星** |　次の文の空欄に適する語句を答えよ。
　金星の大気は非常に濃く，主成分は二酸化炭素である。大気の(　①　)により，気温は約(　②　)℃と高く保たれている。

124 | **地球** |　次の文の空欄に適する語句を下の語群から選んで答えよ。
　地球上の水の状態は(　①　)であり，地球の大気の主成分は(　②　)と(　③　)であり，(　③　)の起源は(　④　)であると考えられている。
【語群】　固体　液体　気体　固体と液体　固体と気体　固体と液体と気体
　　　　二酸化炭素　酸素　窒素　水素　隕石　生命活動　火山活動

125 | **火星** |　次の(1)～(3)に答えよ。
(1)　火星の半径は，地球の半径の約何倍か。下の語群から選べ。
【語群】　$\frac{1}{10}$倍　$\frac{1}{5}$倍　$\frac{1}{2}$倍　1倍　2倍　5倍　10倍
(2)　火星が赤く見えるのは，何が酸化しているためか。
(3)　火星の大気圧は地球の大気圧の約何倍か。

120
(1)
(2) a
b
c
d
(3)
(4)

121
(1)
(2)
(3)
(4)
(5)
(6)
(7)

122
①
②
③

123
①
②

124
①
②
③
④

125
(1) 約
(2)
(3) 約　　倍

27 太陽系の天体②

1 木星型惑星(巨大ガス惑星・巨大氷惑星)の比較

小惑星帯より(①)側に分布する木星型惑星は，氷を含む微惑星が集積し，周囲のガスも集めて成長したため，地球型惑星に比べて赤道半径が(②)く，平均密度が(③)い。固体の表面をもたず，自転周期が(④)いため偏平率が(⑤)い。また，質量が大きいため，多数の衛星や環(リング)をもつものが多い。

木星型惑星は，巨大ガス惑星である木星・土星と，(⑥)惑星である天王星･海王星とで性質が異なる。

木星型惑星の大きさ比較

2 木星型惑星(巨大ガス惑星・巨大氷惑星)の特徴

●**木星**　半径 71492 km

太陽系最大の惑星。表面には(⑦)の激しい運動による縞模様や渦が見られる。大きさのわりに自転周期が短い。木星は，そのまわりに非常に多くの(⑧)をもっている。

木星の渦と衛星(左：イオ，右：エウロパ)▶

●**土星**　半径 60268 km

太陽系の惑星の中で，最も規模が大きく美しい(⑨)をもつ。(⑨)は氷や岩石の粒子でできている。

本体は木星の次に大きいが，平均密度は太陽系の惑星の中で最小で(⑩)よりも小さく，偏平率は最大である。表面には縞模様がある。

●**天王星**　半径 25559 km

木星や土星に比べ，中心の岩石や氷でできた核の比率が大きい。自転軸がほぼ(⑪)の状態。大気中に含まれるメタンにより青みがかって見える。

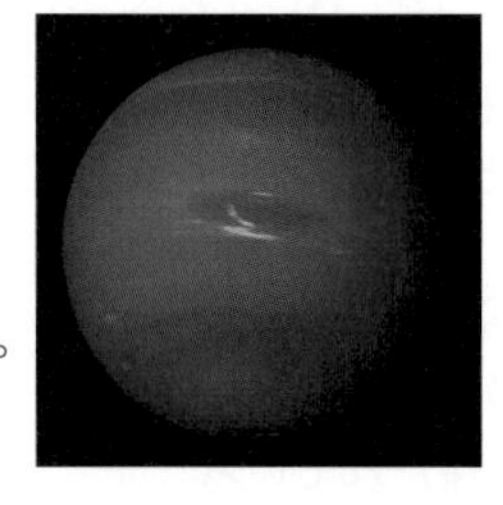

●**海王星**　半径 24764 km

太陽から最も離れた位置を公転する惑星。大気中に含まれる(⑫)が赤い光を吸収するため，青みを帯びて見える。木星型惑星の中で最も平均密度が大きい。黒い大きな斑点が確認されている。

3 太陽系小天体

●(⑬)…惑星のまわりを公転する小天体。

●**小惑星**…岩石質の小天体。(⑭)と木星の間に多く存在し，それらの軌道の間を公転している。大多数は小さく，現在 70 万個以上が発見されている。小惑星の破片などが地球に衝突したものを(⑮)という。

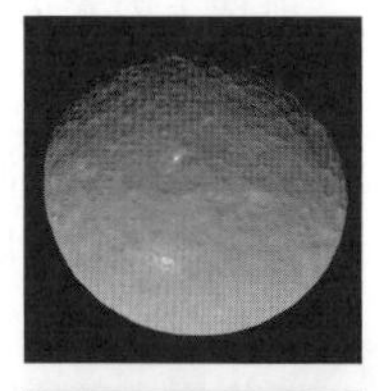

探査機ドーンが撮影した最大の小惑星ケレス▶

●**太陽系外縁天体**…(⑯)の軌道の外側を回る，氷を主体とする小天体で，1500 個以上発見されている。(⑰)はその代表的な天体で，このほか三つが冥王星型天体に分類されている。

冥王星▶

知識ぷらす＋　海王星の環は，天王星の環と同様にボイジャー２号によって発見された。海王星の環は５本発見されているが，どれも非常に細く，環の向こう側の星が透けて見えるほどである。

練習問題

126 | **木星型惑星の比較** |　次のａ～ｄは，木星型惑星の概観のようすである。木星型惑星について，次の(1)～(3)に答えよ。ただし，それぞれの写真は，惑星の半径をそろえて示してあり，実際の大きさの比とは異なる。

a

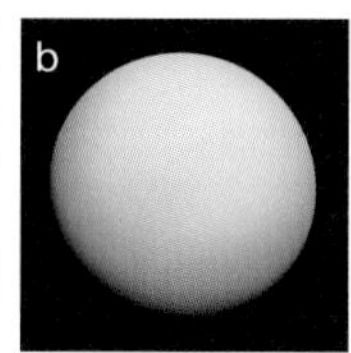
b

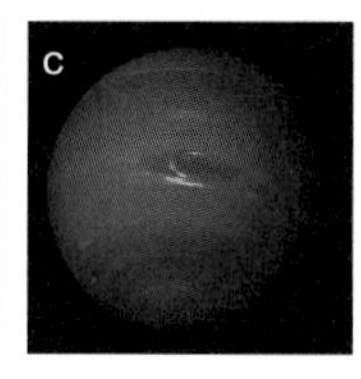
c

d

(1)　ａ～ｄの惑星の名称を答えよ。
(2)　ａ～ｄの惑星を，太陽に近いものから順に並べ，記号で答えよ。
(3)　ａ～ｄの惑星を，半径が大きいものから順に並べ，記号で答えよ。

126
(1) a
b
c
d
(2)
(3)

127 | **木星型惑星の性質** |　次の文の空欄に適する語句を下の語群から選んで答えよ。ただし，同じ語句を何回選んでもよい。

木星型惑星は，（ ① ）の表面をもたず，地球型惑星に比べて自転周期が（ ② ）ため，偏平率が（ ③ ）。また，木星型惑星は，ガス成分の多い（ ④ ）と岩石や氷の核の比率が大きい（ ⑤ ）の２つにわけることができる。（ ④ ）に分類されるものは（ ⑥ ）と（ ⑦ ），（ ⑤ ）に分類されるものは（ ⑧ ）と（ ⑨ ）である。

【語群】　固体　液体　気体　大きい　小さい　長い　短い　木星　土星
海王星　天王星　岩石惑星　巨大氷惑星　巨大ガス惑星

127
①
②
③
④
⑤
⑥
⑦
⑧
⑨

128 | **木星型惑星の特徴** |　木星型惑星について，次の(1)～(6)に答えよ。

(1)　平均密度の最も小さい惑星はどれか。
(2)　偏平率の最も大きい惑星はどれか。
(3)　自転軸がほぼ横倒しになっている惑星はどれか。
(4)　大気に含まれるメタンにより，青色に見える惑星はどれか。２つ答えよ。
(5)　太陽系最大の惑星はどれか。
(6)　環（リング）をもつ惑星はどれか。すべて答えよ。

128
(1)
(2)
(3)
(4)
(5)
(6)

129 | **木星型惑星** |　次の文の空欄に適する語句を下の語群から選んで答えよ。ただし，同じ語句を何回選んでもよい。

木星や土星の表面に見える縞模様は，（ ① ）の運動によるもので，土星の環は（ ② ）や（ ③ ）の粒子でできている。

天王星と海王星は，木星や土星に比べてガスが少なく，中心部の岩石や（ ④ ）でできた核の比率が（ ⑤ ）。また，天王星や海王星は青っぽく見えるが，これは大気に含まれる（ ⑥ ）が赤い光を吸収するためである。

【語群】　地殻　海洋　大気　ガス　液体　氷　岩石　大きい　小さい
水素　ヘリウム　窒素　二酸化炭素　酸素　メタン

129
①
②
③
④
⑤
⑥

28 惑星の構造

1 惑星の内部構造

(①　　　　　)型惑星	(②　　　　　　　　)惑星・巨大氷惑星
水星　金星　地球　火星 □地殻(岩石)　■マントル(岩石)　■核(おもに鉄)	木星　土星　天王星　海王星 □気体～液体の水素　■液体金属水素　□氷　■岩石と金属
中心部におもに(③　　　　　)からなる核があり，そのまわりを岩石質の(④　　　　　　)と地殻がおおう層構造となっている。	中心部に岩石と(⑤　　　　)でできた核がある。木星と土星は，厚い水素ガスに表面をおおわれ，この層と核との間には液体の(⑥　　　　　)が存在する。天王星と海王星は，木星と土星に比べてガスの層が薄く，ガスの層と核の間には(⑦　　　　　)の厚い層が存在する。

2 地球の誕生と成長

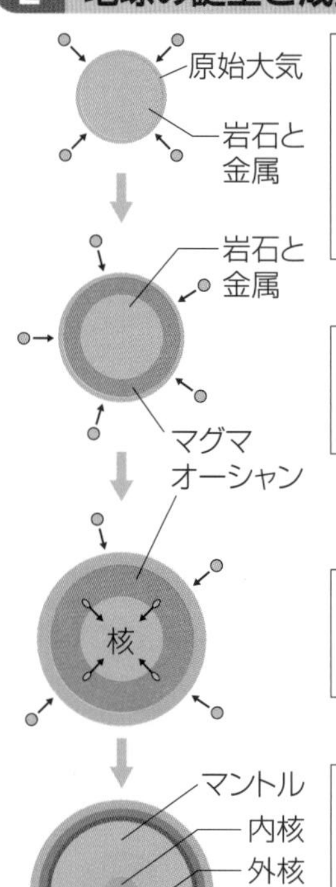

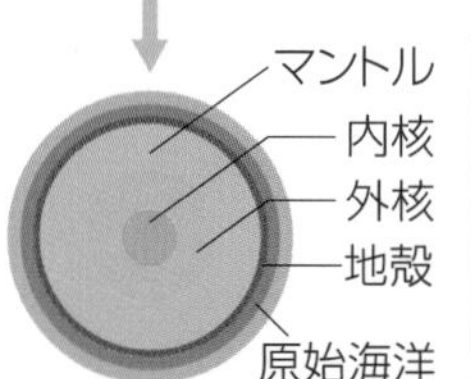

地球は，(⑧　　　　　)と金属を主成分とする微惑星の衝突・合体により成長していった。地球に大量の微惑星が衝突することで表面が高温化し，岩石からガス成分が抜けて(⑨　　　　　　)となった。この大気の主成分は(⑩　　　　　　　　)と水蒸気で，現在の大気よりも非常に濃かったと考えられている。

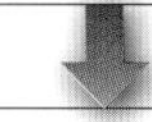

地球にさらに微惑星が衝突すると，原始大気による(⑪　　　　　)効果との相乗効果によって表面が溶融し，(⑫　　　　　　　　　　)が形成された。

内部では，重い鉄やニッケルなどの金属が中心部に集まって(⑬　　　　　)が形成された。

しだいに微惑星の衝突が少なくなると，地球の表面が冷え，中心部の核をとり巻く(⑭　　　　　)や，最外部には(⑮　　　　　)が形成された。地球の表面が冷えたことにより原始大気も冷え，その主成分であった水蒸気が凝結して雨となって降りそそぎ，(⑯　　　　　　)をつくった。

3 生命の存在する条件

生命の誕生には，液体の水の存在が必須と考えられている。このような液体の水が表面に存在できる領域を(⑰　　　　　　　　　　)(居住可能領域)という。

・液体の水が表面に存在できるためには，太陽からの適切な(⑱　　　　　)が必要である。
・大気と水を保持するために一定以上の重力が必要であるため，惑星には適度な(⑲　　　　　　)が必要である。
・一般的に，生命にとって急激な気候変動は好ましくないため，安定した気候が望ましい。

知識ぷらす＋ これまで発見されている小惑星のうち，特に大きなケレス，パラス，ジュノー，ベスタの4つを四大小惑星とよぶ。ケレスは1801年にジュゼッペ・ピアッツィによって発見された。

練習問題

130 | **岩石惑星の内部構造** | 図は，地球の内部の層構造を模式的に表したものである。これについて，次の(1)〜(4)に答えよ。

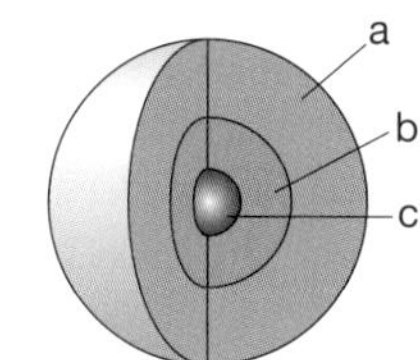

(1) aは，内核，外核，マントルのうちどれか。
(2) a〜cのうち，金属の部分をすべて選べ。
(3) a〜cのうち，液体の部分はどれか。
(4) このような構造をもつ惑星を何型惑星というか。

130
(1)
(2)
(3)
(4)

131 | **巨大惑星の内部構造** | 下の図は，木星と天王星の内部構造を断面図で表したものである。ア，イはいずれも3層からなるが，その構成物質に違いが見られる。これについて，次の文の空欄に適する語句を下の語群から選んで答えよ。なお，ア，イは半径をそろえて示してあり，実際の大きさの比とは異なる。

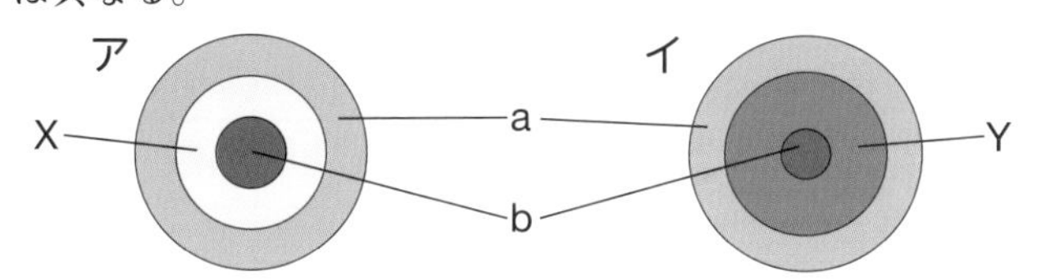

アとイは，aの気体〜液体の(　①　)でおおわれ，中心部bに岩石と金属の(　②　)がある点で共通している。一方，アのXは(　③　)で構成されており，イのYは液体状態の(　④　)で構成されている。したがって，アは(　⑤　)，イは(　⑥　)の断面図であると考えられる。

【語群】 木星　天王星　核　マントル　地殻　大気　金属　岩石　氷　ガス　金属水素　水素

131
①
②
③
④
⑤
⑥

132 | **地球の誕生と成長** | 次の(1)〜(4)に答えよ。

(1) 初期の原始地球において，微惑星の衝突による熱と原始大気の温室効果により，表面の岩石が溶融して形成されたマグマの海を何というか。
(2) 原始大気の主成分は，水蒸気ともう1つは何か。
(3) 微惑星の衝突が減って地球の表面の温度が下がり，地球の最外部に形成された岩石の層を何というか。
(4) 原始大気が冷え，水蒸気が凝結して雨となって降りそそいだことによって形成された海を何というか。

132
(1)
(2)
(3)
(4)

133 | **生命の存在する条件** | 次の(1)，(2)に答えよ。

(1) 生命の存在する条件について述べた次のa〜cの文の空欄に適する語句を答えよ。
　a　太陽からの(　①　)が適当であり，(　②　)の状態の水が存在できること。
　b　惑星の(　③　)が適当で，大気を保持できること。
　c　気候が(　④　)していること。
(2) (1)のaの条件を満たす領域を特に何というか。

133
(1) ①
②
③
④
(2)

章末問題

134 宇宙のすがた 次の各文の下線部について，正しい場合には○を，誤っている場合には正しい語句を記せ。

(1) 銀河系の中央にある，半径約１万光年の楕円体部をハローという。
(2) 太陽系は，銀河系の円盤部に位置している。
(3) プレアデス星団のような比較的若い星や星間ガスからなる星団を球状星団という。
(4) 宇宙の誕生から３分後までに生成された原子核は，水素と酸素である。

135 太陽の誕生 次のａ～ｃは，太陽の形成過程について説明した文である。下の問いに答えよ。

a 星間物質の一部が重力で収縮し，中心部が高温になって輝き始める。
b 中心部の温度が 1000 万 K をこえ，核融合反応によって安定して輝く。
c 星間物質がまわりより多く集まっている。

(1) それぞれの段階の名称を答え，太陽の形成過程の順番に並べ替えよ。
(2) 下線部について，星間物質におけるガス成分を何というか。また，そのおもな成分は何か，２つ答えよ。

136 太陽 次の図は，太陽の黒点が移動するようすを記録したものである。3 月 29 日のある時刻に図 1 の位置に見えた黒点が，4 月 5 日の同時刻に図 2 の位置に見えた。これについて，下の問いに答えよ。ただし，太陽面の経度・緯度は 10 度ごとに示してある。

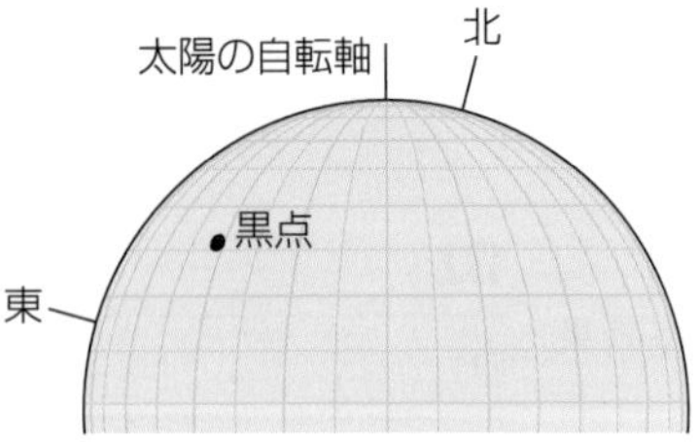

太陽の自転軸　北　黒点　東

図 1

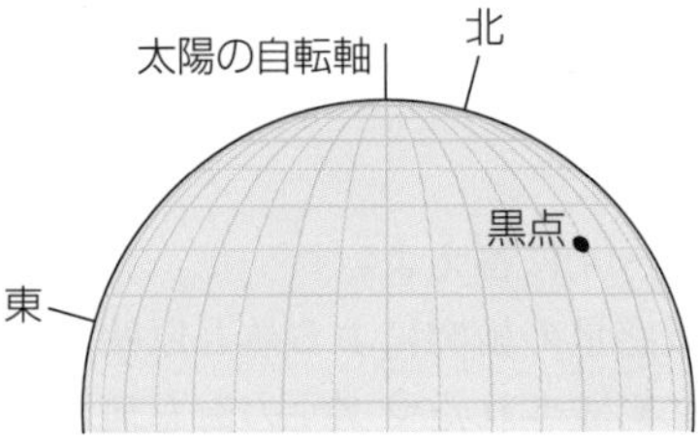

太陽の自転軸　北　黒点　東

図 2

(1) 太陽の自転周期について，次の問いに答えよ。
　① 図 1 から図 2 までの期間は何日か。整数で答えよ。
　② 図 1 から図 2 の期間に，黒点が移動した角度は約何度か。10 度，20 度のように，10 度の区切りで答えよ。
　③ ①，②から，この緯度における太陽の自転周期は約何日か答えよ。
　④ 太陽の自転周期は，極付近と赤道付近ではどちらが短いか。または同じか。
(2) 太陽のコロナ，彩層，光球について，次の問いに答えよ。
　① 太陽の中心に近いものから順に並べて記せ。
　② 温度の高いものから順に並べて記せ。

137 地球の形成 次の語群は，地球が形成されるまでに起こった 6 つの出来事である。先に起こったものから順に並べて記せ。

【語群】 原始惑星の形成　生命と大気の進化　地殻の形成
　原始大気の形成　マグマオーシャンの形成　原始海洋の形成

134
(1)
(2)
(3)
(4)

135
(1) a
　b
　c
　順番
(2) 名称
　成分

136
(1) ①　日
　②約　度
　③約　日
　④
(2) ①
　②

137

138 **太陽系の概観**　太陽を中心とした天体の集まりを太陽系といい，惑星，太陽系小天体，衛星などで構成されている。太陽系の惑星は［ア］個あり，最も太陽から遠いものは［イ］である。［イ］の軌道の長半径は約30 a<u>天文単位</u>で，この付近から遠い場所に分布している小天体を［ウ］という。

現在，火星より遠方の惑星は［エ］を主成分とする天体となっているが，これは太陽系形成過程を反映したものと考えられている。地球には海洋が存在し，b<u>生命と相互に影響をおよぼしあいながら地球の大気の進化に重要な役割を果たしてきた</u>。

(1)　文章中の［ア］～［ウ］に適する語句を答えよ。

(2)　文章中の［エ］に適する語句を，次の語群から2つ選んで答えよ。

【語群】　金属　　岩石　　ガス　　氷

(3)　下線部aの天文単位は何を基準とした距離か答えよ。

(4)　下線部bに関連する下の文章について，空欄にあてはまる語句を答えよ。

原始大気における二酸化炭素濃度は現在に比べると(　①　)かったが，海洋にとけ込んだ結果，大気中の二酸化炭素濃度は(　②　)くなっていった。

138

(1) ア

イ

ウ

(2)

(3)

(4) ①

②

139 **太陽系の形成**　今から約［ア］億年前，ガスや塵からなる星間物質が原始太陽のまわりを回転しながら，しだいに円盤状に集積した。その中で直径1～10 km程度の多数の［イ］が形成され，それらが衝突・合体をくり返して，［ウ］が誕生した。これらの［ウ］は，おもに太陽からの距離の違いによって異なる性質をもち，<u>地球型惑星と木星型惑星</u>とに大きく分類される現在の惑星の姿になった。

(1)　文章中の［ア］～［ウ］に適する語句を，次の語群から選んで答えよ。

【語群】　50　138　小惑星　微惑星　原始惑星

(2)　地球型惑星と木星型惑星のうち，先に形成されたのはどちらか。

(3)　次の表は，下線部の2つの型を比較したものである。空欄にあてはまる語句を答えよ。

	［エ］型惑星	［オ］型惑星
赤道半径	大きい	小さい
密度	小さい	大きい
自転周期	［カ］い	［キ］い
衛星数	多い	少ない

(4)　下線部に関連する下の文章について，空欄にあてはまる語句を答えよ。ただし，［ケ］・［コ］は下の語群から選べ。

(3)の表からもわかるように，地球型惑星と木星型惑星では平均密度が異なる。これは惑星を構成する元素組成が2つの型によって異なるからである。例えば，地球型惑星のうち最大の大きさをもつ［ク］の場合，おもな構成元素はFe，O，［ケ］，Mgであるが，木星型惑星のうち最大の木星では［コ］と似たような元素で構成されている。

【語群】　太陽　月　彗星　小惑星　He　C　Si

139

(1) ア

イ

ウ

(2)

(3) エ

オ

カ

キ

(4) ク

ケ

コ

3章 ●宇宙、太陽系と地球の誕生

29 地層のでき方

1 風化

(①　　　　)…地表の岩石が，大気や水，温度の変化，生物の作用などにより分解されること。

●(②　　　　　　)
岩石の物理的な破砕。温度変化による岩石・鉱物の膨張・収縮がおもな原因。

玉ねぎ状風化▶

●(③　　　　　　)
水が関係した化学反応によって岩石が分解される作用。

カルスト地形▶

2 河川のはたらき

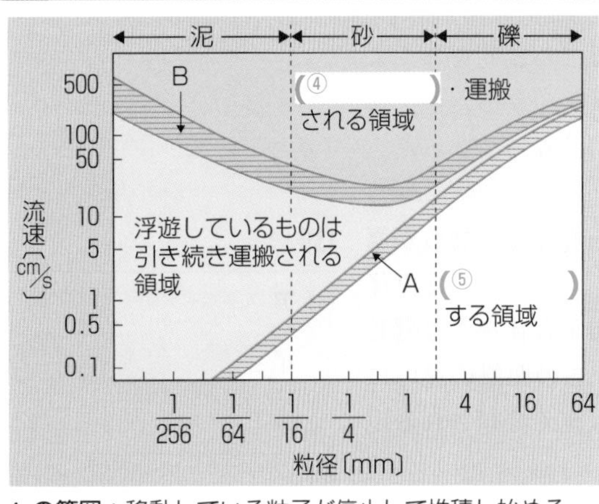

A の範囲：移動している粒子が停止して堆積し始める。
B の範囲：底に静止している粒子が動き始める。

●**流水の作用**

(⑥　　　　)…岩石が削られる作用。
(⑦　　　　)…砂や泥が河川によって運ばれる作用。
(⑧　　　　)…運ばれた砂や泥を積もらせる作用。

●**粒径と流速の関係**

粒子の侵食・運搬・堆積は，粒子の粒径と河川の流速によって決まる。左図より，流速が徐々に大きくなる場合，最初に侵食されるのは(⑨　　　　)である(範囲 B)。一方，流速が徐々に小さくなる場合，粒径の大きいものから順に(⑩　　　　)，砂，(⑪　　　　)と堆積する(範囲 A)。

●**河川地形**

山の斜面を構成する岩石や土壌は，河川の流速が大きくなると侵食を受けて運搬され，流速が小さくなると堆積する。

V 字谷
上流では河川の流速が大きいため，(⑫　　　　)の作用により，V 字型に切りこんだ谷が形成される。

(⑬　　　　　)
海面の低下や地盤の隆起により，河床面が上昇することで形成される階段状の地形。

(⑭　　　　　)
運ばれてきた砂や泥が河口付近で堆積して形成される地形。

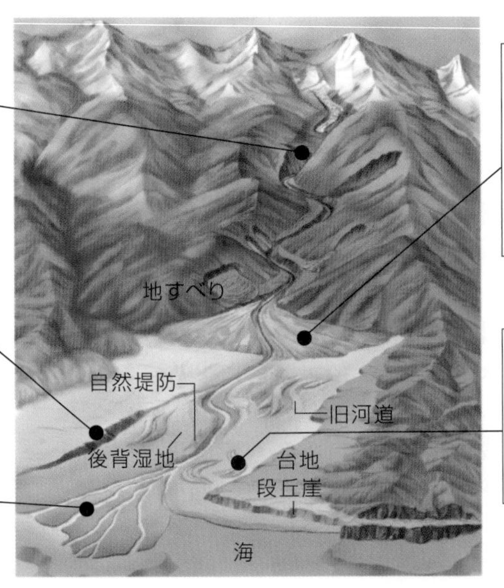

(⑮　　　　　)
河川が山地から平野に出るところでは，傾斜が緩くなって川幅が広くなり，礫が堆積して扇状の地形が形成される。

(⑯　　　　　)
中・下流で，蛇行した河川の一部が本流から切り離されてできた三日月状の湖。

知識ぷらす＋　地層累重の法則は，1669年にデンマークの科学者ニコラウス・ステノが提唱し，1791年にイギリスの土木技師・地質学者のウィリアム・スミスによって確立された。

練習問題

140 | **岩石が分解されるはたらき** |　次の文の空欄に適する語句を答えよ。

岩石がさまざまな作用により分解されることを（　①　）という。（　①　）には，物理的（　①　）と化学的（　①　）がある。物理的（　①　）は，（　②　）変化によって，岩石や鉱物の体積が変化することが原因である。化学的（　①　）は，（　③　）が関係した化学反応により岩石が分解される。

140
①
②
③

141 | **石灰岩の風化** |　次の文の空欄に適する語句を答えよ。

右の写真は，石灰岩が水に溶けることによってできた地形で，（　①　）地形とよばれる。これは（　②　）的風化の例である。

141
①
②

142 | **河川のはたらき** |　次の(1)～(3)に答えよ。

(1)　岩石が流水によって削られる作用を何というか。
(2)　砂や泥が河川によって運ばれる作用を何というか。
(3)　河川によって運ばれてきた粒子が，流れの緩やかなところに積もる作用を何というか。

142
(1)
(2)
(3)

143 | **流速と河川地形** |　次の文の空欄に適する語句を答えよ。

河川の流れが速いところでは，（　①　）の作用がさかんである。山地などの傾斜が急なところでは，河川の流れが（　②　）いため，（　①　）の作用が（　③　）くなる。

河川の流れが遅くなると，運搬されてきた粒子が（　④　）し始める。河川が山地から平野に出るところでは，傾斜が（　⑤　）くなったり川幅が広がったりするので，河川の流れが（　⑥　）くなり，（　④　）の作用が（　⑦　）くなる。このような場所には，扇のような形の（　⑧　）が形成される。

河口付近になると，傾斜がさらに緩くなり，（　④　）の作用がさらに促進され，三角形の（　⑨　）とよばれる地形が形成される。

143
①
②
③
④
⑤
⑥
⑦
⑧
⑨

144 | **河川の勾配** |　次の文の空欄に適する語句を入れ，下の(1)，(2)に答えよ。

右の図は，河口からの距離と河床の標高の関係を示したグラフである。これを見ると，日本の河川は河口からの距離が近い場所で標高が（　①　）く，傾斜が（　②　）であることがわかる。

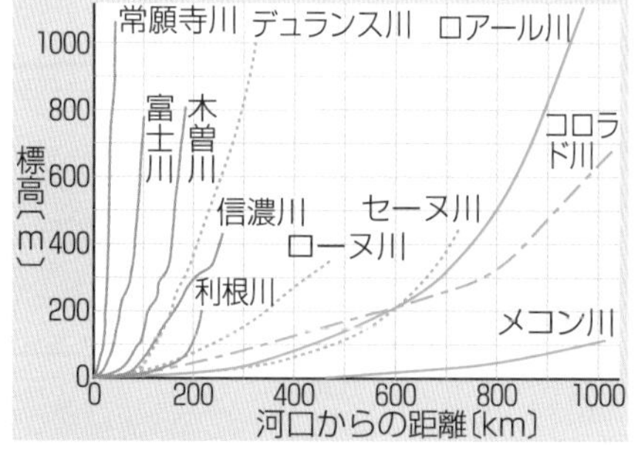

(1)　海面の低下や地盤の隆起による河床面の上昇で高度差が増すと，侵食の作用は大きくなるか，小さくなるか。
(2)　河床面が段階的に上昇し，氾濫原や河床面の一部が削られてできた階段状の地形を何というか。

144
①
②
(1)
(2)

4章 ●古生物の変遷と地球環境の変化

30 堆積岩

1 堆積岩

●続成作用

堆積岩は，海底や湖底などにたまった(① 　　　)が，長い時間をかけて圧縮され，水に溶けこんだ(② 　　　)(Si)やカルシウム(Ca)がセメントのように粒子の間隙をつないで固まった岩石である。このように，(① 　　　)が圧縮・脱水されて固結し，堆積岩に変化する作用を(③ 　　　)作用という。

●堆積岩の分類

分類	成因	堆積物(未固結)	堆積岩(固結)
(④ 　　　)岩	砕屑(さいせつ)物の集積	礫(れき)　直径(⑤ 　　　)mm 以上 砂　直径 1/16 ～ 2 mm 泥　直径(⑧ 　　　)mm 未満	(⑥ 　　　)岩 (⑦ 　　　)岩 (⑨ 　　　)岩
(⑩ 　　　)岩	火山砕屑物の集積	火山岩塊 火山灰	(⑪ 　　　)岩 (⑫ 　　　)岩
(⑬ 　　　)岩	生物の遺骸(いがい)の集積	サンゴ・貝殻・フズリナ・有孔虫など 放散虫など	(⑭ 　　　)岩 (⑮ 　　　)
(⑯ 　　　)岩	水に溶けていた物質の化学的沈殿	$CaCO_3$ SiO_2 NaCl	石灰岩 チャート (⑰ 　　　)

2 堆積岩の産状

海岸の河口付近には砕屑岩が堆積する。河川の流水のはたらきで運搬されてきた砕屑物は，粒の小さいものほど海岸から遠くに運ばれるので，海岸付近から沖に向かって，(⑱ 　　　)，砂，(⑲ 　　　)の順に堆積する。(⑲ 　　　)が堆積する場所より遠い場所には，サンゴや貝殻，有孔虫などの遺骸が集積して(⑳ 　　　)岩ができ，さらに遠くには，放散虫などの遺骸が堆積して(㉑ 　　　)ができる。

知識ぷらす＋ 頁岩(けつがん)とは，泥岩が地下深くで高い圧力を受けて薄くはがれるようになった岩石である。カナダのロッキー山脈のバージェス頁岩など，頁岩からは多くの化石が見つかっている。

練習問題

145 | **堆積岩** | 次の(1)～(3)に答えよ。

(1) 堆積物が圧縮・脱水されて固結し，堆積岩になる作用を何というか。
(2) 砕屑物からできた岩石を何というか。
(3) 火山砕屑物が集積してできた岩石を何というか。

146 | **砕屑岩** | 次の(1)～(3)に答えよ。

(1) 砂は直径何 mm ～何 mm の粒子か。
(2) 砕屑岩のうち，砂より大きい粒子からなる岩石を何というか。
(3) 砕屑岩のうち，砂より小さい粒子からなる岩石を何というか。

147 | **火山砕屑岩** | 次の(1)，(2)に答えよ。

(1) 火山岩塊からできた火山砕屑岩は何か。
(2) 火山灰からできた火山砕屑岩は何か。

148 | **生物の遺骸からできた岩石** | 次の(1)～(3)に答えよ。

(1) 生物の遺骸が集積してできた岩石を何というか。
(2) (1)のうち，放散虫の遺骸が集積してできた岩石は何か。
(3) (1)のうち，フズリナの遺骸が集積してできた岩石は何か。

149 | **化学的沈殿によってできた岩石** | 次の(1)，(2)に答えよ。

(1) 水に溶けた物質の化学的沈殿によってできた岩石を何というか。
(2) (1)のうち，$CaCO_3$ が沈殿してできた岩石を何というか。

150 | **チャートと石灰岩** | 次の(1)～(3)に答えよ。

(1) チャートの主成分は何か。物質名と化学式を答えよ。
(2) 生物起源のチャートは，おもに何の遺骸が集積してできたか。
(3) サンゴからできた石灰岩は，生物岩か，化学岩か。

151 | **岩塩** | 次の(1)，(2)に答えよ。

(1) 下の写真は岩塩である。岩塩の主成分は何か。物質名と化学式を答えよ。
(2) 岩塩は，生物岩か，化学岩か。

145
(1)
(2)
(3)

146
(1)
(2)
(3)

147
(1)
(2)

148
(1)
(2)
(3)

149
(1)
(2)

150
(1) 物質名
化学式
(2)
(3)

151
(1) 物質名
化学式
(2)

31 地層を調べる

1 地層

砂，礫，泥，火山灰などの(①　　　　　)が，海底や湖底，陸上などに積み重なって堆積したものを(②　　　　　)という。

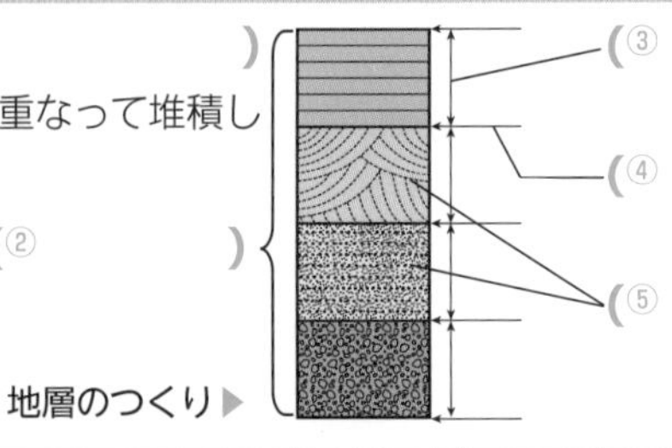

(③　　　　　)…一連の堆積条件下で形成された1枚の地層

(④　　　　　)…地層が堆積した当時の海底面や湖底面

(⑤　　　　　)…(③　　　　　)の内部に見られる粒子の細かい配列

2 地質現象の新旧判別

地層は，下位から上位に向かって層理面をつくりながらほぼ水平に堆積するため，地層の逆転がないかぎり，下位にある地層は上位にある地層よりも(⑥　　　　　)い。これを(⑦　　　　　)の法則という。

●堆積構造

堆積構造は，地層の上下判定や堆積環境の推定に役立つ。

(⑧　　　　　)

単層の下部から上部に向かって粒子が小さくなる。粒子の小さい方が上位。

(⑨　　　　　)

流水の強さや向きが変化することで生じる層理面と葉理が斜交してできる。葉理を切っている側が堆積時の上位。

(⑩　　　　　)

まだ固まっていない堆積物の上により重い粗粒の堆積物が重なり，その重みによって下層に沈み込み，地層の境界が変形した構造。

巣穴化石

巣穴は古水底面に掘られたもの。巣穴が層理面に接している方が(⑪　　　　　)。

(⑫　　　　　)

当時の渦流によって堆積物の表面が削られてできたくぼみ。地層の底面が見えている。

(⑬　　　　　)

流水によってできる波形の模様。地層の上面が見えている。

インブリケーション

礫が一定の方向に傾いて瓦を重ねたように並んだ状態。

●整合・不整合

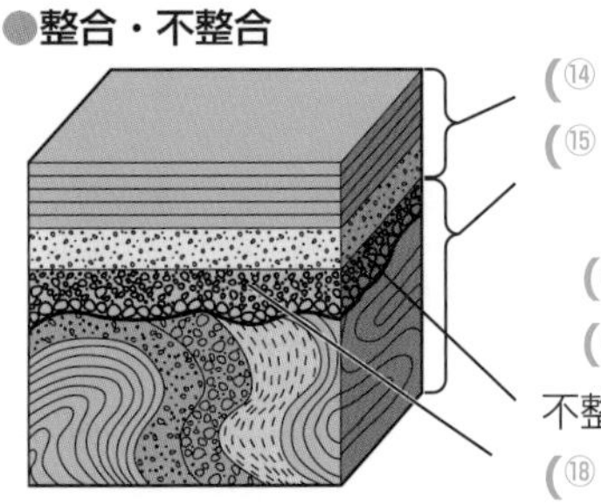

(⑭　　　　　)…時間的にほぼ連続して堆積している地層の重なり方。

(⑮　　　　　)…ある地層の堆積後，隆起して侵食を受け，その後沈降して新しい地層が堆積した場合の地層の重なり方。

(⑯　　　　　)…不整合面を境にして上下の地層が平行なもの。

(⑰　　　　　)…不整合面を境にして上下の地層の傾きが異なるもの。

不整合面…不整合な関係にある二層の間の面。

(⑱　　　　　)岩…不整合面のすぐ上にある礫岩の層。

ビジュアルプラス地学基礎ノート

解答編 実教出版

1章 地球の構成と運動

1 地球の形と大きさ p.2

まとめ

① アリストテレス ② 高度 ③ 月食
④ 東 ⑤ エラトステネス ⑥ 7.2
⑦ 遠心力 ⑧ 回転楕円体 ⑨ 長
⑩ 地球楕円体 ⑪ 298 ⑫ 極 ⑬ 赤道
⑭ 海洋 ⑮ 水 ⑯ 陸 ⑰ 20

練習問題

1(1) アリストテレス (2) 高くなる (3) 山頂

解説 (1) 紀元前4世紀，古代ギリシャの哲学者アリストテレスが地球が丸いことを示そうとした。

(2) 地球が平坦なら，北極星はすべての場所で同じ高度に見えるはずである。しかし実際は地球が丸いため，北半球では，高緯度ほど高い高度に見える。

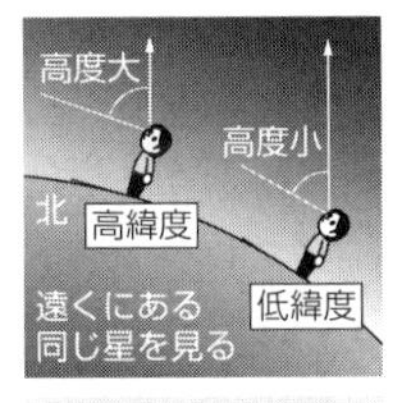

(3) 地球が平坦なら，陸地に近づく船からは，はじめから山全体が見えるが，実際は地球が丸いため山頂から見えてくる。

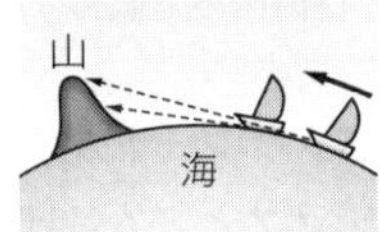

2① ふくらんだ ② 長い

解説 地球は，赤道方向にふくらんだ回転楕円体（楕円を回転させてできる立体）であると考えられている。赤道付近がふくらんだ回転楕円体では，緯度差1°あたりの子午線（経線）の長さは高緯度ほど長い。

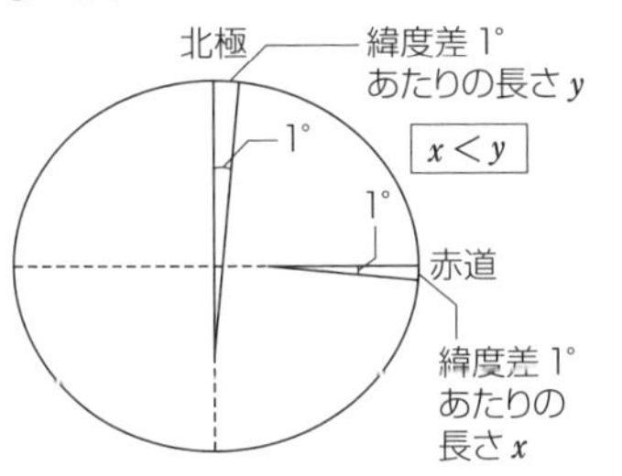

3(1) 6357 (2) 2

解説 (1) 偏平率$f=\frac{a-b}{a}$（a：赤道半径　b：極半径）を変形して，

$$b=a(1-f)=6378\times\left(1-\frac{1}{298}\right)$$
$$=\frac{6378\times297}{298}\fallingdotseq 6357$$

(2) 赤道半径aと極半径bの差$a-b$は，

$$a-b=af=60〔\mathrm{cm}〕\times10\times\frac{1}{298}\fallingdotseq 2〔\mathrm{mm}〕$$

4(1) 30 (2) 陸半球 (3) 50
(4) 水半球 (5) 90

解説 地球の表面を陸地と海洋にわけると，陸地は約30%，海洋は約70%を占める。陸地の占める面積が最大になる半球を陸半球，海洋の占める面積が最大になる半球を水半球という。陸半球における陸地と海の面積の比はほぼ1：1，水半球における陸地と海の面積の比はほぼ1：9である。

5① 840 ② 3800 ③ km
④ ほとんどない

解説 地球の陸地の平均の高さは約840 m，海洋の平均の深さは約3800 mである。最も高いエベレストと最も深いチャレンジャー海淵の差は8848＋10920＝19768 mとなり，約20 kmである。しかし，この高低差は，地球の半径（約6400 km）の0.3%程度しかなく，地球の表面はほとんど凹凸がないといえる。

2 地球内部の構造 p.4

まとめ

① 5.5 ② 二酸化ケイ素
③ 酸化アルミニウム ④ 酸素 ⑤ ケイ素
⑥ アルミニウム ⑦ モホロビチッチ
⑧ 大陸 ⑨ 花こう岩 ⑩ 玄武岩
⑪ 海洋 ⑫ 玄武岩 ⑬ マントル
⑭ 2900 ⑮ かんらん ⑯ 核 ⑰ 5100
⑱ 液体 ⑲ 固体 ⑳ 鉄 ㉑ ニッケル

練習問題

6(1)ア 地殻 イ マントル ウ 核
(2)ア 数km～数十km イ 2900 km
(3) 大きくなる

解説 地球の内部は，構成物質の違いから，地殻（地表から深さ数km～数十km程度まで），マントル（地殻の下から深さ約2900 kmまで），核にわかれている。地球内部の密度は，中心に向かうほど大きくなる。

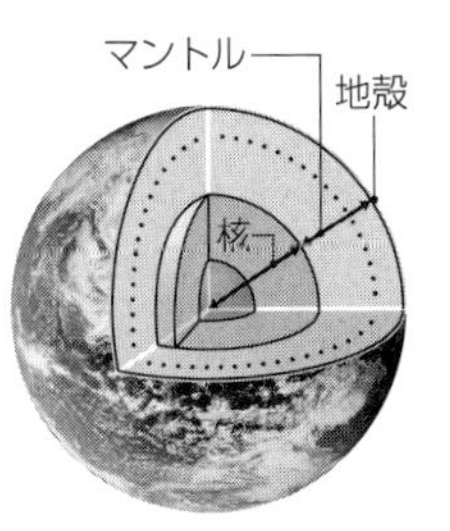

7(1) モホロビチッチ不連続面（モホ不連続面）

(2)大陸地殻…30～50km　海洋地殻…5～10km
(3) 大陸地殻　(4)上部…花こう岩質岩石
下部…玄武岩質岩石　(5) 0.5mm

解説 (1) 地殻とマントルの境界はモホロビチッチ不連続面(モホ不連続面)とよばれる。

(2)～(4) 地殻は，厚さ約30～50kmの大陸地殻と厚さ約5～10kmの海洋地殻からなる。海洋地殻は玄武岩質岩石からなり，大陸地殻は，上部は花こう岩質岩石，下部は玄武岩質岩石からなる。

(5) 地球の半径を6400km，地殻の厚さを50kmとすると，地球を半径6.4cmの円でかいた場合，

$$6.4 \times \frac{50}{6400} = 0.05\,\mathrm{cm} = 0.5\,\mathrm{mm}$$

8(1) Fe　(2) 90　(3) 5100
(4)外核…液体　内核…固体

解説 地球内部において，深さ約2900kmよりも深い部分が核であり，構成物質のうち約90%が鉄Feである。核は，深さ約5100kmで外核と内核にわけられ，外側にある外核は液体の状態であると考えられている。

9(1) O，Si，Al，Fe　(2) 90　(3) SiO_2

解説 地殻中に存在する元素は，重量比の大きいものから酸素O，ケイ素Si，アルミニウムAl，鉄Feであり，この4つで地殻全体の約90%を占める。地殻を構成する物質のうち，最も多いものは二酸化ケイ素SiO_2である。

3 プレートの運動①　p.6

まとめ

① 海嶺　② 海溝　③ リソスフェア
④ アセノスフェア　⑤ プレート
⑥ プレートテクトニクス　⑦ 収束
⑧ 海溝　⑨ 大山脈　⑩ すれ違う
⑪ トランスフォーム　⑫ 拡大　⑬ 海嶺

練習問題

10(1) プレート　(2) プレートテクトニクス
(3) リソスフェア　(4) アセノスフェア
(5) 地殻，マントルの上部

解説 地球の表層の，地殻とマントルの上部のかたい部分をリソスフェア，その下のやわらかい部分をアセノスフェアという。

物質による区分	物性による区分
地殻	リソスフェア(プレート)
マントル(深さ約2900kmまで)	アセノスフェア(深さ約250kmまで)

リソスフェアがわかれた十数枚の変形しないかたい岩盤をプレートといい，プレートがアセノスフェアの上を相対的に運動している。このようなプレートの相対運動によって，地震や火山などの地学現象を説明しようとする考え方をプレートテクトニクスという。

11① 拡大する　② トランスフォーム断層
③ すれ違う　④ 収束する

解説 プレートの境界は，次のように分類される。

プレートの境界	地形の例
拡大する境界	中央海嶺
収束する境界	海溝，島弧，大山脈
すれ違う境界	トランスフォーム断層

12(1) 島弧　(2)大山脈

解説 大陸プレートと海洋プレートが収束する境界では海洋プレートが沈みこんで島弧ができる。大陸プレートどうしが衝突する境界では大山脈ができる。

13(1)ア 収束する境界　イ 拡大する境界
ウ すれ違う境界　(2)① ユーラシアプレート
② フィリピン海プレート
③ 北アメリカプレート　④ 太平洋プレート

解説 (1)ア プレートが収束する境界。日本付近の南海トラフでは，フィリピン海プレートがユーラシアプレートの下に沈みこんでいる。

イ プレートが拡大する境界。アイスランドは，大西洋中央海嶺の上にある島であり，陸上で海嶺を観察できる。

ウ プレートがすれ違う境界。北アメリカ西岸のサンフランシスコ付近では，トランスフォーム断層であるサンアンドレアス断層が見られる。

(2)②フィリピン海プレート：日本列島の南から北西に向かって移動し，四国沖の南海トラフでユーラシアプレート(①)の下に沈み込む。③北アメリカプレート：北海道から東日本，中部地方の一部をのせて北アメリカ大陸まで広がっている。④太平洋プレート：南アメリカ大陸沖の東太平洋海嶺で誕生し，東日本から伊豆諸島の東方沖で北アメリカプレートやフィリピン海プレートの下に沈み込む。

4 プレートの運動②　p.8

まとめ

① 海溝　② 海嶺　③ アルプス－ヒマラヤ
④ 環太平洋　⑤ 海嶺　⑥ 沈みこみ
⑦ ホットスポット　⑧ マグマ　⑨ 古
⑩ 新し　⑪ 大陸　⑫ 海洋　⑬ 付加体
⑭ 大陸　⑮ 大山脈　⑯ 広域変成

練習問題

14(1)　地震帯　(2)　環太平洋地震帯
(3)　98%　(4)ア　深さ100kmより深い地震
イ　深さ100kmより浅い地震

解説　(1)，(2)，(3)　世界の地震分布を見ると，地震は特定の地域に帯状に分布している。この帯状の地域を地震帯といい，日本を含む地震帯を環太平洋地震帯という。環太平洋地震帯とアルプス－ヒマラヤ地震帯で発生する地震エネルギーは，地球上の全地震エネルギーの約98%を占めている。

(4)　震源はプレートの境界に沿って帯状に分布する。海洋プレートの拡大境界である海嶺やすれ違う境界で起きる地震の多くは，震源の深さが100kmより浅い（浅発地震）。一方，震源の深さが100kmより深い地震（深発地震）の震源は，海溝から大陸に向かって深くなる傾いた面状に分布している。これは海洋プレートの沈み込みを示唆している。

15①　火山帯　②　玄武岩　③　ホットスポット

解説　火山が分布する帯状の地域を火山帯といい，地震と同様に火山もプレートどうしの境界に多く分布する。海嶺では，広がるプレートのすきまを埋めるように玄武岩質のマグマが上昇するため，玄武岩質マグマの活動が活発である。島弧－海溝系では，プレートの沈みこみに伴って発生するマグマにより，さまざまなマグマの活動が見られる。ホットスポットは，プレートの境界とは関係のない場所（プレート内部）でマントル物質が上昇することによって火山活動が起こる場所である。

16(1)①　4740　②　北北西　③　西北西
(2)　約12cm/年

解説　(1)　ハワイ諸島と天皇海山列は，現在のハワイ島付近にあるホットスポットで形成されたと考えられている。太平洋プレートの移動方向は，8500万年前の明治海山から4740万年前の雄略海山までは北北西であったが，その後向きを西北西に変え，現在にいたっている。

(2)　1200km/1030万年 ≒ 1.16×10^{-4}km/年
＝12cm/年

17①　造山帯　②　高　③　高
④　島弧－海溝　⑤　大山脈

解説　山脈はプレートどうしが衝突する境界に沿って帯状に分布しており，造山帯とよばれている。造山帯の地下では，プレートの衝突により高温・高圧の地域ができ，広域変成岩が形成される。大陸プレートの下に海洋プレートが沈みこんでいる場所では，日本列島のような島弧－海溝系が形成され，大陸プレートどうしが衝突する場所ではヒマラヤ山脈のような大山脈が形成される。

5 変成岩　p.10

まとめ

①　変成　②　接触変成　③　熱
④　広域変成　⑤　圧力
⑥　ホルンフェルス　⑦　大理石　⑧　石灰
⑨　片　⑩　片理　⑪　片麻　⑫　火山
⑬　堆積　⑭　深成　⑮　変成　⑯　堆積
⑰　火成　⑱　変成

練習問題

18(1)　変成作用　(2)　接触変成作用
(3)　数百m～数km　(4)　広域変成作用
(5)　数百km以上

解説　岩石が地下で高温・高圧下にさらされて，固体のまま鉱物の種類や組織が変わる作用を変成作用といい，変成作用によってできた岩石を変成岩という。変成作用には，マグマの貫入に伴う熱による接触変成作用と造山運動に伴う熱と圧力による広域変成作用の２種類がある。

作用	接触変成作用	広域変成作用
変成岩	接触変成岩	広域変成岩
原因	貫入したマグマに伴う熱	造山運動に伴う熱と圧力

19(1)　ホルンフェルス
(2)①　温度　②　かたい

解説　接触変成岩は次の表のように分類される。

変成岩	もとの岩石	特徴
ホルンフェルス	砂岩，泥岩など	緻密でかたい。
結晶質石灰岩（大理石）	石灰岩	粗粒の方解石からなる。

20(1)　結晶質石灰岩（大理石）
(2)①　温度　②　粗粒

解説　結晶質石灰岩（大理石）は，粗粒の方解石からなる岩石で，石灰岩がマグマの熱による接触変成作用を受けてできる。

21①　広域　②　粗　③　縞　④　片麻岩
⑤　片理　⑥　片岩

解説　広域変成岩は次の表のように分類される。

変成岩	もとの岩石	特徴
片岩	礫岩，砂岩，泥岩，凝灰岩，玄武岩など	片理が発達し，はがれやすい。
片麻岩	砂岩，泥岩，花こう岩など	粗粒で白と黒の縞模様が発達。

22① 堆積　② 変成　③ マグマ　④ 火成

解説 岩石は，形成された後も地表や地殻中でゆっくりと姿を変え，図のようにほかの種類の岩石になる。

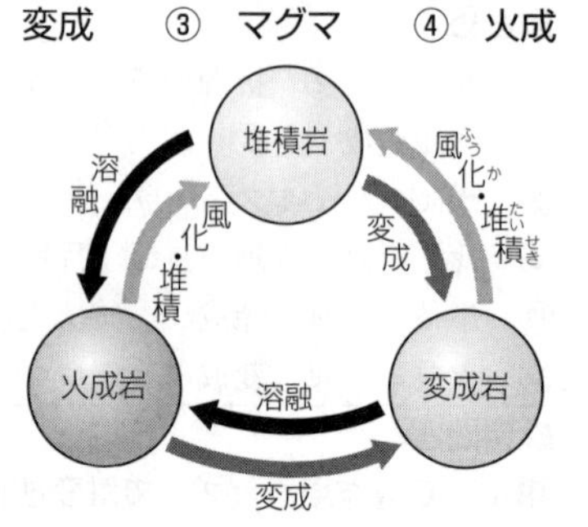

6 断層と褶曲　p.12

まとめ

① 褶曲　② 背斜　③ 向斜　④ 背斜
⑤ 向斜　⑥ 断層　⑦ 断層面　⑧ 正
⑨ 逆　⑩ 右横ずれ　⑪ 左横ずれ

練習問題

23(1) 褶曲　(2) 断層

解説 地層が圧力を受けて波状に変形した構造を褶曲という。地層が圧力や引っ張りの力を受け，ある面を境にして生じたずれを断層という。

24(1) 背斜　(2) 向斜

解説 地層が圧力を受けて波状に変形した構造を褶曲といい，山の部分を背斜，谷の部分を向斜という。

25(1) 断層面　(2)ア 正断層　イ 逆断層
ウ 右横ずれ断層　エ 左横ずれ断層

解説 (1) 地層が破断して，ある面を境にずれが生じている構造を断層といい，ずれを生じさせている面を断層面という。また，断層面の上側を上盤，下側を下盤とよぶ。

(2) アは，下盤に対して上盤が下方にずり落ちている正断層である。イは，下盤に対して上盤が上方にのり上げている逆断層である。

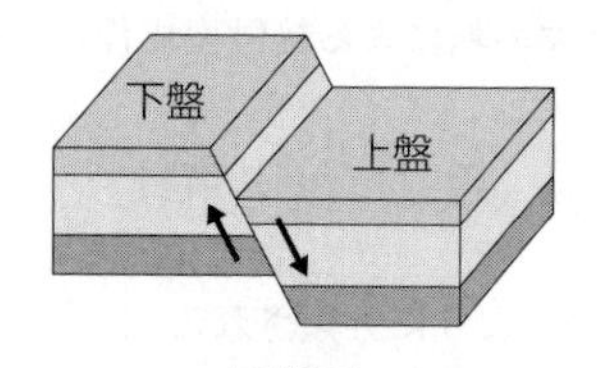

正断層

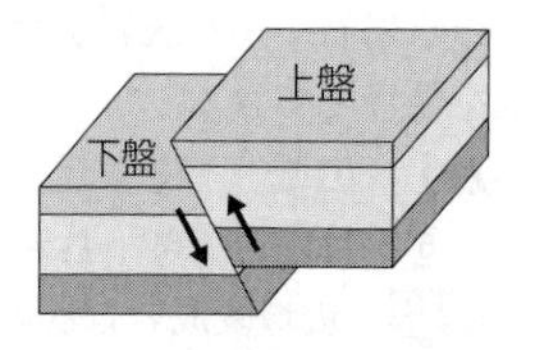

逆断層

ウ，エは，地層が水平方向にずれでできた横ずれ断層で，ウのように断層を境に向こう側の地盤が右向きにずれているものを右横ずれ断層，逆に，エのように断層の向こう側の地盤が左向きにずれたものを左横ずれ断層という。

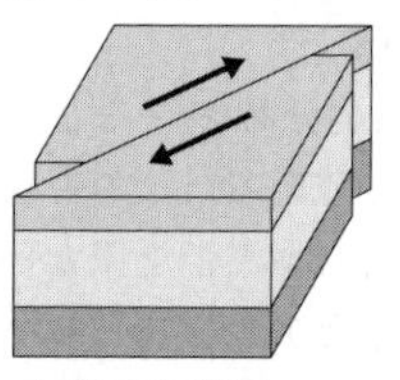
右横ずれ断層

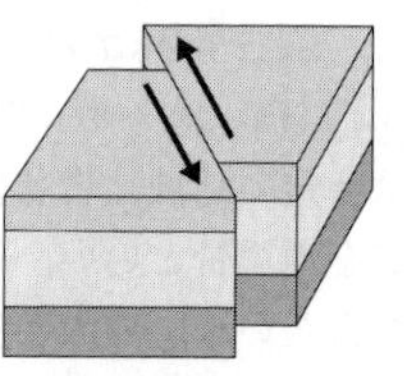
左横ずれ断層

26A 正断層　B 逆断層　C 右横ずれ断層

解説 写真Aでは，左側が上盤，右側が下盤である。右側の下盤に対し，左側の上盤がずり落ちている正断層である。写真Bでは，右側が上盤，左側が下盤である。左側の下盤に対し，右側の上盤がのり上げている逆断層である。写真Cでは，断層面をはさんだ向こう側の地盤が右向きにずれているので，右横ずれ断層である。

7 地震活動①　p.14

まとめ

① 太平洋　② 北アメリカ　③ フィリピン海
④ ユーラシア　⑤ 日本　⑥ 深
⑦ 太平洋　⑧ プレート境界　⑨ ひずみ
⑩ 浅い　⑪ 大陸プレート内
⑫ 海洋プレート内　⑬ 震度
⑭ マグニチュード

練習問題

27 ア　ユーラシアプレート
　イ　北アメリカプレート　　ウ　太平洋プレート
　エ　フィリピン海プレート

解説　日本列島は，次の図のように4枚のプレートがせめぎ合う場所に位置している。

日本付近のプレート

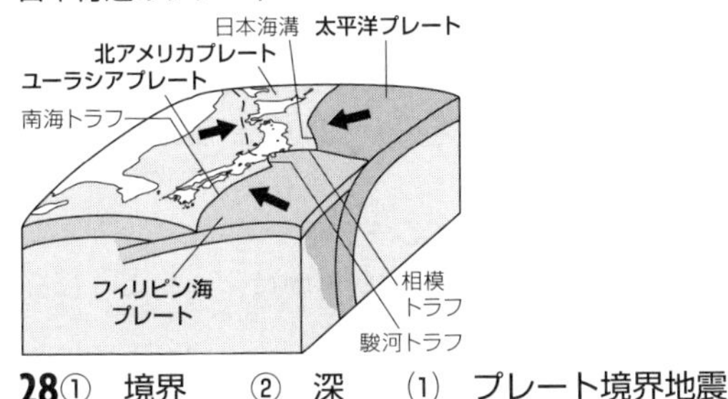

28 ①　境界　　②　深　　(1)　プレート境界地震
　(2)　大陸プレート内地震
　(3)(1)　ア　　(2)　イ　　(4)　イ，ウ

解説　日本列島の震源の深い地震は，プレートの境界にそって発生し，日本海溝から大陸に向かって深くなる。

沈み込む海洋プレートと大陸プレートの境界で発生する地震はプレート境界地震とよばれ，平成23年(2011年)東北地方太平洋沖地震がこれに該当する。

また，日本列島の地殻内の浅いところで発生する地震は大陸プレート内地震とよばれ，平成28年(2016年)熊本地震が該当する。日本列島をのせる大陸プレートの周縁部では，沈み込む海洋プレートやマントルから上昇するマグマによって力を受けるため，地殻内にひずみが蓄積し，ひずみが限界をむかえると地殻内の浅いところで地震が発生する。陸域の浅い地震はプレート境界地震に比べると規模の小さい地震が多いが，人間の居住地域に近いところで発生するため，大きな被害を伴うことがある。

29 ①　マグニチュード　　②　1000　　③　震度
　④　0　　⑤　7　　⑥　10
　(1)　5，6　(2)　32　　(3)　1000

解説　地震の規模を表す尺度をマグニチュード(M)といい，1回の地震に1つだけ決まる。マグニチュードが1大きくなると地震のエネルギーは約32倍になり，マグニチュードが2大きくなると地震のエネルギーは1000倍になる。また，震度は各地点の地震による揺れの強さを表し，日本では，0，1，2，3，4，5弱，5強，6弱，6強，7の10段階で示す。

8　地震活動②　p.16

まとめ

①　震央　　②　震源　　③　初期微動　　④　P
⑤　主要動　　⑥　S　　⑦　S－P(PS)
⑧　大森　　⑨　長　　⑩　緊急地震速報　　⑪　P
⑫　S　　⑬　余震　　⑭　余震域　　⑮　減少
⑯　水準　⑰　地震　　⑱　活

練習問題

30 (1)　a　　(2)　縦波　　(3)　b　　(4)　横波
　(5)　S－P時間(初期微動継続時間)

解説　初期微動は地震のはじめの小さな揺れであり，P波(縦波)による振動である。主要動は初期微動の後からくる大きな揺れであり，S波(横波)による振動である。P波が到達してからS波が到達するまでの時間をS－P時間(初期微動継続時間)という。

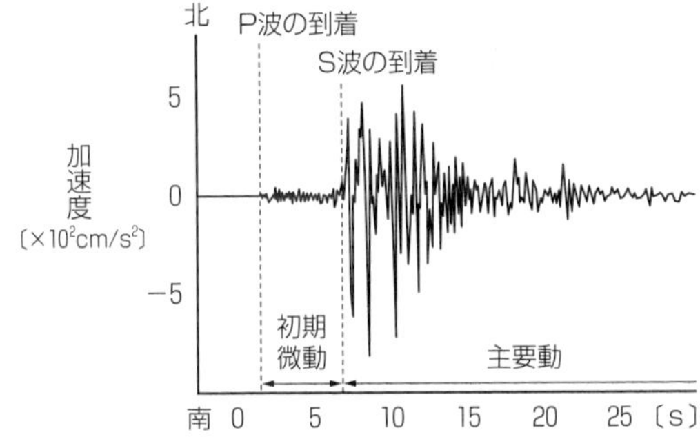

31 (1)　大森公式　　(2)　40　　(3)　15

解説　(1)　震源距離d〔km〕とS－P時間t〔s〕との間に成り立つ比例関係$d=kt$(一般に，kは約8 km/s)を大森公式という。
(2)　大森公式より　$d=8\times5=40$〔km〕
(3)　$120=8\times t$　より

$$t=\frac{120}{8}=15〔s〕$$

32　観測点B，C

解説　下表は地震発生後，各地点にP波とS波が到達するのに要した時間である。

観測点	震源	X	A	B	C
震源距離〔km〕	0	15	21	36	45
P波所要時間〔s〕	0	3	4.2	7.2	9
S波所要時間〔s〕	0	5	7	12	15

P波が観測点Xに到達したのは地震発生から3秒後，また緊急地震速報が発出されたのはこの5秒後であるから，緊急地震速報の発出は地震発生から8秒後である。このときS波は観測点BとCには達していない。

33(1) 本震　(2) 余震

解説 規模の大きな地震が発生すると，震源のまわりでは引き続き規模の小さな地震が発生する。このうち，はじめに発生する規模の大きい地震を本震，続いて起こる小さい地震を余震という。

34(1) 三角点　(2) 活断層

解説 (1) 水平方向の地殻変動を測量するときに利用される基準点は三角点である。また，鉛直方向の地殻変動を測量するときには水準点が利用される。

(2) 最近の地質時代にくり返し活動し，将来も活動すると考えられている断層を活断層という。日本列島には陸上や海底に多くの活断層が存在している。

9 火山活動　p.18

まとめ

① マグマ　② 火山前線(火山フロント)
③ マグマだまり　④ ガス(揮発)
⑤ マグマだまり　⑥ マグマ　⑦ 火山岩塊
⑧ 火山礫　⑨ 火山灰　⑩ 水蒸気
⑪ 二酸化炭素　⑫ 火山砕屑物(火砕物)
⑬ 玄武岩

練習問題

35(1) マグマ　(2) マグマだまり
(3)① 西　② 火山前線(火山フロント)
(4) 火山噴出物

解説 火山噴火はマグマの活動によって起こる。岩石が部分的に溶融して生じたマグマは，地殻の上部付近まで上昇し，火山の地下数kmのあたりに滞留してマグマだまりをつくっている。火山噴火により放出された物質を火山噴出物といい，溶岩，火山砕屑(さいせつ)物，火山ガスなどがある。日本の火山分布の限界線は，日本海溝と平行になっている。これは，太平洋プレートの上面が100～150kmよりも深くなった場所の地表に火山が形成され，海溝から一定の距離よりも西側に分布するためである。この火山分布の東縁を火山前線(火山フロント)とよぶ。

36(1) 火山ガス　(2) 水蒸気(H_2O)　(3) 溶岩
(4) 火山砕屑物

解説 (1)，(2) 火山噴出物のうち，気体のものを火山ガスといい，大部分が水蒸気(H_2O)である。

(3) マグマが地表に流出したものを溶岩という。

(4) 溶岩以外の固体の火山噴出物を火山砕屑物といい，次のように分類される。

＜特定の形を示さないもの＞
火山岩塊　直径64mm以上
火山礫　直径2～64mm
火山灰　直径2mm以下
＜特定の形を示すもの＞
火山弾，スパター，ペレーの毛，ペレーの涙
＜多孔質のもの＞
軽石，スコリア

37① 火山砕屑物　② 数百　③ km

解説 火砕流とは，火山砕屑物が高温のガスに混じって密度の高い熱雲となり，高速で山体を流下する現象である。流下速度は時速100～200km，温度は数百℃に達することもある。

38(1) 火山弾　(2) ペレーの毛

解説 特定の形を示す火山砕屑物は，次のように分類される。

火山弾	紡錘状，パン皮状，牛ふん状など
スパター	溶岩餅
ペレーの毛	繊維状
ペレーの涙	液だれ状

39① 多孔　② 軽石　③ スコリア

解説 多孔質の火山砕屑物は，次のように分類される。

軽石	白っぽいもの
スコリア	黒っぽいもの

10 火山の形　p.20

まとめ

① 粘性　② ガス　③ 大き
④ 二酸化ケイ素　⑤ 玄武岩　⑥ 少な
⑦ 多　⑧ 溶岩　⑨ 火山砕屑物
⑩ 溶岩台地　⑪ 盾状　⑫ 成層
⑬ 溶岩ドーム(溶岩円頂丘)

練習問題

40① 低　② 多　③ 多　④ 爆発的

解説 火山噴火のようすは，マグマの粘性とガスの量によって決まる。

マグマの性質	玄武岩質←→デイサイト質～流紋岩質
SiO_2の量	少ない←→多い
マグマの粘性	低い←→高い
マグマの温度	1100℃程度←→900℃程度
噴火のようす	穏やか←→爆発的

41(1) 少ない　(2) ア　(3) 溶岩台地，盾状火山

解説 玄武岩質マグマは，SiO_2の量が少ないため粘性が低い。溶岩を大量に流出させて，溶岩台地や盾状火山のような平たい形の火山を形成する。

42① 粘性　② 爆発的

③　溶岩ドーム(溶岩円頂丘)

解説　流紋岩質マグマは，SiO_2の量が多いため粘性が高く，噴火は爆発的で，溶岩ドーム(溶岩円頂丘)のような盛り上がった形の火山を形成する。

43(1)　溶岩台地　(2)　溶岩ドーム(溶岩円頂丘)
(3)　溶岩ドーム(溶岩円頂丘)
(4)　溶岩台地，盾状火山　(5)　成層火山
(6)ア　溶岩ドーム(溶岩円頂丘)　イ　盾状火山

解説　(1)，(2)　火山の水平規模は，次のようになる。

溶岩台地	数百 km ～数千 km
盾状火山	数 km ～数百 km
成層火山	数 km ～数十 km
溶岩ドーム(溶岩円頂丘)	1km 程度

(3)　最も火砕流を起こしやすい火山は，粘性の高い流紋岩質のマグマによってできる溶岩ドーム（溶岩円頂丘）である。
(4)　溶岩を大量に流出するような噴火をする火山は，粘性の低い玄武岩質マグマによってできる溶岩台地や盾状火山である。
(5)　溶岩と火山砕屑物を交互に噴出することによってできる火山は成層火山である。
(6)　アは流紋岩質マグマによってできる溶岩ドーム(溶岩円頂丘)，イは玄武岩質マグマによってできる盾状火山である。

11 火成岩　p.22

まとめ

①　火成　②　堆積　③　変成　④　結晶
⑤　へき開　⑥　SiO_4　⑦　ケイ酸塩
⑧　ケイ素　⑨　酸素　⑩　底盤(バソリス)
⑪　岩脈　⑫　岩床　⑬　深成　⑭　等粒状
⑮　火山　⑯　斑晶　⑰　石基　⑱　斑状

練習問題

44(1)　マグマ　(2)　堆積物　(3)　固体のまま

解説　(1)　火成岩は，マグマが冷え固まってできた岩石である。
(2)　地表や海底などにたまった堆積物が固まってできた岩石を堆積岩という。
(3)　火成岩，堆積岩などの岩石が，あらたに高温・高圧の状態におかれることで，固体のまま別の岩石に変化したものを変成岩という。

45①　ケイ酸塩　②　1　③　4

解説　岩石を構成する鉱物の多くは，ケイ素原子1個と酸素原子4個からなるSiO_4四面体を基本単位とするケイ酸塩鉱物である。

46(1)　底盤(バソリス)　(2)　岩脈　(3)　岩床
(4)(1)　ウ　(2)　ア　(3)　イ

解説　地下の深い場所でできた大規模なマグマの貫入岩体を底盤(バソリス)，マグマが地層を切るように貫入したものを岩脈，マグマが地層に沿って貫入したものを岩床という。

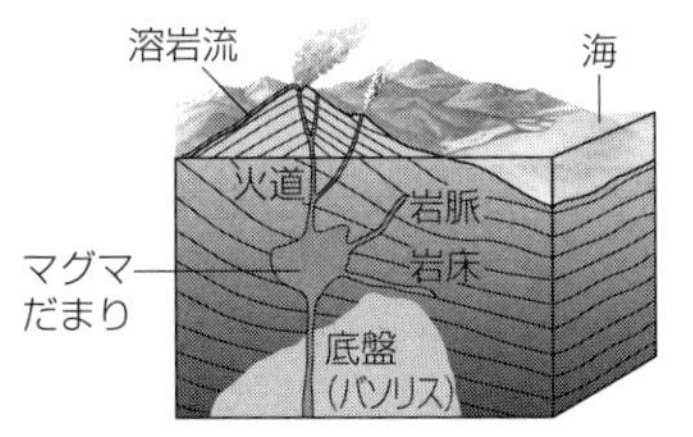

47(1)　等粒状組織　(2)　深成岩
(3)①　地下深く　②　ゆっくり

解説　粒の大きさがそろっていて，大きく成長した結晶がひしめきあっているような火成岩の組織を等粒状組織といい，マグマが地下深くでゆっくり冷え固まってできる深成岩に見られる。

48(1)　斑状組織　(2)　火山岩
(3)①　地表付近　②　急に
(4)a　斑晶　b　石基

解説　右図のように，比較的大きな結晶である斑晶と，きわめて小さな結晶やガラス質の部分である石基とからなる火成岩の組織を斑状組織といい，地表付近で急に冷え固まってできた火山岩に見られる。

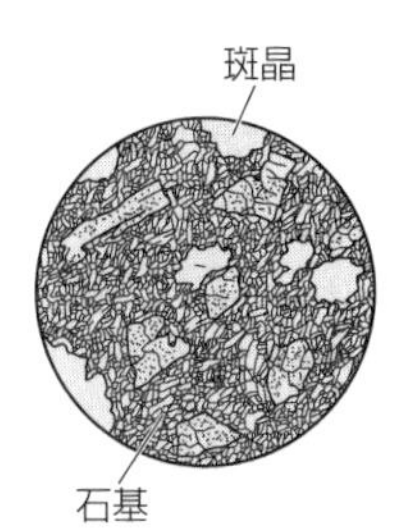

12 火成岩の分類　p.24

まとめ

①　有色　②　無色　③　色
④　苦鉄質　⑤　珪長質　⑥　玄武　⑦　安山
⑧　流紋　⑨　かんらん　⑩　斑れい
⑪　花こう　⑫　石英　⑬　Ca　⑭　Na
⑮　黒雲母

練習問題

49(1)　SiO_2　(2)　色指数

解説　火成岩は，SiO_2の割合(重量%)によって分類することができる。また，岩石に含まれる有色鉱物の割合(体積%)を色指数という。火成岩は色指数によっても分類することができる。

50(1)　花こう岩，閃緑岩，斑れい岩
(2)　流紋岩，安山岩，玄武岩

解説　代表的な火山岩，深成岩を次の表に示す。

SiO_2の量（重量％）	火山岩（斑状組織）	深成岩（等粒状組織）
	デイサイト，流紋岩	花こう岩
66	安山岩	閃緑岩
52	玄武岩	斑れい岩
45		かんらん岩

51(1) 花こう岩　(2) イ　(3) 玄武岩
(4) ア

解説 火成岩は，次の表のように分類できる。

岩石の分類	火山岩（斑状組織）	深成岩（等粒状組織）
珪長質岩	デイサイト，流紋岩	花こう岩
中間質岩	安山岩	閃緑岩
苦鉄質岩	玄武岩	斑れい岩
超苦鉄質岩		かんらん岩

(1)，(2) 等粒状組織を示すのは深成岩である。深成岩のうち，珪長質岩に分類されるのは花こう岩である。花こう岩は色指数が小さく白っぽい岩石であることから，イと判断できる。

(3)，(4) 斑状組織を示すのは火山岩である。火山岩のうち，苦鉄質岩に分類されるのは玄武岩である。玄武岩は色指数が大きく黒っぽい岩石であることから，アと判断できる。

52(1)A 花こう岩　B 閃緑岩　C 斑れい岩
(2)A 8　B 33　C 45
(3)① Na　② Ca

解説 (1) 各深成岩に含まれるおもな造岩鉱物の量は下記の通りである。

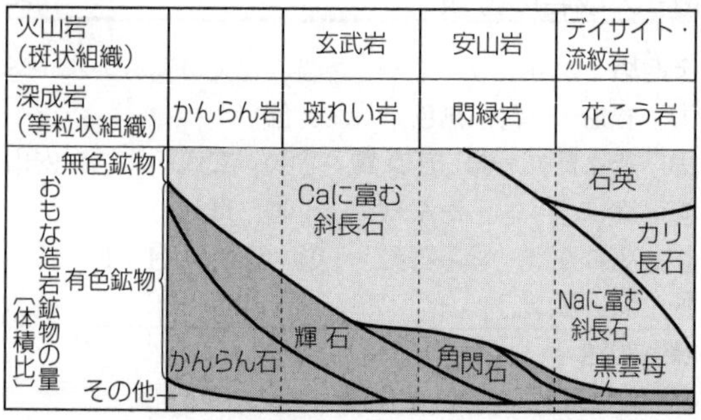

火山岩（斑状組織）		玄武岩	安山岩	デイサイト・流紋岩
深成岩（等粒状組織）	かんらん岩	斑れい岩	閃緑岩	花こう岩

(2) 色指数とは，岩石中に含まれる有色鉱物の占める割合（体積％）である。有色鉱物は黒雲母，角閃石，輝石，かんらん石の4種類であるから3つの岩石試料の色指数は，Aで8（＝6＋2），Bで33（＝25＋8），Cで45（＝35＋10）である。

(3) 斜長石はCa成分に富むものからNa成分に富むものへと連続的に変化する。珪長質岩に分類される花こう岩や流紋岩に含まれる斜長石にはNaが多く含まれ，苦鉄質岩に分類される斑れい岩や玄武岩に含まれる斜長石にはCaが多く含まれる。

1章 章末問題 p.28

53 250000

解説 地球の全周：5000スタジア＝360°：7.2°
より

$$地球の全周 = \frac{360°}{7.2°} \times 5000スタジア = 250000スタジア$$

54(1) 西北西　(2) 8
(3)① ホットスポット　② 玄武岩
③ 盾状

解説 海山（地点B）は，現在ハワイ島のある地点Aのホットスポットで形成されたと考えられるので，プレートの移動方向は西北西である。ホットスポットから噴出するマグマは玄武岩質で，粘性は小さく，ハワイ島のマウナロアやキラウエアのような盾状火山をつくる。

ハワイ諸島付近での太平洋プレートの平均的な移動の速さは，

$(3500 \times 10^3 \times 10^2〔cm〕) \div (4.3 \times 10^7〔年〕)$
$\fallingdotseq 8〔cm/年〕$である。

55(1) 36　(2) 60
(3)① 24　② 4.5　③ 22.5　④ 7.5

解説 (1) 地震が発生してから地点AにP波が到達するまでの時間は4.5秒であるから，地点Aから震源までの距離は以下の式で求められる。

$8〔km/s〕\times 4.5〔秒〕= 36〔km〕$

(2) 地震が発生してから地点BにS波が到達するまでの時間は15秒であるから，地点Bから震源までの距離は以下の式で求められる。

$4〔km/s〕\times 15〔秒〕= 60〔km〕$

(3) 地点AにS波が到達するまでの時間は以下の式で求められる。

$$\frac{36〔km〕}{4〔km/s〕} = 9〔秒〕$$

よって，S波の到達時刻は10分(15＋9)秒となる。
同様に，地点BにP波が到達するまでの時間は以下の式で求められる。

$$\frac{60〔km〕}{8〔km/s〕} = 7.5〔秒〕$$

よって，P波の到達時刻は10分(15＋7.5)秒となる。
また，S－P時間はS波到達時刻とP波到達時刻の差分であるから，地点Aと地点Bでそれぞれ4.5秒，7.5

秒となる。

56(1) 等粒状組織　(2) 花こう岩
(3) 黒雲母

解説 (1) 大きく成長した結晶がひしめきあっているような火成岩の組織を等粒状組織，比較的大きな結晶である斑晶と，きわめて小さな結晶やガラス質（非晶質）の部分である石基からなる火成岩の組織を斑状組織という。

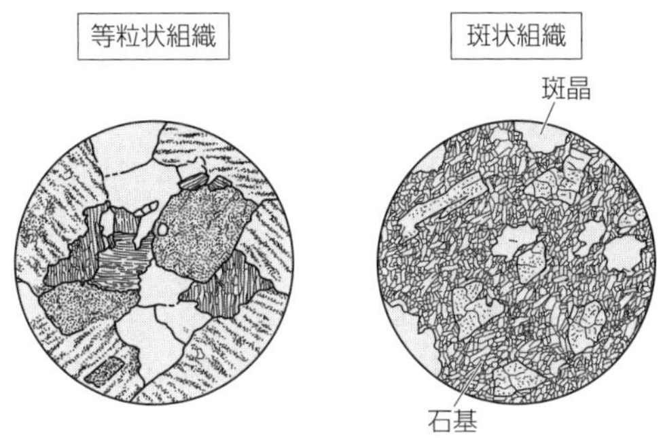

(2) 火成岩は，SiO_2 の割合と組織によって次のように分類される。表より，SiO_2 の割合が70%で，等粒状組織であるものは花こう岩である。

SiO_2 の量（重量%）	火山岩（斑状組織）	深成岩（等粒状組織）
	デイサイト，流紋岩	花こう岩
66	安山岩	閃緑岩
52	玄武岩	斑れい岩
45		かんらん岩

(3) 火成岩に含まれる鉱物の割合は次のようになっており，花こう岩に最も多く含まれる有色鉱物は黒雲母である。

火山岩（斑状組織）		玄武岩	安山岩	デイサイト・流紋岩
深成岩（等粒状組織）	かんらん岩	斑れい岩	閃緑岩	花こう岩

おもな造岩鉱物の量（体積比）
無色鉱物
有色鉱物
その他
Caに富む斜長石
Naに富む斜長石
石英
カリ長石
かんらん石
輝石
角閃石
黒雲母

57(1)ア 変成岩　イ 接触変成岩
ウ 広域変成岩
(2) ホルンフェルス　(3) 片岩

解説 岩石が地下で高温・高圧下にさらされて，固体のまま鉱物の種類や組成が変わる作用を変成作用といい，変成作用によってできた岩石を変成岩という。変成岩は，接触変成岩と広域変成岩に分類される。

変成岩	接触変成岩	広域変成岩
変成作用	接触変成作用	広域変成作用
原因	貫入したマグマに伴う熱	造山運動に伴う圧力と熱

接触変成岩は次の表のように分類される。

変成岩	もとの岩石	特徴
ホルンフェルス	砂岩，泥岩など	緻密でかたい
結晶質石灰岩（大理石）	石灰岩	粗粒の方解石からなる

広域変成岩は次の表のように分類される。

変成岩	もとの岩石	特徴
片岩	礫岩，砂岩，泥岩，凝灰岩，玄武岩など	片理が発達しはがれやすい
片麻岩	砂岩，泥岩，花こう岩など	粗粒で白と黒の縞模様が発達

58(1)ア 玄武岩質　オ 大き
(2) 石英，カリ長石　(3) 安山岩
(4) 2900　(5) 隕石　(6) Fe

解説 (1) 大陸地殻は，上部が花こう岩質岩石，下部が玄武岩質岩石で構成されている。一方，海洋地殻は玄武岩質岩石で構成されており，大陸地殻とは構造や厚さが異なる。また，大陸地殻を構成する花こう岩質岩石の密度は約 $2.7\,g/cm^3$，玄武岩質の岩石密度は約 $3.0\,g/cm^3$，マントルを構成するかんらん岩質岩石の密度は約 $3.3\,g/cm^3$ である。

(2) 花こう岩は玄武岩にくらべて無色鉱物を多く含むため，無色鉱物の石英とカリ長石を選べばよい。

(3) 島弧―海溝系の火山は安山岩のものが最も多く，次に流紋岩のものが多い。一方，ハワイ諸島や伊豆諸島，アイスランドなどの海洋に形成される火山は玄武岩のものが多い。

(5)，(6) 地球の核は，隕石の化学組成からの推定により，90%以上が鉄（Fe）で，このほか少量のニッケル（Ni）を含むと考えられている。

59ア 収束する境界　イ 拡大する境界
ウ すれ違う境界　エ 日本海溝
オ 大西洋中央海嶺　カ サンアンドレアス断層

解説 一方のプレートが他方のプレートの下に沈み込むのは，収束する境界である。地形の例としては島弧－海溝系，大山脈である。二つのプレートが左右に離れていくのは，拡大する境界である。地形の例としては中央海嶺である。二つのプレートが横にすれ違うのはすれ違う境界であり，例としてはサンアンドレアス断層が有名である。

2章　大気と海洋

13 大気の構造　p.30

まとめ

① 大気圏　② 気圧　③ 1013　④ 小さ
⑤ 80 (90)　⑥ 窒素　⑦ 酸素
⑧ 熱　⑨ オーロラ　⑩ 中間
⑪ 中間圏界　⑫ 気温減率　⑬ 成層
⑭ オゾン　⑮ オゾン層　⑯ 対流
⑰ 11　⑱ 圏界面（対流圏界面）

練習問題

60(1) 1013　(2) 低下する　(3) $\frac{1}{2}$
(4) 窒素，酸素　(5) 中間圏　(6) 対流圏
(7) 成層圏，熱圏

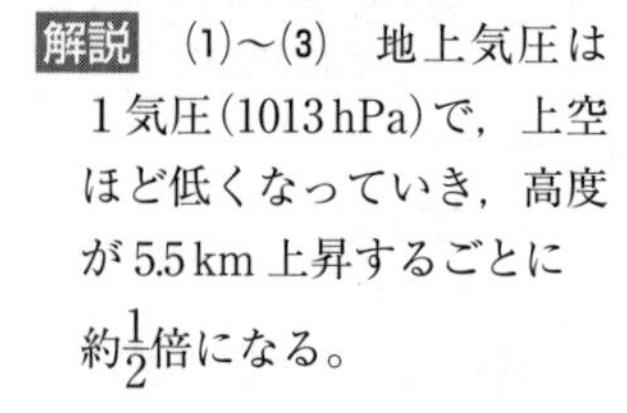

解説　(1)～(3) 地上気圧は1気圧(1013 hPa)で，上空ほど低くなっていき，高度が5.5 km 上昇するごとに約$\frac{1}{2}$倍になる。

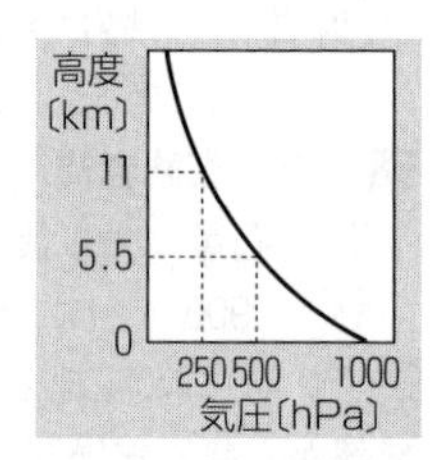

(4)，(5) 水蒸気を除いた地球大気の組成は次のようになっており，中間圏の高度約 80 km までこの組成はほぼ一定である。

窒素 N_2	約 78 %
酸素 O_2	約 21 %
その他　アルゴン Ar 二酸化炭素 CO_2 など	約 1 %

(6) 水蒸気のほとんどは対流圏に存在している。
(7) 地球大気の気温の鉛直分布の図より，高度とともに気温が上昇しているのは成層圏と熱圏である。対流圏と中間圏では，高度が高くなるにつれて気温が低下している。

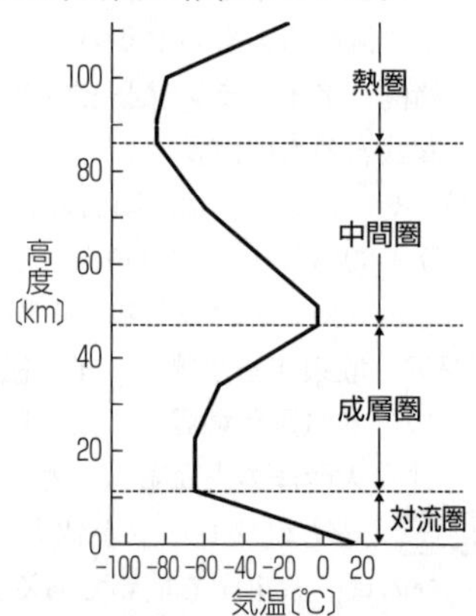

地球大気の代表的な気温の鉛直分布

61(1) 圏界面(対流圏界面)　(2) 11
(3) 気温減率　(4) 0.65

解説　(1)，(2) 対流圏の上限は平均 11 km で，圏界面（対流圏界面）という。
(3)，(4) 高さとともに気温が低下する割合を気温減率といい，対流圏内では約 0.65℃ /100 m である。

62① 対流　② 50　③ 紫外線　④ 上昇
⑤ オゾン層

解説　成層圏は，対流圏の上にあり，高度約 50 km までの領域である。大気中のオゾンが紫外線を吸収して熱を放出しているため，高度とともに気温が上昇している。

63(1) 80～90　(2) 低下する　(3) －85

解説　中間圏は，成層圏の上にあり，高度約 80 km ～ 90 km までの領域である。中間圏では，気温は高度とともに低下しており，中間圏の最上部では約－85℃に達する。

64① 中間　② X　③ 高
④ オーロラ　⑤ 流星

解説　熱圏は，中間圏の上にあり，高度約 500～700 km までの領域である。太陽からのX線や紫外線によって酸素分子が酸素原子に解離しており，高度とともに気温が高くなっている。また，熱圏では，オーロラ(写真A)や流星(写真B)などの現象が起こる。

14 大気中の水とその状態　p.32

まとめ

① 飽和水蒸気量　② g/m^3　③ 飽和水蒸気圧
④ hPa　⑤ 湿度　⑥ 露点温度　⑦ 潜熱
⑧ 顕熱　⑨ 気体　⑩ 蒸発(気化)
⑪ 固体　⑫ 液体　⑬ 不安定　⑭ 安定
⑮ 低下　⑯ 凝結核　⑰ 1　⑱ 0.01
⑲ 乱層　⑳ 垂直　㉑ 積乱

練習問題

65(1) 飽和水蒸気量　(2) g/m^3
(3) 飽和水蒸気圧　(4) hPa
(5) ヘクトパスカル　(6) 大きく(高く)なる

解説　1 m^3 の空気中に含むことのできる最大の水蒸気量を飽和水蒸気量といい，g/m^3 で表す。水蒸気が飽和している空気に含まれている水蒸気の圧力を飽和水蒸気圧といい，hPa (ヘクトパスカル) で表す。飽和水蒸気量（飽和水蒸気圧）は，気温が高いほど大きい（高い)。

66(1) 潜熱　(2) 顕熱

解説　物体の状態変化に伴って出入りする熱を潜熱という。状態変化をする際は，熱が出入りしても物体の温度は変化しない。潜熱に対し，対流や伝導などによって出入りする，温度変化として現れる熱を顕熱という。

67 (1) 100　(2) 10　(3) 40　(4) 11.7

解説 (1) 空気中に含まれる水蒸気の，その気温での飽和水蒸気量に対する割合を湿度（相対湿度）という。露点温度に達している空気の湿度は100%である。

(2) 「水蒸気圧」＝「飽和水蒸気圧」になる温度が露点温度である。表より，飽和水蒸気圧が12.3hPaのときの温度は10℃であるから，露点温度は10℃であることがわかる。

(3) 表より，気温30℃のときの飽和水蒸気圧は42.4hPaであるから，

$$湿度 = \frac{空気中の水蒸気圧〔hPa〕}{その気温の飽和水蒸気圧〔hPa〕} \times 100$$

$$= \frac{17.0}{42.4} \times 100 = 40.0\cdots \fallingdotseq 40〔\%〕$$

よって，この空気の湿度は約40%である。

(4) 表より，気温20℃のときの飽和水蒸気圧は23.4hPaであるから，湿度50%の空気の水蒸気圧は以下のようになる。

$$23.4 \times \frac{50}{100} = 11.7〔hPa〕$$

68 ① 上昇　② 垂直　③ 不安定　④ 水平　⑤ 安定　⑥ イ　⑦ ア

解説 積乱雲（写真A）は強い上昇気流によってできる雲である。積乱雲は垂直方向に発達し，大気の状態が不安定な場合に発生しやすい。一方，層状雲（写真B）は水平方向に広がる雲であり，大気の状態が安定である場合に発生しやすい。

安定な状態

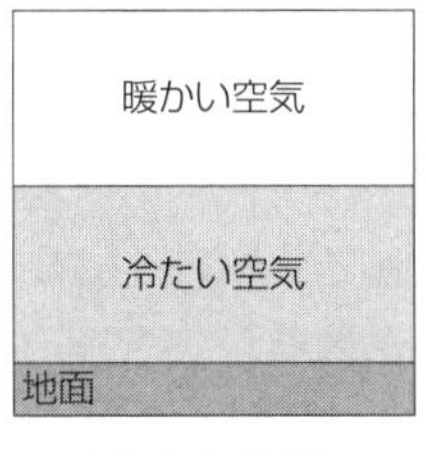

不安定な状態

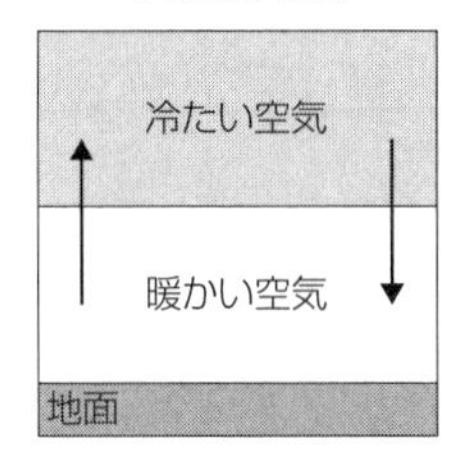

不安定な状態では，上空の冷たい空気のほうが重いため，対流が起こる。

15 地球のエネルギー収支　p.34

まとめ

① 太陽放射　② 1.37　③ 太陽定数
④ 地球放射　⑤ 赤外　⑥ 可視　⑦ 平衡
⑧ 255　⑨ 放射平衡温度　⑩ アルベド
⑪ 温室効果ガス　⑫ 温室効果　⑬ 海
⑭ 陸　⑮ 海陸風　⑯ 大気境界
⑰ 自由大気　⑱ 逆転

練習問題

69 (1) 太陽放射(日射)　(2) 可視光線
(3) 地球放射　(4) 赤外線　(5) 太陽定数
(6) 1.37

解説 太陽から放射されているエネルギーを太陽放射または日射といい，その強度は可視光線の領域で最大になる。地球の大気圏外で，太陽光に垂直な1 m^2の面が1秒間に受ける太陽放射強度を太陽定数といい，約1.37kW/m^2である。地球から放射されているエネルギーを地球放射といい，地球放射の強度は赤外線の領域で最大になる。

70 (1) 放射平衡温度　(2) 255　(3) －18

解説 地球は，太陽から受けとる放射エネルギーと地球から放射するエネルギーがつりあった状態にあり，この状態を放射平衡という。地球の場合，約255K（－18℃）で放射平衡になる。

71 (1) 49　(2) 31　(3) アルベド
(4) 0.31　(5) 温室効果
(6) 温室効果ガス
(7) 水蒸気，二酸化炭素，メタン

解説 (1) 図より，地表に入射するエネルギーと地表から放出されるエネルギーは等しいことから，

$$① + 95 = 114 + 23 + 7$$

$$① = 144 - 95 = 49$$

となる。

(2) 図より，地表による反射の大きさは9，大気による散乱・雲による反射の大きさは22である。これらを合わせた量が，大気や地表に吸収されず宇宙空間へ反射される放射の大きさであるから，
$22 + 9 = 31$となる。

(3)，(4) 太陽放射の入射量（100）に対する反射量の割合をアルベドといい，(2)で計算した値を用いると，地球のアルベドは$\frac{31}{100} = 0.31$である。

(5)～(7) 水蒸気や二酸化炭素，メタンなどの気体には赤外線を吸収する性質がある。これらの気体が大気に含まれていると，地表からの赤外放射を大気が吸収し，地表に再放射することによって，地表面の温度が上がる。このような効果を温室効果という。

72 ① 陸　② 海　③ 陸　④ 海風
⑤ 陸　⑥ 陸　⑦ 海　⑧ 陸風

解説 海と陸では比熱(本冊p.35知識ぷらす参照)が異なるため，同じ量の日射があたっても温度差ができる。海岸付近では，このような陸と海の温度差のため，昼と夜で異なる向きの風が吹く。昼間は，日射によっ

て暖まりやすい陸のほうが高温・低圧となり，海から陸に向かって風が吹く。この風を海風という。夜間は，放射冷却によって冷めやすい陸のほうが低温・高圧となり，陸から海に向かって風が吹く。この風を陸風という。

このように，日中と夜間で反転する海岸付近の風を含む循環を海陸風循環という。なお，最大風速は海風が5～6 m/s，陸風が2～3 m/sであり，一般的に陸風よりも海風のほうが強い。

16 大気の大循環 p.36

まとめ

① 緯度　② 赤道　③ 少な　④ 多
⑤ 高　⑥ 海洋　⑦ 低　⑧ 高
⑨ 大気大循環　⑩ 極循環　⑪ 下降
⑫ 偏西風　⑬ 亜熱帯高圧帯　⑭ 貿易風
⑮ 熱帯収束帯　⑯ ハドレー循環　⑰ 30°

練習問題

73 ① 少な　② 低　③ 高　④ 海洋
問 大気大循環

解説 地球が受けとる太陽放射は高緯度地域ほど小さいため，緯度によって地表面の温度に差が生じる。この南北の温度差を解消するように地球規模の大気の流れが生じて，低緯度地域から高緯度地域にエネルギーの輸送が行われている。低緯度地域では，大気だけではなく海洋の大循環によるエネルギー輸送も大きな役割を果たしている。

74 (1) 上昇気流　(2) 熱帯収束帯
(3) 下降気流　(4) 亜熱帯高圧帯

解説 赤道付近の熱帯収束帯では，太陽放射により地表が暖められ，上昇気流が盛んで雲が多く発生している。緯度30°付近の亜熱帯高圧帯では，下降気流が盛んで晴天が多い。

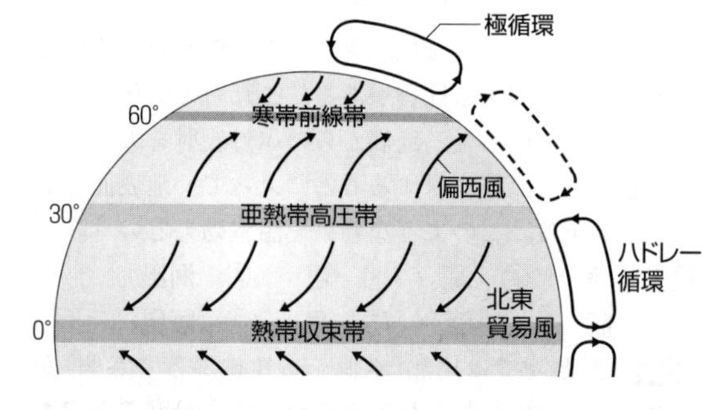

75 ① 熱帯収束帯　② 30　③ 亜熱帯高圧帯
④ 東　⑤ 貿易風(偏東風)
⑥ ハドレー循環

解説 赤道付近では，暖められた空気が上昇すると，地表付近では湿潤な空気が収束して熱帯収束帯を形成する。赤道で上昇した空気は緯度30°付近で下降し，地表付近に亜熱帯高圧帯を形成している。亜熱帯高圧帯から赤道に向かって吹きだした風は東寄りの貿易風とよばれる風になる。このような低緯度における循環をハドレー循環という。

76 ① 西　② 偏西風　③ ジェット
④ 温帯

解説 中緯度地域では，偏西風とよばれる西寄りの風が常に吹いている。偏西風は圏界面付近で特に強く吹き，ジェット気流とよばれる。中緯度地域では，前線を伴った温帯低気圧が生じ，偏西風とともに低緯度側から高緯度側に熱を輸送する役割をになっている(フェレル循環)。

77 (1) 下降気流　(2) 東

解説 極域では，放射冷却により冷えた空気が下降気流となり，周囲に向かって風となって吹きだしている。吹きだした風は，地球の自転の効果により東寄りの風となっている。

17 温帯低気圧と熱帯低気圧 p.38

まとめ

① 高気圧　② 下降　③ 低気圧　④ 上昇
⑤ 気団　⑥ 温帯　⑦ 反時計
⑧ 寒冷前線　⑨ 温暖前線　⑩ 寒冷
⑪ 積乱　⑫ 温暖　⑬ 乱層　⑭ 熱帯
⑮ 潜熱　⑯ 台風　⑰ 潜熱　⑱ 強
⑲ 下　⑳ 太平洋高気圧

練習問題

78 ① 高気圧　② 低気圧
③ 中心に向かって風が吹きこんで　④ 上昇
⑤ 雨域　⑥ 下降　⑦ 晴天域

解説 高気圧と低気圧を比較すると，次のようになる。

	高気圧	低気圧
中心気圧	周囲より高い	周囲より低い
地表付近の風	中心から吹きだす	中心に向かって吹きこむ
鉛直方向の気流	下降気流	上昇気流
地表付近の天気	晴れやすい	雲ができやすい

79 ① 気団　② 温帯低気圧　③ B　④ A
⑤ C　⑥ 寒冷　⑦ 温暖　⑧ 積乱
⑨ 層　(④と⑤は順不同)

解説 広域にわたって温度や湿度などが均質となっている大規模な空気塊を気団という。

低気圧とは，亜熱帯の暖気と寒帯の寒気の境目に発達する大規模な空気の渦である。温帯低気圧の前面(北半球の場合は東)には温暖前線，後面(北半球の場合は西)には寒冷前線ができる。寒冷前線では，寒気が暖気を押し上げることで生じる急激な上昇気流によって積乱雲が発達しやすい。一方，温暖前線では，乱層雲，高層雲や巻雲などの層状の雲が広い範囲に発生しやすい。

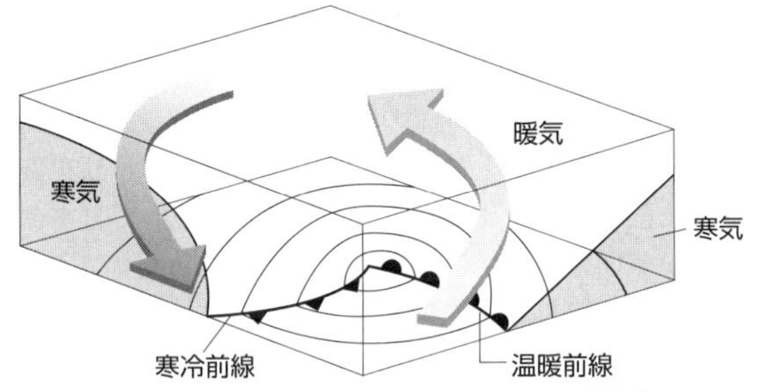

80(1) 熱帯低気圧 (2) 緯度5°～20°付近
(3) 26～27℃ (4) 台風

解説 熱帯の海上で発達する低気圧を熱帯低気圧という。熱帯低気圧は，緯度5°～20°付近で，海面水温が26～27℃以上の海域で発生する。日本付近に存在する熱帯低気圧のうち，最大風速が17.2m/sを超えるものを台風という。

81① 暖気 ② 温度 ③ 潜熱
④ 伴わない

解説 温帯低気圧は，中緯度で発生する暖気と寒気からなる渦で，南北の温度差をエネルギー源としている。熱帯低気圧は，熱帯の海面水温26～27℃以上の海域で発生する暖気のみからなる渦で，水蒸気の凝結による潜熱をエネルギー源としている。

前線は，性質の異なる気団(暖気団と寒気団)の境目なので，温帯低気圧にのみ伴う。

18 海洋の層構造 p.40

まとめ

① イオン ② 混合 ③ 塩分 ④ 3.5
⑤ 弱アルカリ ⑥ 塩化ナトリウム
⑦ 塩化マグネシウム ⑧ 高 ⑨ 低
⑩ 熱 ⑪ 大き ⑫ 高 ⑬ 低
⑭ 高 ⑮ 低 ⑯ 表層混合 ⑰ 水温躍
⑱ 深 ⑲ 2

練習問題

82(1) 塩分 (2) 3.5

解説 海水中の塩類の濃度を塩分といい，世界の海洋の平均は約3.5%である。これは海水1kgに溶けている塩類の質量が約35gであることを表す。

83① 塩化ナトリウム ② $MgCl_2$
③ 硫酸マグネシウム ④ $CaSO_4$ ⑤ KCl
問 海水は長い間によく混合されているから。

解説 海水中の塩類には以下のようなものがある。

	塩類	化学式	質量%
1	塩化ナトリウム	NaCl	77.9
2	塩化マグネシウム	$MgCl_2$	9.6
3	硫酸マグネシウム	$MgSO_4$	6.1
4	硫酸カルシウム	$CaSO_4$	4.0
5	塩化カリウム	KCl	2.1
6	そのほか	―――	0.3

海水は長い間によく混合されているため，塩類の組成はどこの海でもほぼ一定である。

84(1)A 表層混合層 B 水温躍層
C 深層
(2)① 風 ② 大き ③ 小さ
(3) c (4) 層A (理由)表層の水温は太陽からの受熱量に依存しているため。

解説 海水は次のような構造になっている。低緯度ほど太陽高度が高く，海面に垂直に入射する太陽放射エネルギーが大きいため，海面付近の水温が高い。

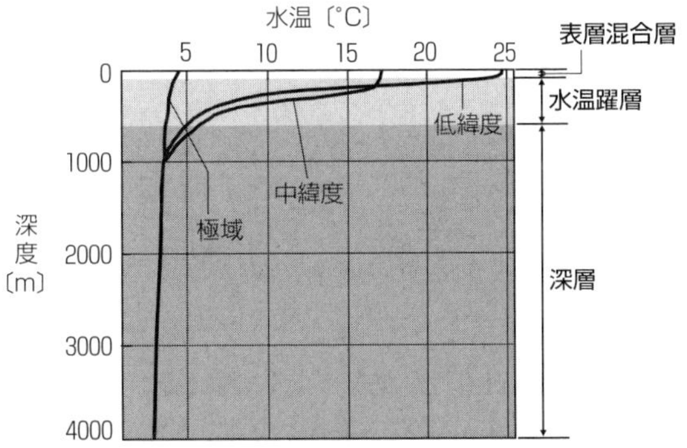

	深さによる温度変化	緯度による温度差
表層混合層	小さい	最大
水温躍層	非常に大きい	
深層	ごく小さい	最小

(4) 表層混合層の温度は，太陽からの受熱量に依存するため，緯度による変化と同様に季節による変化も著しい。

19 海水の運動と循環 p.42

まとめ

① 海流 ② 貿易 ③ 時計 ④ 反時計
⑤ 亜熱帯環流 ⑥ 黒潮 ⑦ 親潮

⑧ 塩分　⑨ グリーンランド　⑩ 大き
⑪ 深層循環　⑫ 低　⑬ 高
⑭ 低　⑮ 大き

練習問題

85① 海流　② 貿易風　③ 偏西風
④ 亜熱帯環流
問 北赤道海流→黒潮→北太平洋海流→カリフォルニア海流

解説 広い海域にわたり，定常的で一定の向きに流れる海水の流れを海流という。貿易風と偏西風にはさまれてできる環状の海流を亜熱帯環流といい，北半球では時計回り，南半球では反時計回りである。太平洋を流れる亜熱帯環流は，最も低緯度を流れる海流から順番に，北赤道海流→黒潮→北太平洋海流→カリフォルニア海流となっている。

86① 低　② 高　③ グリーンランド
④ 塩分　⑤ 深層
問 2000

解説 海水の密度は，温度が低いほど，また塩分が高いほど大きいため，密度の大きい表面の海水が沈みこみ，鉛直方向の循環が生じている。

グリーンランド付近の北大西洋では，海の表面が凍って氷の周囲の海水の密度が大きくなり，深海に向かって沈みこんで深層水となっている。沈みこんだ海水は，海底の地形に沿って2000年程度かかって移動し，湧昇して再び表層に戻る。このようにして，海水は世界中の海底を巡っている。これを深層循環という。

87① 大気　② 海洋　③ 中緯度
④ 低　⑤ 高

解説 低緯度地域では，大気による熱輸送よりも海洋による熱輸送のほうが大きく，大気と海洋を合わせた全熱輸送量は，中緯度で最大となる。大気や海洋は，低緯度側の熱を高緯度側に輸送することで，南北の温度差を緩和している。

20 日本の四季 p.44

まとめ

① 気団　② シベリア　③ オホーツク海
④ 小笠原　⑤ 寒冷　⑥ 湿潤　⑦ 温暖
⑧ シベリア　⑨ 西高東低　⑩ 季節風
⑪ 偏西　⑫ 温帯　⑬ 移動性
⑭ オホーツク海　⑮ 小笠原　⑯ 梅雨前線
⑰ 太平洋　⑱ 南高北低　⑲ 秋雨前線
⑳ 台風

練習問題

88① 偏西風　② 南下　③ シベリア
④ 北上　⑤ 小笠原　⑥ オホーツク海

解説 日本は中緯度にあり，偏西風が常に吹いている。日本に影響を与えている気団は次の通り。

名称	発生場所	時期	性質
シベリア気団	シベリア	冬	寒冷・乾燥
オホーツク海気団	オホーツク海	梅雨	寒冷・湿潤
小笠原気団	北太平洋	夏	温暖・湿潤

日本の南には熱帯気団の小笠原気団(温暖・湿潤)，北には寒帯気団のシベリア気団(寒冷・乾燥)があり，その境目はジェット気流の軸(寒帯前線帯)になっている。冬にはジェット気流が南下して日本はシベリア気団の支配下に，夏にはジェット気流が北上して日本は小笠原気団の支配下に入る。春には，移動性高気圧とともに大陸から温暖で乾燥した空気が流れ込み，周期的に天気が変化するようになる。梅雨期には，オホーツク海に寒冷で湿潤なオホーツク海気団が現れ，小笠原気団との間に梅雨前線が形成される。

89(1) 寒冷・乾燥　(2) 西高東低
(3) 季節風(モンスーン)　(4) 北西

解説 冬になると，大陸ではシベリア高気圧が発達し，日本は寒冷で乾燥したシベリア高気圧の勢力下に入る。太平洋上に低気圧が発達することにより，日本は西高東低の冬型の気圧配置となる。このとき，シベリア高気圧から冷たい風が吹きだし，日本付近では北西の風となる。このように，季節によって特有な風向をもつ風を季節風という。

90① シベリア　② 弱　③ 温帯
④ 移動性

解説 シベリア高気圧の勢力が弱まると，中国大陸から偏西風にのって温帯低気圧と移動性高気圧が日本付近を交互に通過するようになる。このため，春は天気が周期的に変化する。なお，日本海を通過する低気圧に向かって南風が吹き込むことがあり，立春から春分の間，その年にはじめて吹く強い南風を春一番という。

91(1) 停滞前線　(2) 同じ　(3) 梅雨前線
(4) オホーツク海高気圧

解説 図中の前線は，勢力のほぼ等しい寒気と暖気の境界にできる停滞前線である。6月から7月にかけて，日本付近には寒冷で湿潤な気団をもつオホーツク海高気圧が現れる。日本付近では，北のオホーツク海気団と南の小笠原気団との間に梅雨前線(停滞前線)ができる。

92① 弱　② 秋雨前線　③ 台風

問　熱帯低気圧

解説　太平洋高気圧の勢力が弱まると，北から寒気が流入して南の暖気との間に停滞前線(図のA)ができる。この前線は秋雨前線とよばれる。また，熱帯低気圧が発達した台風(図のB)が多く日本付近を通過するのもこの時期である。

2章　章末問題　p.48

93 (1) A　熱圏　　B　中間圏　　C　成層圏

(2) ア　80(90)　　イ　80　　ウ　20　　エ　10

(3)　0.04　　(4)　$\frac{1}{4}$　　(5)　C

解説　(1)　大気圏は，高度による気温の変化により，4層に区分されている。

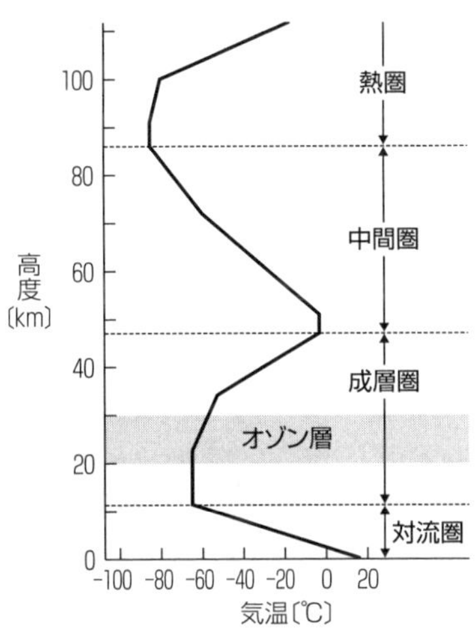

地球大気の代表的な気温の鉛直分布

(2)　水蒸気を除く大気組成は，高度約80kmの中間圏界面までほぼ一定であり，約78%が窒素，約21%が酸素，残り1%はアルゴンや二酸化炭素などである。

水蒸気は時間や場所による変動が大きく，対流圏(高度約11kmまで)にほとんどが存在している。

(3)　二酸化炭素は大気中に約0.04%含まれており，近年増加傾向にある。

(4)　気圧は高度とともに単調に減少し，高度が5.5km上昇するごとに気圧は約半分になるので，11km(=5.5km + 5.5km)上昇すると，

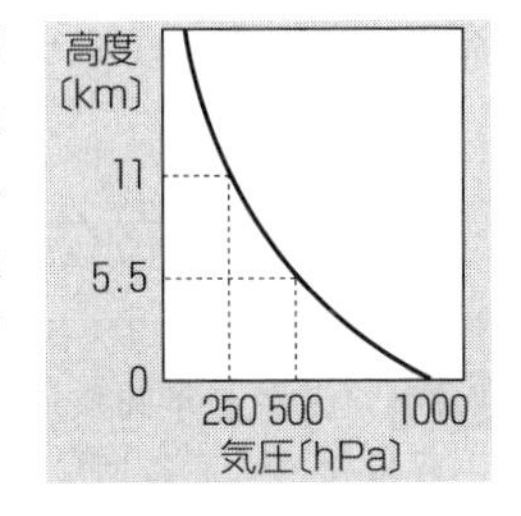

気圧は$\frac{1}{2}\times\frac{1}{2}=\frac{1}{4}$になる。

94 (1)　放射平衡　　(2)　69　　(3)　95

解説　(1)　地球が受けとる太陽放射エネルギーと地球から放射されるエネルギーはつりあっているため，地球の表面温度はほぼ一定に保たれている。このような状態を放射平衡という。

(2)　地球から宇宙へ放出されるエネルギーを地球放射といい，赤外線による放射（赤外放射）である。図から，地球に入射する太陽放射エネルギーを100とすると，地球放射は12 + 57 = 69である。

(3)　地球のエネルギー収支はつりあっており，地表，大気，宇宙でのそれぞれにおいて，エネルギーの合計は0になる。大気から地表への放射（図中の①）をxとし，入射するエネルギーを正（+），放出されるエネルギーを負（−）で表すと，地表でのエネルギー収支は次のようになる。

$$49 - 114 + x - 23 - 7 = 0$$

$$x = -49 + 114 + 23 + 7 = 95$$

よって，大気から地表への放射(①)は95となる。

95 ア　西　　イ　水蒸気が凝結　　ウ　大気へ放出

解説　温帯低気圧と熱帯低気圧の性質をまとめると次のようになる。

	温帯低気圧	熱帯低気圧
発生場所	中緯度	熱帯海域
構成する気団	寒気と暖気	暖気のみ
エネルギー	南北の温度差	凝結潜熱
前線	伴うこともある	伴わない

中緯度の対流圏上部には強い偏西風が吹いており，偏西風の蛇行が低気圧の発生・発達に関係している。

96 ア　太陽放射　　イ　地球放射

解説　地球が受けとる太陽からのエネルギー（太陽放射）は，地表面と太陽放射の角度によって決まる。このため，赤道で受けとるエネルギーと極で受けとるエネルギーとの差は大きい(実線ア)。一方，地球が放射するエネルギー（地球放射）は，地表面の温度によって決まるので，赤道で放射するエネルギーと極で放射するエネルギーとの差は，さほど大きくはない(破線イ)。なお，太陽放射と地球放射が等しくなるのは緯度37°～38°付近である。

97 (1) ア　西高東低　　イ　シベリア

ウ　降雪(降水)　　エ　南高北低

オ　太平洋　　カ　移動性　　キ　温帯

(2) 名称…季節風(モンスーン)

風向…北西

(3)　B，C，A，D　　(4)　冬

解説　(1)，(2)　冬の典型的な気圧配置は，大陸にシベリア高気圧，太平洋に低気圧が発達する西高東低

である。発達したシベリア高気圧から吹きだした冷たく乾燥した空気が，日本付近で北西の季節風となり，日本海で大量の水蒸気を含んで日本海側に大量の降雪をもたらす。

夏の典型的な気圧配置は，日本の南に太平洋高気圧が発達する南高北低である。日本付近は，太平洋高気圧におおわれ，湿潤な南寄りの季節風が吹くため，蒸し暑い晴天が続くようになる。

春や秋には，温帯低気圧と大陸で形成された移動性高気圧が日本付近を交互に通過するため，温帯低気圧による雨と移動性高気圧による晴天が周期的にくり返される。

(3) A　日本は南から太平洋高気圧におおわれている。南高北低の夏型の気圧配置である。

B　日本の西方にシベリア高気圧，東方に発達した低気圧がある。西高東低の冬型の気圧配置である。

C　日本の東方に温帯低気圧，その西方に移動性高気圧がある。春の気圧配置である。なお，秋雨の期間が終わったあとにもこのような気圧配置が現れ，秋晴れと雨の日が周期的にくり返される。

D　日本の南方に台風と太平洋高気圧があり，日本付近に停滞前線(秋雨前線)がある。秋の気圧配置である。

(4)　気象衛星画像において，日本海と太平洋に北西の季節風の吹きだしに伴う筋状の雲が見られることから，季節は冬であることがわかる。

3章　宇宙，太陽系と地球の誕生

21 宇宙の誕生　p.50

まとめ

①　円盤　②　ブラックホール　③　銀河系
④　ハロー　⑤　球状　⑥　円盤部　⑦　散開
⑧　バルジ　⑨　銀河　⑩　渦巻き
⑪　太陽　⑫　天文単位　⑬　au　⑭　30
⑮　光年　⑯　膨張　⑰　水素原子

練習問題

98(1)　天の川　(2)　銀河系(円盤部)
(3)　銀河

解説　夜空に白っぽく見える帯状の部分は天の川とよばれる星の集団で，銀河系を内側から眺めたものである。銀河系と同じような星の集団はほかにもあり，銀河とよばれる。

99(1)　銀河系(天の川銀河)
(2)ア　円盤部(ディスク)　イ　ハロー
ウ　バルジ
(3)　ア

解説　太陽系が属する銀河を銀河系といい，銀河系は渦巻き形をした薄い円盤状の構造をなす。中心の厚みがあるバルジから連続的に薄い円盤部につながっている。さらに外側をハローが取り囲んでいる。

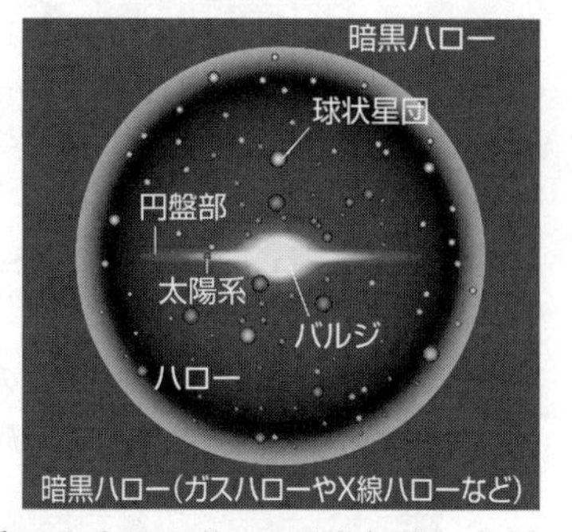

太陽系は，銀河系の中心から約2.6万光年離れた円盤部に位置している。

100(1)　天文単位　(2)　5.2天文単位

解説　太陽と地球との平均距離(約1億5000万km)を1とする距離の単位を天文単位という。1天文単位$=1.5\times10^{8}$kmであるから，木星と太陽との平均距離を天文単位で表したい場合は，以下の計算をすればよい。

$$\frac{7.78\times10^{8}〔\mathrm{km}〕}{1.5\times10^{8}〔\mathrm{km}〕}=5.18\fallingdotseq5.2〔\mathrm{au}〕$$

101①　光年　②　8.6　③　230万

解説　光が1年間に進む距離を1光年として表す。これは遠くにある恒星や銀河までの距離を表す際に用いられる。恒星シリウスまでの距離は約8.6光年，アンドロメダ銀河までは約230万光年であるから，地球で観測しているシリウスやアンドロメダ銀河からの光はそれぞれ今から約8.6年前，約230万年前に放たれたということになる。

102(1) 138億　(2) ビッグバン
(3)① 水素　② ヘリウム　(①，②は順不同)
問 宇宙の晴れ上がり　(4) 膨張している

解説 宇宙は，今から約138億年前に誕生した。宇宙は誕生してすぐに高温・高密度の火の玉のような「ビックバン」とよばれる状態になった。宇宙の誕生から約38万年後，電子が水素やヘリウムの原子核と結合したため，光が直進できるようになった。これを宇宙の晴れ上がりという。宇宙は，誕生以来膨張を続けている。

22 現在の太陽 p.52

まとめ

① 恒星　② 1億5000万　③ 光球
④ 粒状斑　⑤ 黒点　⑥ 自転　⑦ 緯度
⑧ 赤道　⑨ 極大　⑩ 極小　⑪ 白斑
⑫ 彩層　⑬ コロナ　⑭ 太陽風
⑮ プロミネンス　⑯ 核融合反応

練習問題

103① プロミネンス(紅炎)　② 彩層
③ 黒点　④ 光球　⑤ コロナ
(1) 5800　(2) 4000　(3) 周囲の光球面より温度が低いから。　(4) 多くなる(増える)
(5) 白斑　(6) 周囲の光球面より温度が高いから。　(7) 太陽風

解説 太陽の各部の名称は次の通り。

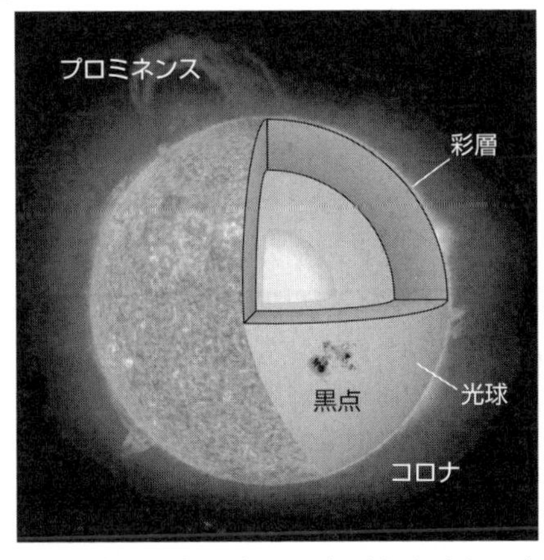

(1) 可視光線で見える太陽の表面を光球という。その厚さはわずか数百 km で，太陽の半径に比べるととても薄い層である。温度は約 5800 K である。
(2)，(3) 光球面上に黒く見える斑点を黒点といい，その温度は約 4000 K である。光球面に比べて低温なため暗く見える。
(3)，(4) 黒点の数は，太陽活動の活発さによって増減する。太陽活動が活発なときには黒点が多く現れ(黒点極大期)，太陽活動が穏やかなときには黒点数が少なくなる（黒点極小期)。
(5)，(6) 光球面上に白く見える斑点を白斑といい，光球面より数百 K 高温なため，白く見える。
(7) コロナは，温度が 100 万 K 以上で，おもに水素やヘリウムの原子核や電子からなる。これらは太陽風として惑星空間に流れ出ている。

104① 1500万　② 水素　③ ヘリウム
④ 核融合

解説 太陽の中心部の温度は約1500万Kで，毎秒3.8×10^{26}Jものエネルギーが放射されている。このエネルギー源は，4個の水素原子核から1個のヘリウム原子核ができる核融合反応である。

105 9.7×10^{28} kg

解説 太陽が50億年間に放出したエネルギーは，
$(3.8\times10^{26}\text{J/s})\times(1.6\times10^{17}\text{s})$…①
また，水素1kgあたりが放出するエネルギーは，
6.3×10^{14}J…②
したがって，50億年間に消費した水素の量は
①÷②で求められるので

$$\frac{(3.8\times10^{26}\text{J/s})\times(1.6\times10^{17}\text{s})}{6.3\times10^{14}\text{J}}\fallingdotseq 9.7\times10^{28}\text{kg}$$

106(1) コロナ　(2) 高い
(3) 多くなる（増える)　(4) 粒状斑
(5) 短い　(6) ○

解説 (1) 彩層の外側に広がる非常に希薄な大気層はコロナである。プロミネンスは，彩層からコロナの中に吹き上げられたガス雲である。
(2) 光球面の温度は約 5800 K，コロナは 100 万 K を超える。
(3) 黒点の数は，太陽活動の活発さによって増減する。太陽活動が活発なときには黒点が多く現れる（黒点極大期)。
(4) 光球面に見られる粒々状の模様は粒状斑である。これは対流するガスの上昇域に相当する。
(5)，(6) 太陽の自転周期は，赤道付近で約 25 日，極付近では 30 日以上にもなる。このように自転周期が緯度によって異なるのは，太陽がガスでできているためである。

23 太陽の誕生　p.54

まとめ

① 1億5000万　② 水素　③ 星間
④ 星間物質　⑤ 星間雲　⑥ 散光
⑦ 暗黒　⑧ 分子雲　⑨ ヘリウム
⑩ 原始太陽　⑪ 原始太陽系円盤
⑫ 核融合　⑬ 主系列星

練習問題

107(1) 90億年　(2)① 星間物質
② 原始太陽　③ 主系列星

解説 ビッグバンはおよそ138億年前に起きた。また，原始太陽はおよそ46億年前に誕生した。したがって，太陽はビックバンからおよそ90億年後(138億年－46億年≒90億年)に誕生したことになる。およそ46億年前には水素やヘリウムを主成分とするガスが収縮し，星間物質が集まった。星間物質がまわりより多く集まったところを星間雲といい，この星間雲の収縮に伴って中心部の温度が高くなり，一般には原始星とよばれる段階の原始太陽が誕生した。この原始星がさらに収縮を続け，中心部の温度が高くなって水素からヘリウムができる核融合反応が起こる。この段階に達した星を主系列星という。

108① 星間物質　② 星間雲　③ 散光
④ 暗黒　⑤ 分子雲　問 水素，ヘリウム

解説 星と星のあいだにある水素やヘリウムなどのガスと固体の塵などをまとめて星間物質といい，星間物質が多く集まった部分を星間雲という。星間雲のうち，低温でガスが分子として存在しているものを分子雲といい，太陽は分子雲が収縮してできたと考えられている。星間物質が他の天体に照らされて輝いているものを散光星雲といい，星間物質が他の天体の光をさえぎっている部分を暗黒星雲という。

109(1) 高くなる　(2) 原始星
(3) 収縮する　(4)① 水素　② ヘリウム
③ 核融合　④ 主系列星
(5) 続いている

解説 水素やヘリウムを主成分とする星間ガスが収縮し，星間物質が集まった。星間物質が多く集まったところを星間雲といい，この星間雲の収縮が続くと中心部の温度が高くなる。そして重力による収縮と内部の圧力がつり合い，明るく輝くようになると，一般には原始星とよばれる段階の原始太陽の誕生である。この原始星がさらに収縮を続け，中心部の温度が1000万Kをこえると，中心部では水素からヘリウムができる核融合反応が起こるようになる。この反応が中心核で起こる段階の星を，主系列星という。太陽の中心核では，現在も核融合反応が続いている。

110(1) 大きい　(2) ヘリウム
(3) 散光星雲　(4) ○
(5) 核融合反応

解説 (1) 星間雲は星間物質が多く集まった部分であるため，密度は大きい。
(2) 星間ガスのおもな成分は，水素とヘリウムである。
(3) 星間雲が他の恒星の光に照らされて輝いているものは散光星雲である。
(4) 原始星は可視光線での観測は困難であるが，赤外線や電波での観測は可能である。
(5) 主系列星の中心部では，水素の核融合反応が起きている。

24 太陽系の姿　p.56

まとめ

① 惑星　② 衛星　③ 太陽系外縁天体
④ オールトの雲　⑤ 8　⑥ 衛星
⑦ 彗星　⑧ 小惑星　⑨ 太陽系外縁天体
⑩ 太陽　⑪ オールトの雲　⑫ 地球
⑬ 小惑星帯　⑭ 水星　⑮ 金星　⑯ 火星
⑰ 木星　⑱ 土星　⑲ 天王星　⑳ 海王星
㉑ 木星　㉒ 水星　㉓ 金星

練習問題

111(1) 太陽系　(2) 1　(3) 惑星
(4) すべて同じ　(5) 衛星　(6) 火星，木星
(7) オールトの雲

解説 太陽を中心とした天体の集まりを太陽系という。太陽系は，1つの恒星とそのまわりを公転する8つの惑星，惑星のまわりを公転する衛星，彗星・小惑星・太陽系外縁天体などの太陽系小天体などからなる。太陽は，太陽系唯一の恒星であり，太陽系の質量の大部分を占める。太陽系の惑星の公転の向きはすべて同じで，太陽の自転の向きとも同じである。太陽系の惑星の自転の向きは金星と天王星を除いてすべて同じで，公転の向きと同じである。

太陽系小天体のうち，岩石質の小惑星は，火星と木星の間に多く分布しており，この部分を小惑星帯とよぶ。氷を主成分とするものは海王星の軌道付近から遠方に分布し，太陽系外縁天体とよばれる。太陽系のは

てには，彗星のような氷を主成分とする小天体がおよそ直径1光年の球殻状に分布しており，オールトの雲とよばれる。彗星は，オールトの雲と太陽系外縁天体からやってきていると考えられている。

112(1)名称…天文単位　記号…au
(2) 光年　(3) 1光年

解説 (1)，(2) 太陽系の距離を表す単位をまとめると次のようになる。

名称(記号)	基準(1とする長さ)
天文単位(au)	太陽と地球の平均距離
光年	光が1年間で進む距離

1 auは約1億5000万kmである。
(3) オールトの雲の直径は，およそ1光年である。

113① 土星　② 天王星　③ 海王星
④ 小惑星帯　⑤ 木星　⑥ 水星
⑦ 金星　⑧ 地球　⑨ 火星

解説 太陽系の惑星と小惑星帯を太陽に近いものから順に並べると，水星，金星，地球，火星，小惑星帯，木星，土星，天王星，海王星となる。

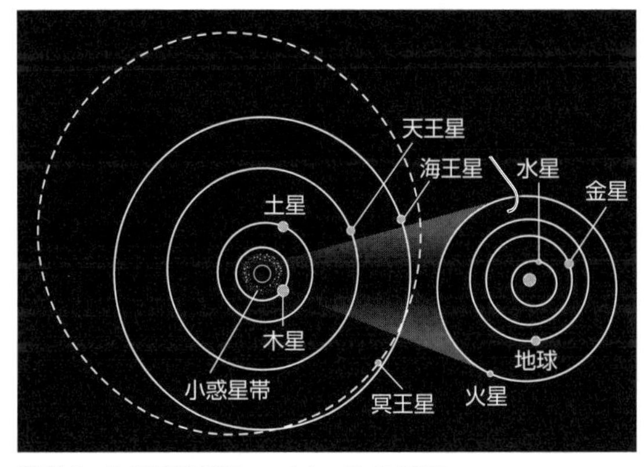

114(1) 1億5000万　(2) 8分20秒
(3) 2　(4) 11

解説 (1) 天文単位は，太陽と地球の平均距離を基準としており，1天文単位は約1億5000万kmである。
(2) 太陽と地球の平均距離は15000万kmであるから，太陽から出た光が地球に届くまでにかかる時間は

$$\frac{15000万km}{30万km/秒} = 500秒 = 8分20秒$$

となる。
(3) オールトの雲の直径は1光年であるから，
1光年 = 30万km/秒 × 3×10^7秒 = 9×10^{12}km
となる。また，太陽と地球の平均距離は
15000万km = 1.5×10^8kmである。
求める距離をx〔m〕とすると，
1光年：1天文単位 = 100m：xm
9×10^{12}km：1.5×10^8km = 100m：xm

$$x = \frac{1.5 \times 10^8 \times 100}{9 \times 10^{12}} = 1.6\cdots \times 10^{-3}〔m〕 \fallingdotseq 2〔mm〕$$

(4) 本冊p.56の表から，木星の赤道半径は地球の赤道半径の11.21倍なので，四捨五入して整数で表すと約11倍になる。

25 太陽系の誕生 p.58

まとめ

① 原始太陽　② 原始太陽系円盤　③ 微惑星
④ 氷　⑤ 原始惑星　⑥ 地球
⑦ 巨大ガス　⑧ オールトの雲
⑨ 太陽系外縁天体　⑩ 小惑星帯　⑪ 地球
⑫ 木星　⑬ 巨大氷惑星　⑭ 大きい
⑮ 短い　⑯ ない

練習問題

115(1) 50　(2) 原始太陽系円盤
(3) 微惑星　(4) 原始惑星

解説 今から約50億年前に原始太陽が誕生し，そのまわりには円盤状のガスである原始太陽系円盤ができた。原始太陽系円盤内の塵が集まって大きさ1km～10km程度の微惑星ができ，微惑星が衝突・合体をくり返して，惑星の卵である原始惑星ができた。

116(1) 凍結線または雪線　(2) 岩石，金属
(3) 地球型惑星　(4) 氷　(5) 木星型惑星

解説 太陽系の惑星は，その性質の違いにより地球型惑星と木星型惑星にわけることができる。微惑星ができた当時の凍結線を境に，これら2つの惑星型の違いが生じたと考えられている。凍結線より太陽に近い場所では，岩石質の微惑星から地球型惑星ができ，凍結線より太陽から遠い場所では，氷を多く含む微惑星から木星型惑星ができた。

117① 火星　② 木星　(①と②は順不同)
③ 木星　④ オールトの雲　⑤ 彗星

解説 惑星の成長過程では，惑星に衝突せずにはね飛ばされてしまう微惑星が無数にあった。氷を多く含むものは，海王星の軌道付近の太陽系外縁天体や，太陽系を包む直径約1光年の球殻状のオールトの雲となった。彗星は，太陽系外縁天体やオールトの雲を起源とする小天体であり，太陽に近づくと氷が昇華して尾を引く。火星と木星の間では，木星の重力によって微惑星が十分に成長できずに，岩石質の小天体が小惑星帯を形成した。

118 地球型惑星…水星，金星，地球，火星
木星型惑星…木星，土星，天王星，海王星

解説 地球型惑星は，太陽に近い4つの惑星で，小惑星帯をはさんで太陽から遠い4つの惑星が木星型惑星である。太陽系の惑星と小惑星帯を太陽に近いものから順に並べると，水星，金星，地球，火星，小惑星帯，木星，土星，天王星，海王星となる。

119 ① 小さ　② 小さ　③ 大き　④ 大き
⑤ 多　⑥ 短　⑦ 大き

解説 地球型惑星と木星型惑星の性質を比べると，次のようになる。

	地球型惑星	木星型惑星
赤道半径	小さい	大きい
質量	小さい	大きい
平均密度	大きい	小さい
衛星の数	ないまたは少ない	多い
環(リング)	もたない	もつ
固体の表面	もつ	もたない
自転周期	長い	短い
偏平率	小さい	大きい

26 太陽系の天体① p.60

まとめ

① 内　② 小さ　③ 大き　④ 長
⑤ 小さ　⑥ 水星　⑦ 金星
⑧ クレーター　⑨ 二酸化炭素　⑩ 温室
⑪ 海　⑫ 酸素　⑬ 月　⑭ 二酸化炭素
⑮ 季節

練習問題

120 (1) 金属，岩石
(2) a 地球　b 金星　c 火星　d 水星
(3) d，b，a，c　(4) d，c，b，a

解説 (1) 地球型惑星は，おもに岩石と金属からなる。
(2) a 地球。白い雲と青い海が見られる。
b 金星。厚い雲におおわれている。
c 火星。赤茶色の表面と，極冠とよばれる白い部分が見られる。
d 水星。クレーターにおおわれている。
(3) 太陽に近い順に並べると，水星（d），金星（b），地球（a），火星（c）となる。
(4) 半径はそれぞれ，水星：2440 km（d），火星：3396 km（c），金星：6052 km（b），地球：6378 km（a）である。

121 (1) 金星　(2) 水星　(3) 地球
(4) 金星　(5) 金星，火星　(6) 地球
(7) 地球，火星

解説 (1) 金星の半径は6052 kmであり，地球（半径6378 km）とほぼ同じ大きさである。
(2)，(3)，(5) 大気がほとんどない惑星は水星。金星は二酸化炭素を主成分とする厚い大気，地球は窒素と酸素を主成分とする大気，火星は二酸化炭素を主成分とする希薄な大気をもつ。
(4) 太陽系の惑星の中で，自転の向きがほかの惑星と逆になっている惑星は金星と天王星である。ほかの惑星は，すべて公転の向きと同じ向きに自転している。
(6) 生命の存在が確認されている惑星は，今のところ地球のみである。
(7) 公転面に垂直な向きに対し，自転軸が傾いていると季節変化が起こる。地球型惑星のうち，季節変化のある惑星は地球と火星である。

122 ① 小さい　② ほとんどない　③ 大きい

解説 水星は半径(質量)が小さく重力が小さいため，大気がほとんどない。また，昼夜の長さがそれぞれ約88日と長く，昼は約400℃，夜は約−180℃になる。

123 ① 温室効果　② 460

解説 金星の大気は非常に濃く，表面での気圧は地球の約90倍にもなる。大気の主成分は二酸化炭素なので，温室効果が非常に大きくはたらき，気温は非常に高く保たれている(約460℃)。

124 ① 固体と液体と気体　② 窒素　③ 酸素
④ 生命活動

解説 地球上の水は，固体(氷)，液体(水)，気体(水蒸気)の三態を移り変わりながら移動している。地球の大気の主成分は窒素約78％と酸素約21％であり，酸素の起源は生命活動であると考えられている。

125 (1) $\frac{1}{2}$倍　(2) 鉄　(3) $\frac{6}{1000}$

解説 (1) 地球の半径は6378 km，火星の半径は3396 kmであるから

$$\frac{3396}{6378} \fallingdotseq 0.53 \fallingdotseq \frac{1}{2}〔倍〕$$

(2) 鉄が酸化しているため，火星は赤く見える。
(3) 火星の大気圧は地球の大気圧の約$\frac{6}{1000}$倍と非常に希薄である。

27 太陽系の天体② p.62

まとめ

① 外　② 大き　③ 小さ　④ 短
⑤ 大き　⑥ 巨大氷　⑦ 大気　⑧ 衛星
⑨ 環(リング)　⑩ 水($1g/cm^3$)
⑪ 横倒し　⑫ メタン　⑬ 衛星　⑭ 火星
⑮ 隕石　⑯ 海王星　⑰ 冥王星

練習問題

126(1)a 木星　b 天王星　c 海王星
d 土星
(2) a, d, b, c　(3) a, d, b, c

解説 (1)a 木星。表面に縞模様と渦が見られる。
b 天王星。青白い。
c 海王星。青っぽい。黒い斑点が見られる。
d 土星。大きな環(リング)がある。表面に縞模様がある。
(2) 太陽に近い順に並べると，木星 (a)，土星 (d)，天王星 (b)，海王星 (c) となる。
(3) 半径はそれぞれ，木星：71492 km (a)，土星：60268 km (d)，天王星：25559 km (b)，海王星：24764 km (c) である。

127① 固体　② 短い　③ 大きい
④ 巨大ガス惑星　⑤ 巨大氷惑星
⑥ 木星　⑦ 土星　⑧ 天王星
⑨ 海王星　(⑥と⑦，⑧と⑨は順不同)

解説 木星型惑星は，固体の表面をもたず，地球型惑星に比べて自転周期が短いため，偏平率が大きい。また，木星型惑星は，ガス成分の多い巨大ガス惑星と岩石や氷の核の比率大きい巨大氷惑星の２つに分類することができる。太陽系の惑星のうち，巨大ガス惑星は木星と土星，巨大氷惑星は天王星と海王星である。

128(1) 土星　(2) 土星　(3) 天王星
(4) 天王星，海王星　(5) 木星
(6) 木星，土星，天王星，海王星

解説 (1) 各惑星の平均密度は，木星約 $1.33g/cm^3$，土星約 $0.69g/cm^3$，天王星約 $1.27g/cm^3$，海王星約 $1.64g/cm^3$ であり，土星が最も小さい（太陽系の惑星の中で最小）。
(2) 偏平率は土星が最も大きく，太陽系最大である。
(3) 自転軸がほぼ横倒しになっている惑星は，太陽系のなかで天王星のみである。
(4) 大気に含まれるメタンにより，青色に見える惑星は天王星と海王星である。
(5) 木星型惑星は地球型惑星より半径が大きく，木星型惑星の半径は太陽に近いほど大きい。それぞれの惑星の半径は，木星 71492 km，土星 60268 km，天王星 25559 km，海王星 24764 km で，太陽系最大の惑星は木星である。
(6) 木星，天王星，海王星にも細い環（リング）があり，すべての木星型惑星に環（リング）がある。

129① 大気　② 氷　③ 岩石　④ 氷
⑤ 大きい　⑥ メタン　(②と③は順不同)

解説 木星や土星の表面には，大気の運動による縞模様が見られる。また，土星の環は岩石や氷の粒子でできている。
天王星と海王星は，木星や土星に比べてガスが少なく，中心部の岩石や氷でできた核の比率が大きい。また，大気に含まれるメタンが赤色の光を吸収するため，青っぽく見える。

28 惑星の構造 p.64

まとめ

① 地球　② 巨大ガス　③ 鉄
④ マントル　⑤ 金属　⑥ 金属水素　⑦ 氷
⑧ 岩石　⑨ 原始大気　⑩ 二酸化炭素
⑪ 温室　⑫ マグマオーシャン　⑬ 核
⑭ マントル　⑮ 地殻　⑯ 原始海洋
⑰ ハビタブルゾーン　⑱ 距離
⑲ 大きさ(質量)

練習問題

130(1) マントル　(2) b, c　(3) b
(4) 地球型惑星

解説 (1)～(3) 地球の内部構造は次のようになっている。

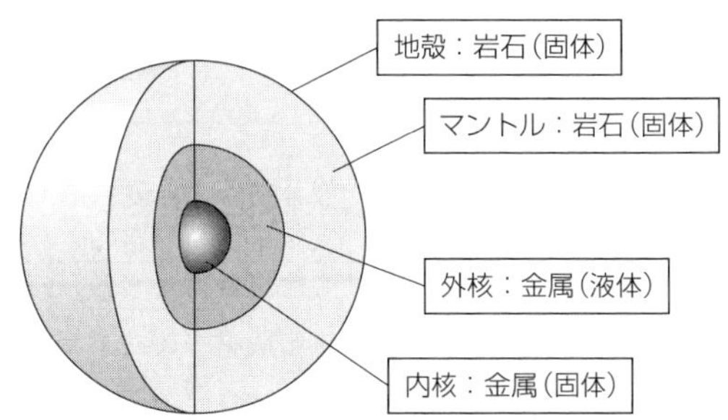

(4) 中心部に金属（おもに鉄）からなる核があり，まわりを岩石質のマントルと地殻がおおう構造をもつ惑星を地球型惑星という。

131① 水素　② 核　③ 氷
④ 金属水素　⑤ 天王星　⑥ 木星

解説 木星と天王星の内部構造は次のようになっている。

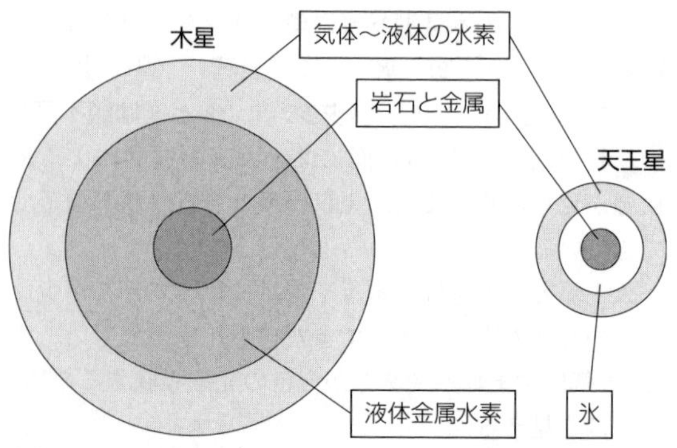

132(1) マグマオーシャン　(2) 二酸化炭素
(3) 地殻　(4) 原始海洋

解説 初期の原始地球では，微惑星の衝突により岩石からガスが抜け，二酸化炭素と水蒸気からなる原始大気ができた。微惑星の衝突による熱と原始大気の温室効果により，表面の岩石が溶融して，マグマオーシャンが形成された。

微惑星の衝突が減って地球の表面の温度が下がると，マグマオーシャンの表面が固まって地殻が形成された。

やがて原始大気が冷え，水蒸気が凝結して雨となって降りそそぎ，原始海洋が形成された。

133(1)① 距離　② 液体　③ 大きさ(質量)
④ 安定
(2) ハビタブルゾーン(居住可能領域)

解説 生命の存在できる条件をまとめると次のようになる。

条件	理由
太陽からの距離が適当	液体状態の水が存在
惑星の大きさ(質量)が適当	大気を保持できる
気候が安定	生命を維持できる

液体の水が表面に存在できる領域を一般にハビタブルゾーン(居住可能領域)という。

3章 章末問題 p.66

134(1) バルジ　(2) ○　(3) 散開星団
(4) ヘリウム

解説 (1) 銀河系の中心部にある，半径約1万光年の楕円体部をバルジという。

(2) 太陽系は，銀河系の円盤部にあり，銀河系の中心から約2.6万光年の位置にある。正しい。

(3) 星間物質を共有する比較的若い星からなる星団を散開星団といい，銀河系の円盤部に分布する。球状星団は，比較的老齢な星からなり，銀河系のハロー全体に分布する。

(4) 宇宙の誕生から3分後までに，水素原子核や陽子と中性子が結合してわずかなヘリウム原子核が生成した。

135(1)a 原始太陽(原始星)　b 主系列星
c 星間雲　順番c→a→b
(2) 名称…星間ガス　成分…水素，ヘリウム

解説 水素やヘリウムを主成分とする星間ガスや星間塵が収縮し，星間物質が集まった(c)。星間物質がまわりよりも多く集まったところを星間雲という。この星間雲の収縮が続くと中心部の温度が高くなり，重力による収縮と内部の圧力がつり合い，明るく輝くようになる(a)。この段階の星を原始太陽(原始星)とよぶ。この原始星がさらに収縮を続け，中心部の温度が1000万Kをこえると，中心部では水素からヘリウムができる核融合反応が起こるようになる(b)。この段階の星を主系列星といい，主系列星は長期間安定した核融合反応によって輝く。

136(1)① 7　② 90　③ 28　④ 赤道付近
(2)① 光球，彩層，コロナ
② コロナ，彩層，光球

解説 (1) 図1の3月29日から図2の4月5日の同時刻までなので，期間は7日間。また，図1から図2の期間に，黒点が移動した角度は，9目盛り分なので90度。したがって，黒点がこの緯度を1周(360度) 移動するには，

$$7\text{日}\times\frac{360°}{90°}=7\times4=28\text{日かかる。}$$

太陽は気体なので，極付近と赤道付近では自転周期が異なり，赤道付近のほうが自転周期が短い。

(2) 太陽の中心から外側に向かって，光球，彩層，コロナの順になっているが，温度は，外側ほど高くなっている。(光球：約5800K，彩層：数千～1万K，コロナ：100万K以上)

137原始惑星の形成，原始大気の形成，マグマオーシャンの形成，地殻の形成，原始海洋の形成，生命と大気の進化

解説 原始太陽系星雲内でできた岩石質の微惑星が衝突・合体をくり返し，原始惑星となり，原始地球となった。原始地球に微惑星が衝突した際の熱でガスが抜け，おもに二酸化炭素と水蒸気からなる原始大気を

形成した。微惑星の衝突による熱と原始大気の温室効果により，原始地球の表面の岩石が溶融してマグマオーシャンとなった。その後，地球が徐々に冷えると，マグマオーシャンの表面が固まって地殻ができ，さらに温度が下がると水蒸気が凝結し，雨となって地表に達し，原始海洋が形成された。大陸地殻が形成されると海洋が安定して存在できるようになり，海洋の中で生命が誕生した。やがて光合成生物が登場し，酸素を多く含む現在のような大気成分となった。

138 (1)ア　8　　イ　海王星　　ウ　太陽系外縁天体
(2)　ガス，氷　　(3)　地球と太陽の平均距離
(4)①　高　　②　低

解説　(1)　太陽を中心とした天体の集まりを太陽系といい，惑星，太陽系小天体，衛星などで構成されている。太陽系の惑星は8個あり，最も太陽から遠いものは海王星で軌道の長半径は約30天文単位である。海王星の軌道付近より遠い場所に分布している小天体を太陽系外縁天体という。

(2)　太陽系の惑星は，地球型惑星と木星型惑星にわけることができ，この境は太陽系が形成された際の凍結線であると考えられている。太陽系の形成過程を反映し，火星より外側の惑星はガスと氷を主成分とする天体となった。

(3)　天文単位とは，太陽と地球の平均距離を1とした長さの単位で，記号はauである（1au=約1億5000万km)。

(4)　初期の原始地球における原始大気の主成分は二酸化炭素と水蒸気で，現在の大気よりも非常に濃かったと考えられている。その後，微惑星の衝突が減り，原始地球の表面温度が低下した。やがて原始大気も冷え，水蒸気が凝結して雨となって降り注ぎ，原始海洋が形成され，原始大気に大量に存在していた二酸化炭素は原始海洋へととけ込み，その濃度は低くなっていった。

139 (1)ア　50　　イ　微惑星　　ウ　原始惑星
(2)　地球型惑星
(3)エ　木星　　オ　地球　　カ　短　　キ　長
(4)ク　地球　　ケ　Si　　コ　太陽

解説　(1)，(2)　今からおよそ50億年前，水素とヘリウムを主成分とするガスが収縮し，中心部に集中したガスが原始太陽となった。そのまわりのガスは収縮しながら回転を速め，偏平な円盤状となって原始太陽系円盤が生まれた。原始太陽系円盤に含まれる固体成分の塵が，円盤の中心の平面に密集するようになり，やがて直径1～10kmほどの微惑星が大量に形成された。太陽からの距離によって微惑星を形成する主成分は異なり，凍結線より内側では岩石や金属，凍結線より外側では岩石と金属に加えて氷が主成分となった。微惑星が衝突・合体をくり返して成長すると，原始惑星とよばれる。そして，原始惑星もさらに衝突・合体し，凍結線の内側では，岩石と金属を主成分とする地球型惑星が形成された。凍結線より外側では，氷も含まれていたため，凍結線の内側よりも原始惑星が大きく成長し，大きな重力で多量のガス成分を集め，巨大ガス惑星や巨大氷惑星といった木星型惑星が形成された。

(3)　地球型惑星と木星型惑星の性質を比べると，次のようになる。

	地球型惑星	木星型惑星（巨大ガス惑星・巨大氷惑星）
赤道半径	小さい	大きい
平均密度	大きい	小さい
自転周期	長い	短い
衛星数	ないまたは少ない	多い

(4)　地球型惑星で最大の惑星は地球である。地球の地殻やマントルを構成するおもな元素は酸素（O)，ケイ素（Si)，マグネシウム（Mg)，鉄（Fe）であり，核では鉄（Fe）である。また，木星は水素（H)・ヘリウム(He)を主成分とする巨大ガス惑星である。なお，太陽は水素の核融合反応によってヘリウムを合成する恒星である。

4章　古生物の変遷と地球環境の変化

29 地層のでき方　p.68

まとめ

① 風化　② 物理的風化(機械的風化)
③ 化学的風化　④ 侵食　⑤ 堆積
⑥ 侵食　⑦ 運搬　⑧ 堆積　⑨ 砂
⑩ 礫　⑪ 泥　⑫ 侵食　⑬ 河岸段丘
⑭ 三角州(デルタ)　⑮ 扇状地
⑯ 三日月湖(河跡湖)

練習問題

140 ① 風化　② 温度　③ 水

解説　岩石がさまざまな作用により分解されることを風化という。温度変化で岩石や鉱物の体積が変化することなどによる物理的風化と，水が関係した化学反応により岩石が分解される化学的風化がある。

141 ① カルスト　② 化学

解説　石灰岩が水に溶けるという化学的風化を受けてできた地形をカルスト地形という。

142 (1) 侵食　(2) 運搬　(3) 堆積

解説　岩石が流水によって削られる作用を侵食，砂や泥などの粒子が河川によって運ばれる作用を運搬，河川によって運ばれてきた粒子が，流れの緩やかなところに積もる作用を堆積という。

143 ① 侵食　② 速　③ 大き　④ 堆積
⑤ 緩　⑥ 遅　⑦ 大き　⑧ 扇状地
⑨ 三角州(デルタ)

解説　河川の流れが速いところでは，侵食の作用がさかんである。河川の流れが遅くなると，運搬されてきた粒子が堆積し始める。山地などの傾斜が急なところでは，河川の流れが速いため侵食の作用が大きく，V字谷のような地形ができる。河川が山地から平野に出るところでは，急に傾斜が緩くなったり川幅が広がったりするため，河川の流れが遅くなり，堆積の作用が大きくなって扇状地が形成される。河川の中流〜下流では，さらに傾斜が緩くなるため河川が蛇行し，河川の氾濫時に流路が取り残されると三日月湖(河跡湖)ができる。河口付近になると傾斜がさらに緩くなって堆積の作用がさらに促進され，三角州(デルタ)が形成される。

144 ① 高　② 急
(1) 大きくなる　(2) 河岸段丘

解説　①，②　グラフから，日本の河川は河口からの距離が近い場所で標高が高く，傾斜が急であることがわかる。

(1)，(2)　海面の低下や地盤の隆起による河床面の上昇で高度差が増すと，侵食の作用は大きくなる。河床面が段階的に上昇し河川の侵食力が増すと，氾濫原や河床面の一部が下方に深く削られて，河岸段丘とよばれる階段状の地形ができる。

30 堆積岩　p.70

まとめ

① 堆積物　② ケイ素　③ 続成　④ 砕屑
⑤ 2　⑥ 礫　⑦ 砂　⑧ $\frac{1}{16}$　⑨ 泥
⑩ 火山砕屑　⑪ 火山角礫　⑫ 凝灰
⑬ 生物　⑭ 石灰　⑮ チャート　⑯ 化学
⑰ 岩塩　⑱ 礫　⑲ 泥　⑳ 石灰
㉑ チャート

練習問題

145 (1) 続成作用　(2) 砕屑岩
(3) 火山砕屑岩

解説　(1)　堆積物が固まってできた岩石を堆積岩といい，堆積物が堆積岩になる作用を続成作用という。
(2)　砕屑物からできた岩石を砕屑岩という。
(3)　火山噴火に伴って放出された火山砕屑物からできた岩石を火山砕屑岩という。

146 (1) $\frac{1}{16}$mm〜2mm　(2) 礫岩　(3) 泥岩

解説　砕屑岩は次の表のように分類される。

堆積物	堆積岩
礫　直径2mm以上	礫岩
砂　直径$\frac{1}{16}$mm〜2mm	砂岩
泥　直径$\frac{1}{16}$mm未満	泥岩

147 (1) 火山角礫岩　(2) 凝灰岩

解説　火山砕屑岩は次の表のように分類される。

堆積物	堆積岩
火山岩塊	火山角礫岩
火山灰	凝灰岩

148 (1) 生物岩　(2) チャート　(3) 石灰岩

解説　生物の遺骸が集積してできた岩石を生物岩といい，生物岩は次の表のように分類される。

堆積物	堆積岩
サンゴ・貝殻・フズリナ(紡錘虫)・有孔虫など	石灰岩
放散虫など	チャート

149 (1) 化学岩　(2) 石灰岩

解説　海水などに溶けていた物質が化学的に沈殿してできた岩石を化学岩といい，化学岩は成分により次の表のように分類される。

成分	堆積岩
炭酸カルシウム　$CaCO_3$	石灰岩
二酸化ケイ素　SiO_2	チャート
塩化ナトリウム　NaCl	岩塩

150(1)物質名…二酸化ケイ素　化学式…SiO_2
(2) 放散虫　(3) 生物岩

解説　チャートの主成分は二酸化ケイ素SiO_2で，放散虫などの生物の遺骸が集積してできた場合は生物岩，海水などに溶けていた物質が化学的に沈殿してできた場合は化学岩に分類される。

151(1)物質名…塩化ナトリウム
化学式…NaCl
(2) 化学岩

解説　岩塩は，海水中の塩分からできた塩化ナトリウムNaCl(食塩)が堆積してできた化学岩である。

31 地層を調べる　p.72

まとめ
① 堆積物　② 地層　③ 単層　④ 層理面
⑤ 葉理(ラミナ)　⑥ 古　⑦ 地層累重
⑧ 級化構造(級化層理)
⑨ 斜交葉理(クロスラミナ)　⑩ 荷重痕
⑪ 上位　⑫ 流痕(フルートキャスト)
⑬ リップルマーク(漣痕)　⑭ 整合
⑮ 不整合　⑯ 平行不整合　⑰ 傾斜不整合
⑱ 基底礫

練習問題
152(1) 単層　(2) 葉理(ラミナ)　(3) 不整合面
(4) 不整合　(5) 平行不整合

解説　(1)，(2) 一連の堆積条件下で堆積した，図のaのような地層を単層という。単層中に見られる粒子の細かい配列を葉理という。上下の地層の間に著しい堆積の間隙がなく，時間的にほぼ連続して堆積している場合，重なり合う地層の関係を整合という。
(3)～(5) 図のbのように，堆積した地層がいったん隆起して堆積が中断し，侵食されてできた面を不整合面という。不整合面をはさんだ上下の層の関係を不整合という。図のように，不整合面の上下の層が平行になっているものを平行不整合，不整合面の上下の層が平行になっていないものを傾斜不整合という。

153①名称…荷重痕　上位側…イ
②名称…斜交葉理　上位側…ア
③名称…巣穴化石　上位側…ア
④名称…級化構造(級化層理)　上位側…イ

解説　①は荷重痕である。未固結の堆積物の上に，より密度の大きい堆積物が重なり，その重みのために地層の境界が変形した構造。

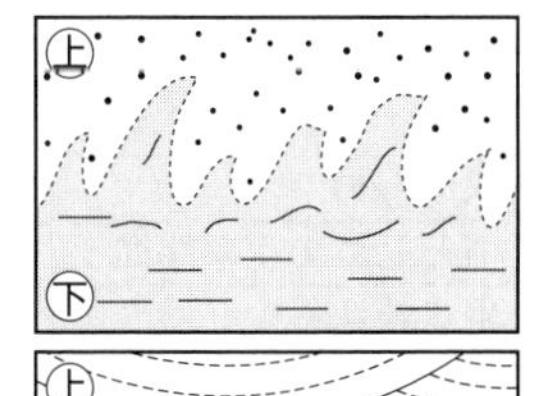

②は斜交葉理である。流水の強さや向きが変化することで生じる層理面と葉理が斜交してできる。

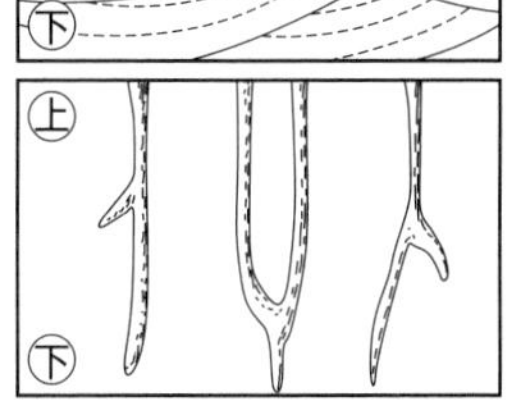

③は巣穴化石で，巣穴は古水底面に掘られたもの。巣穴が層理面に接している方が当時の上位。

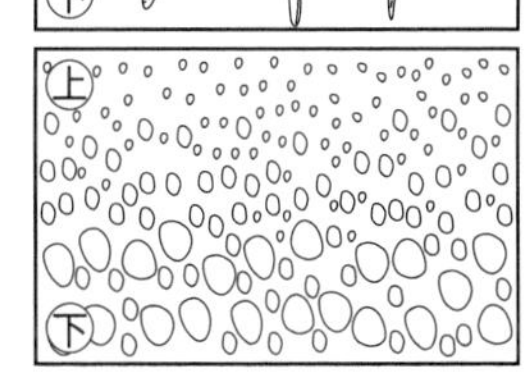

④は級化構造(級化層理)である。混濁流(乱泥流)による堆積物が，大きい粒子から先に堆積することによってでき，下から上に向かって粒子が小さくなるような構造である。

154① 向き　② 斜交葉理(クロスラミナ)
③ 左　④ 右　⑤ リップルマーク(漣痕)
⑥ 上

解説　写真Aの構造は斜交葉理，写真Bの構造はリップルマークで，堆積当時の水の流れの向きを知ることができる堆積構造である。

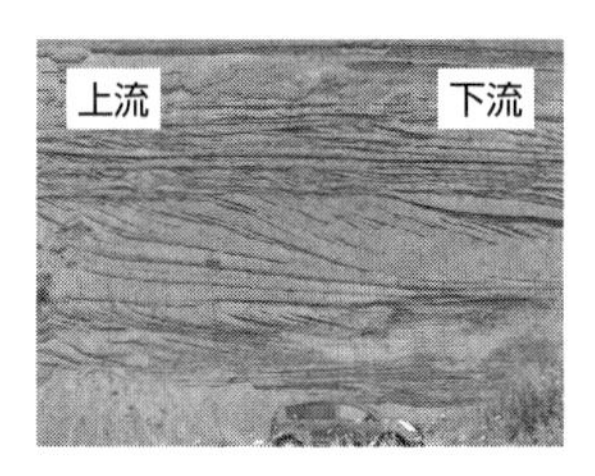

32 化石と地質時代の区分　p.74

まとめ
① 化石　② 示相　③ 示準　④ 相対
⑤ 数値　⑥ 新生　⑦ 中生　⑧ 古生
⑨ 先カンブリア　⑩ 白亜　⑪ 石炭
⑫ カンブリア　⑬ 66　⑭ 252　⑮ 541
⑯ 被子　⑰ シダ　⑱ は虫類　⑲ 魚類
⑳ アンモナイト　㉑ 三葉虫　㉒ 対比
㉓ 火山灰(凝灰岩)　㉔ 鍵層

練習問題
155(1) 示相化石　(2) 示準化石
(3)① 短　② 広　③ 多

解説　生物が生息した当時の環境を示す化石を示相化石，地層の堆積した時代を決めるのに有効な化石を示準化石という。

	示準化石	示相化石
示すもの	時代	環境
種としての生存期間	短い	長い
生息範囲	広い	限られた環境
個体数	多い	多い

156①　**相対**　②　**数値**　③　**絶対**
④　**先カンブリア**　⑤　**古生**　⑥　**中生**
⑦　**新生**

解説　地質時代は，次のように区分されている。

相対年代	動物の繁栄や絶滅などに基づく区分	表記は「○○代，○○紀，○○世」など
絶対年代	測定された年数をもとに表す	表記は「○○年前」

157⑴　**古生代**　⑵　**古生代**　⑶　**中生代**
⑷　**新生代**　⑸　**裸子植物**　⑹　**被子植物**

解説　古生代には，脊椎動物が出現し，魚類・両生類が繁栄した。中生代は「は虫類時代」ともよばれ，裸子植物が繁栄した。新生代は「哺乳類時代」ともよばれ，被子植物が繁栄した。

158 A　**名称…三葉虫**　**時代…古生代**
B　**名称…ビカリア**　**時代…新生代**
C　**名称…アンモナイト**　**時代…中生代**

解説　Aは古生代に繁栄した節足動物の三葉虫である。Bは新生代に繁栄した軟体動物で巻き貝のビカリアである。Cは，古生代に出現し，中生代に繁栄した軟体動物のアンモナイトである。

33 先カンブリア時代　p.76

まとめ

①　原始大気　②　二酸化炭素　③　原始海洋
④　片麻　⑤　枕状　⑥　原核
⑦　シアノバクテリア　⑧　ストロマトライト
⑨　酸素　⑩　縞状鉄鉱　⑪　真核
⑫　多細胞　⑬　エディアカラ生物
⑭　全球凍結　⑮　二酸化炭素

練習問題

159⑴　**46**　⑵　**水蒸気，二酸化炭素**
⑶　**濃かった**　⑷　**太古代(始生代)**
⑸　**原生代**

解説　先カンブリア時代は，約46億年前～約5億4100万年前までの期間で，冥王代，太古代(始生代)，原生代に区分される。

冥王代(約46億年前～約40億年前)
・地球誕生(約46億年前)
太古代(始生代)(約40 億年前～約25億年前)
・地球上最古の岩石(カナダ北部に分布する約40億年前の片麻岩)
・最古の地層(西グリーンランド，約38億年前)
・生命の痕跡として最古のもの(オーストラリア北西部，約35億年前の微生物の化石)
・光合成生物の出現(約27億年前～約5.4億年前の地層から多数発見)
原生代(約25億年前～約5億4100万年前)
・全球凍結(約22.6億年前，約7億年前，約6.4億年前)
・真核生物の最古の化石(約21億年前)
・多細胞生物の最古の化石(約12億年前)
・エディアカラ生物群(約5.8億年前)

⑵，⑶　原始大気の主成分は二酸化炭素と水蒸気であり，現在の大気よりも非常に濃かったと考えられている。

160①　**原核**　②　**シアノバクテリア**
③　**ストロマトライト**　④　**鉄**
⑤　**縞状鉄鉱層**

解説　光合成生物の存在の証拠としては，約27億年前のシアノバクテリアのつくるストロマトライトが化石として発見されており，このころ光合成生物が出現していたことがわかっている。光合成によって酸素が大量に放出されるようになると，海水中にとけこんだ酸素が海水中の鉄を酸化し，世界中に分布する縞状鉄鉱層(写真B)を形成した。なお，ストロマトライトは，現在も存在している(写真A)。

161①　**太古(始生)**　②　**原核**　③　**原生**
④　**真核**　⑤　**多細胞**

解説　約40億年前から約25億年前までの期間を太古代(始生代)といい，この期間に生命が誕生した。地球上で最初に誕生した生命は，核膜をもたない原核生物であると考えられている。原生代には，核膜をもつ真核生物も出現し，約21億年前の地層から化石が発見されている。また，カナダで発見された最古の多細胞生物の化石は約12億年前のものである。

162①　**全球凍結**
②　**エディアカラ**
問　**直後**

解説　原生代の地層から世界各地で氷河堆積物が見つかっており，地球全体が氷河におおわれる全球凍結が起きた時期があったと考えられている。

全球凍結直後に生物の種の数が爆発的に増加しており，原生代末期には，偏平な形でかたい組織をもたないエディアカラ生物群が出現しているが，これには約7億年前と約6.4億年前の全球凍結が関係している可能性があると指摘されている。

34 古生代 p.78

まとめ

① バージェス動物　② カンブリア
③ オゾン　④ クックソニア
⑤ ロボク　⑥ シダ　⑦ 魚　⑧ 両生
⑨ 石炭　⑩ は虫　⑪ 石炭　⑫ シダ
⑬ 二酸化炭素　⑭ 酸素　⑮ ペルム

練習問題

163(1) カンブリア紀，オルドビス紀，シルル紀，デボン紀，石炭紀，ペルム紀
(2)① 5.41　② 2.52

解説 古生代は，約5億4100万年前から約2億5200万年前までの期間で，古い方からカンブリア紀，オルドビス紀，シルル紀，デボン紀，石炭紀，ペルム紀に区分されている。

164① アノマロカリス　② バージェス

解説 図の生物はアノマロカリスで，カンブリア紀に大量に出現したかたい殻や骨をもったバージェス動物群のなかまである。

165① 酸素　② オゾン　③ 紫外
④ コケ　⑤ シルル　⑥ 石炭
⑦ リンボク　⑧ フウインボク　⑨ 石炭
⑩ デボン　⑪ 両生　⑫ 石炭
(⑦と⑧は順不同)

解説 先カンブリア時代の始生代に出現した光合成生物から放出された酸素は，徐々に大気中にも広がり，やがて上空にオゾン層が形成された。オゾン層により，生命にとって有害な紫外線が吸収され，地上に届く紫外線が減少したため生物の陸上進出が可能になったと考えられている。

オルドビス紀にはコケ植物が上陸，シルル紀にはクックソニアが出現，石炭紀にはロボク，リンボク，フウインボク(シダ植物)が大森林を形成し，これらの遺骸が現在の石炭のもととなっている。なお，クックソニアはコケ植物とシダ植物の特徴をあわせもつ。

脊椎動物は，デボン紀に魚類から両生類が分化し，石炭紀にはは虫類が出現し，完全に上陸をはたした。

166A フズリナ　B 三葉虫

解説 Aは有孔虫のフズリナの化石である。Bは節足動物である三葉虫の化石である。三葉虫はバージェス動物群でもある。

フズリナ，三葉虫とも，古生代を代表する示準化石である。

167① ペルム　② 酸素　③ 90

解説 古生代は，生物の大量絶滅で幕を閉じる。古生代最後のペルム紀末には，酸素濃度の著しい低下により，フズリナなどの海洋性無脊椎動物の90％以上の種が絶滅したと考えられている。

35 中生代 p.80

まとめ

① 三畳　② ジュラ　③ 白亜　④ 温暖
⑤ 裸子　⑥ 恐竜　⑦ 鳥
⑧ アンモナイト　⑨ 被子　⑩ 大量絶滅
⑪ ペルム　⑫ 白亜　⑬ 隕石

練習問題

168(1) 三畳紀(トリアス紀)，ジュラ紀，白亜紀
(2)① 2　② 5200　③ 6600

解説 中生代は，約2億5200万年前から約6600万年前までの期間で，古い方から三畳紀(トリアス紀)，ジュラ紀，白亜紀に区分されている。

169① 温暖　② は虫　③ 恐竜　④ 鳥
⑤ 裸子植物

解説 中生代は比較的温暖な気候で，大型のは虫類が繁栄した。中生代のはじめは酸素濃度が低く，酸素吸収に優れた気嚢をもつ恐竜が出現した。恐竜はさまざまな環境に適応して多様化し，ジュラ紀には鳥類が出現した。また，中生代はソテツ類やイチョウ類などの裸子植物が繁栄した。

170A モノチス　B アンモナイト

解説 Aはモノチスの化石，Bはアンモナイトの化石で，いずれも軟体動物であり，中生代を代表する示準化石である。

171(1) ペルム紀末　(2) アンモナイト
(3) 隕石

解説 短期間に多くの生物が絶滅することを大量絶滅といい，古生代カンブリア紀以降，オルドビス紀末，デボン紀後期，ペルム紀末，三畳紀末，白亜紀末の少なくとも5回起きたと考えられている。このうち，最大の大量絶滅は古生代ペルム紀末のものである。このとき，酸素濃度の著しい低下のため，海洋性無脊椎動物の90％以上の種が絶滅したといわれている。また，中生代末の大量絶滅は，隕石の衝突による大規模で急激な気候変動のためであるという説が有力である。こ

のとき，恐竜のほかにも中生代の温暖な海で繁栄したアンモナイトなども絶滅した。

36 新生代 p.82

まとめ

① 被子　② 双子葉　③ 温暖
④ 貨幣石(ヌンムリテス)　⑤ ビカリア
⑥ 中生　⑦ デスモスチルス　⑧ 第四
⑨ 氷　⑩ 低下　⑪ 間氷　⑫ 上昇
⑬ 新　⑭ 直立二足　⑮ 猿人　⑯ 原人
⑰ 旧人　⑱ ホモ・サピエンス

練習問題

172(1) **古第三紀，新第三紀，第四紀**　(2) **6600**

解説　古生代は，約6600万年前から現在までの期間で，古い方から古第三紀，新第三紀，第四紀に区分されている。

173(1) **被子植物**　(2) **哺乳類**　(3) **中生代**
(4) **デスモスチルス**　(5) **ビカリア**

解説　新生代は被子植物や哺乳類が繁栄した時代である。哺乳類は，中生代に出現して，新生代に繁栄した。新生代の示準化石には次のようなものがある。

時代	生物名	特徴
第四紀	マンモス	ゾウのなかま
新第三紀	ビカリア	軟体動物(巻貝)
新第三紀	デスモスチルス	大型哺乳類
古第三紀	貨幣石(ヌンムリテス)	大型の有孔虫

174① **温暖**　② **第四**　③ **氷期**
④ **間氷期**　⑤ **低下**

解説　古第三紀，新第三紀は温暖な気候が続いていたが，しだいに寒冷化が進んだ。第四紀(約260万年前～現在)に入ると，氷河が大陸をおおった氷期と比較的温暖な間氷期をくり返す気候となった。氷期には海面が低下して日本列島周辺の海峡は陸続きとなり，大陸から生物が渡ってきた。

175 A **貨幣石(ヌンムリテス)**　B **ビカリア**

解説　Aは貨幣石の化石で，古第三紀の代表的な示準化石である。Bはビカリアの化石で，新第三紀の代表的な示準化石である。

176(1) **700万**　(2) **猿人，原人，旧人，新人**
(3) **直立二足歩行**　(4) **増加した**
(5)**時期…20万　場所…アフリカ**

解説　約700万年～600万年前の地層から見つかっているサヘラントロプス・チャデンシスが最古の人類と考えられている。人類の最大の特徴は直立二足歩行をすることであり，この直立二足歩行により頭蓋が脊椎の上で支えられ，脳容量が増加し，のどの構造が変化して言語が使える発声が可能となったと考えられている。

人類は大型類人猿から猿人，原人，旧人，新人と進化してきたと考えられ，現在の私たちはホモ・サピエンスのなかまで，新人に分類される。新人は，今から約20万年前にアフリカで出現し，世界中に広がったと考えられている。

4章 章末問題 p.86

177(1)ア **大き**　イ **砂**
(2)Ⅰ **オ**　Ⅱ **ウ**　Ⅲ **エ**

解説　横軸に粒子の粒径(直径)，縦軸に流水の流速をとって粒子のふるまいを表すと，次のようになる。

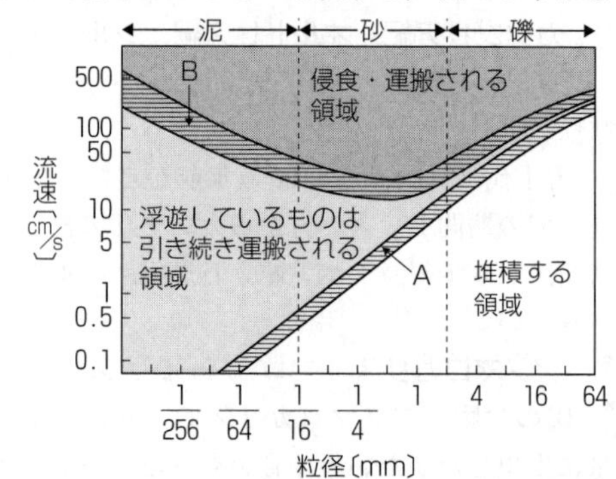

範囲A：移動している粒子が停止して堆積を開始する範囲
範囲B：底に静止している粒子が動き始める範囲

範囲Aを見ると，右上がりになっていることから，粒径の大きい粒子ほど大きい流速で堆積を開始することがわかる。したがって，いろいろな大きさの粒子が混ざって流されていて，流速が徐々に小さくなる場合を考えると，粒径の大きい粒子から順に堆積していくことがわかる。

範囲Bを見ると，グラフ中央の砂の大きさの領域で流速が最小になっていることから，最も小さい流速で動き始めるのは砂の大きさの粒子であることがわかる。したがって，流速が徐々に大きくなる場合，最初に侵食されるのは砂であることがわかる。

178(1)① **ビカリア**　② **フズリナ**
③ **アンモナイト**　④ **三葉虫**
⑤ **アノマロカリス**　⑥ **トリゴニア**
⑦ **貨幣石(ヌンムリテス)**
(2)**古生代…②，④，⑤　中生代…③，⑥**
新生代…①，⑦
(3) **種としての生存期間が短い(進化が速い)。**

産出する個体数が多い。
地理的分布が広い。

解説 (1), (2) 各地質時代の代表的な示準化石には次のようなものがある。

新生代	貨幣石，デスモスチルス，ビカリア，マンモス，ナウマンゾウ
中生代	アンモナイト，恐竜，トリゴニア，イノセラムス
古生代	アノマロカリス，ハチノスサンゴ，クサリサンゴ，フズリナ，三葉虫

(3) 示準化石，示相化石となる生物の条件は，次のとおりである。

	示準化石	示相化石
示すもの	時代	環境
種としての生存期間	短い	長い
生息範囲	広い	限られた環境
個体数	多い	多い

179 ① 先カンブリア時代　② 中生代
③ 古生代石炭紀　④ 古生代シルル紀
⑤ 新生代　⑥ 先カンブリア時代
⑦ 中生代　⑧ 古生代ペルム紀
⑨ 新生代　⑩ 古生代カンブリア紀

解説 選択肢のできごとを古いものから順に並べると次のようになる。

先カンブリア時代	
原生代はじめ	縞状鉄鉱層の形成(⑥)
原生代末	エディアカラ生物群の出現(①)
古生代	
カンブリア紀	バージェス動物群の出現(⑩)
シルル紀	クックソニアの出現(④)
石炭紀	ロボク・リンボク・フウインボクなどの巨大シダ植物の繁栄(③)
ペルム紀	フズリナなどの海洋性無脊椎動物の90%以上が絶滅(⑧)
中生代	
ソテツやイチョウなどの裸子植物が繁栄(⑦)	
白亜紀	恐竜やアンモナイトの絶滅(②)
新生代	
被子植物の繁栄(⑤)	
第四紀	ホモ・サピエンスの出現(⑨)

180 (1) 不整合面
(2) 地層aの堆積→地層bの堆積→地層cの堆積→褶曲の形成→火成岩eの貫入→境界面fの形成→地層dの堆積→断層の形成

解説 (1) 境界面fのように，上下の地層の堆積において時間的な間隔がある場合にできる侵食面を不整合面という。

(2) この地域に地層の逆転はないため，下位の地層ほど古い。したがって，地層a～dは，地層aが最も古く，その上にb，cと堆積して褶曲したあと，境界面f（不整合面）が形成され，その上にdが堆積したと考えられる。断層は，最後に形成された地層dを切っているので，dの形成後にできたと考えられる。火成岩eは褶曲を切って不整合面fに切られているので，褶曲の形成より新しく，不整合面fより古いと考えられる。

以上より，この地域で起きた地学現象をまとめると，「地層aの堆積→地層bの堆積→地層cの堆積→褶曲の形成→火成岩eの貫入→境界面fの形成→地層dの堆積→断層の形成」となる。

181 (1) 地層の対比　(2) 鍵層　(3) 岩脈
(4) C層→t層→A層→火成岩V→B層

解説 (1), (2) 離れた地点の地層を比較して，どの地層が同時期に堆積したものなのかを判別することを地層の対比といい，凝灰岩層のように，地層の対比に有効な地層を鍵層という。

(3) 火成岩はそれぞれの産状（産出している状態）によって名前がつけられている。図中の露頭アの火成岩Vのような地層を貫いて貫入しているものは岩脈とよばれる。このほか，地層の層理面に沿って水平に貫入するものを岩床，分布面積が100km^{2}をこえるような大規模な貫入岩体を底盤（バソリス）とよぶ。

(4) 2地点におよぶ地質構造の順序を決めなければならないので，鍵層であるt層と，形成年代が同時期とわかっている火成岩をもとに考えることになる。まず，露頭イにおいてt層より下位にあるC層が最も古く，次にt層，そして，露頭アでt層の上位にあるA層が続く。A層は火成岩Vに貫かれているので，火成岩VはA層より新しく，露頭イに目を移すと，火成岩Vの上にB層が傾斜不整合の関係で接しているので，B層が最も新しい。

以上より，形成時期の古いものから順に並べると「C層→t層→A層→火成岩V→B層」となる。

5章　地球の環境

37 日本の自然環境　p.88

まとめ

① 新第三紀　② 海流　③ 標高(高度)
④ 津波　⑤ 液状化　⑥ 噴石
⑦ 火砕流　⑧ 火山泥流
⑨ 特別警報　⑩ 高潮　⑪ 緊急地震速報
⑫ ハザードマップ

練習問題

182(1) 島弧(弧状列島)　(2) 新生代
(3)① 第四　② 氷期　③ 低下

解説 (1) 日本列島のように，プレートの沈み込み帯付近に海溝に沿って分布する弧状の島の連なりを島弧という。
(2) 日本列島が現在の形になったのは，新生代新第三紀である。
(3) 新生代の第四紀には，地球規模で氷期と間氷期が交互に訪れた。約2万年前の最終氷期には現在よりも海水面が低下しており，日本列島には陸橋が形成され，九州から北海道まで地続きとなっていた。

183① 火山泥流　② 火砕流　③ 高い

解説 火山灰を主とする火山砕屑物などが水と混ざり，泥流となって山体を流れ下る現象を火山泥流という。火山砕屑物と高温の火山ガスが混ざり，密度の大きい熱雲となって山体を流れ下る現象を火砕流という。これらの現象は噴火に伴って短時間で発生し，避難するまでに時間的ゆとりがないため，生命に対する危険性が非常に高い。

184① 海底　② 津波　③ 遅

解説 大きな地震の発生に伴う海底の地盤の急激なずれなどによって，海水が動かされて起こる大きな波を津波という。津波の周期は数十分～数時間，波長は数百kmにもおよぶことがある。水深が浅くなるにつれて津波の速度は遅くなるが，津波の高さは高くなる。

185① 軟弱な　② 液状化　③ 浮上

解説 沿岸部などの砂と水が混在している場所では，地震の振動により砂と水が混ざりあって液体のようにふるまう液状化現象が起こることがある。液状化した地盤の表面からは砂の混じった水が噴出する。このとき密度の高い構造物(建物など)は沈下したり，密度の低い構造物(下水管など)は浮き上がったりするなどの被害が発生する。

186(1) ハザードマップ(災害危険予測図)
(2) 緊急地震速報
(3) 特別警報

解説 (1) 過去の災害をもとに，自然災害が発生した際の被害を最小限におさえるために作成される地図をハザードマップ（災害危険予測図）という。
(2) 震源の近くで観測された地震波を解析し強い揺れが予想される場合，S波による大きな揺れが到達する前に警報を発するシステムを緊急地震速報という。
(3) 気象状況が，数十年に一度のこれまでに経験したことのない，重大な危険が差し迫った異常な状況にあるときに発表される警報を特別警報という。特別警報の対象となる現象は，大雨，暴風，暴風雪，大雪，波浪，高潮である。

38 地球環境の科学①　p.90

まとめ

① 異常　② エルニーニョ　③ ラニーニャ
④ 貿易　⑤ 冷水　⑥ 高　⑦ 低
⑧ エルニーニョ　⑨ ラニーニャ　⑩ 弱
⑪ 冷　⑫ 強　⑬ 寒　⑭ 成層
⑮ 紫外線　⑯ フロン　⑰ 塩素
⑱ オゾンホール

練習問題

187① 異常気象　② 気候変動

解説 異常気象：気象や気候が平均的な状態から大きくずれ，統計的に見て30年に1度程度しか起こらないような現象。暖冬，寒冬，冷夏，猛暑，集中豪雨，豪雪，干ばつなどがある。
気候変動：気候値そのものの変動。

188① エルニーニョ　② 貿易　③ 東
④ 西　⑤ 低　⑥ 弱　⑦ ラニーニャ

解説 赤道太平洋では，貿易風により海水が西部に吹き寄せられているため，東部では深海から冷水が湧昇している。このため，通常，赤道太平洋の海面水温は，東部で低い分布となっている。この東部の海面水温が通常よりも高くなる現象をエルニーニョ現象といい，通常よりも低くなる現象をラニーニャ現象という。

	エルニーニョ現象	ラニーニャ現象
貿易風	弱まる	強まる
西部の暖水域	広がる	狭まる
東部の湧昇流	弱まる	強まる
東部の海面水温	高くなる	低くなる

189① 冷夏　② 暖冬　③ 猛暑　④ 寒冬

解説 エルニーニョ現象，ラニーニャ現象が発生すると，世界中で異常気象が発生する傾向がある。日本では，エルニーニョ現象発生時に暖冬・冷夏，ラニーニャ現象発生時に寒冬・猛暑になる傾向がある。

190(1) 成層圏　(2) 紫外線
(3) オゾンホール　(4) 南極
(5) フロンガス

解説 オゾン層は成層圏の高度約20～30 kmにある。オゾン層は生命にとって有害な紫外線を吸収するはたらきがある。近年，フロンガスなどの放出により，オゾン層のオゾンが破壊され，オゾン量が極端に少なくなる領域が南極上空に出現しており，オゾンホールとよばれている。

39 地球環境の科学② p.92

まとめ

① 二酸化炭素　② 産業　③ 化石
④ 温室効果　⑤ 水蒸気　⑥ 地下水
⑦ 多　⑧ 蒸発　⑨ 降水　⑩ 炭素
⑪ 二酸化炭素　⑫ 海洋

練習問題

191① 二酸化炭素　② 赤外　③ 温室効果
④ 地球温暖化　⑤ 0.7　⑥ 化石

解説 過去40万年の気温変化から，大気中の二酸化炭素の量が多い時期に気温が高いことがわかっている。二酸化炭素には赤外線を吸収する性質があるため，地表から放射される赤外線を吸収・再放射して地表を暖めるはたらきをもつ。これを温室効果といい，温室効果をもつ気体を温室効果ガスという。

気温は，自然変動によって変化するが，最近の100年間で地球の平均気温は約0.7℃上昇しており，この気温上昇は人間活動による影響が大きいと考えられている。このような人為的な原因で起こっている気温の上昇を地球温暖化といい，おもな原因は，化石燃料の燃焼などによる大気中の二酸化炭素の増加であろうと考えられている。

192(1) 氷河，地下水　(2) 40　(3) 40

解説 (1) 地球の表層水は約14億 km^3 であり，次のような割合で存在している。

海水	約 97.4%
陸域の淡水	約 2.6%
氷河	約 2.0%
地下水	約 0.6%
河川・湖沼・土壌水	0.1% 未満
大気	約 0.001%

(2) 海洋上の大気に出入りする水のうち，余剰となる水蒸気が陸上の大気へ輸送されるから，図より，水蒸気輸送［ア］は

蒸発量－降水量＝425－385＝40　となる。

(3) 陸地に出入りする水のうち，余剰となる水が河川などによって陸地から海洋に流出するから，図より，河川流出［イ］は

降水量－蒸発量＝111 － 71 ＝ 40　となる。

(2)，(3)より，海洋上の大気から陸上の大気へ輸送される水の量と，河川などによる陸地から海洋に流出する水の量は等しくなる。

193(1) 炭素　(2) 二酸化炭素　(3) 海洋

解説 (1)，(3) 地球上において，炭素は生物とその環境を維持するために重要な元素の一つであり，一酸化炭素，二酸化炭素，メタン，炭酸イオン，重炭酸イオン，炭酸塩鉱物などに共通して含まれている。大気，海洋，陸上生物圏は炭素の貯蔵庫といわれており，なかでも，海洋が最も貯蔵量が多い。

(2) 炭素は，大気中ではおもに二酸化炭素として存在している。

194干ばつ…A　水害…B　地震・火山…C

解説 干ばつ：アフリカでは亜熱帯高圧帯に位置する緯度20～30度程度の領域に広く分布している。
水害：熱帯低気圧の発生する赤道付近，降水量の多い東～東南～南アジア，土地の低い場所などで危険度が高い。地震・火山：環太平洋造山帯，アルプス―ヒマラヤ造山帯に分布する。

5章 章末問題 p.94

195(1)ア 収束　イ 軟弱　ウ 急
エ ハザードマップ(災害危険予測図)
(2) 緊急地震速報

解説 日本列島は，プレートが収束する境界である造山帯に位置するため火山活動や地震が多く，自然災害が非常に多い。また，軟弱な地盤が多く，急傾斜で河川の流量も多く，温暖湿潤な気候であることから，土砂災害の危険も大きい。これらの災害に対し，日本では，各種警報・予報の発表や，地方自治体などでハザードマップの作成を進め，災害が発生した際の被害を軽減するための対策が行われている。地震については，2007年から緊急地震速報の運用が開始され，強い揺れや大きな震度が予想される場合，該当地域に情報を発信している。

196(1) 台風
(2)イ 低下　ウ 上昇　現象名…高潮
(3) ②

解説 (1)，(2) 写真は，台風の衛星画像で，通常夏

〜秋に日本付近にやってくる熱帯低気圧である。台風の接近に伴う気圧の低下により海面が吸い上げられる効果や，強風により海水が海岸に吹き寄せられる効果によって，海面が異常に上昇する現象を高潮という。台風は，高潮のほかに，強風，大雨などによりさまざまな災害を引き起こす。

(3) 集中豪雨とは，短時間に局地的な範囲で大雨が降る現象であり，洪水や土砂災害などを引き起こすことがある。

① 集中豪雨は狭い範囲に集中して起こるので，天気図のみからでは，降雨場所や時間，強度などの予測が難しい。正しい。

② 集中豪雨による災害は，日本では梅雨〜台風の時期に多く発生する。誤り。

③ 集中豪雨では，短時間に大量の水が流れ込むため，下水道や地下の施設の処理能力を超えてしまい，浸水などの災害を起こすことがある。正しい。

④ 集中豪雨では，短時間に大量の水が河川に流れ込むため，水位が急激に上昇することがある。正しい。

⑤ 大量に降雨を発生させる雲は，鉛直方向に発達する積乱雲で，落雷を伴うことがある。正しい。

197 (1)ア 東　イ 低　ウ 小さ
(2) エルニーニョ現象　(3) 2〜5℃
(4) 数年　(5) ラニーニャ現象

解説 通常，太平洋赤道域では，東寄りの風である貿易風が卓越しているため海水が西に吹き寄せられ，東部では深海から冷水が湧昇している。このため，海面水温は，太平洋赤道域の西部より東部のほうが低い。しかし何らかの原因で貿易風が弱まると，太平洋赤道域東部の海面水温が広範囲にわたって通常より2〜5℃高くなり，太平洋赤道域の西部と東部の海面水温の差が小さくなる。この状態が維持される現象をエルニーニョ現象といい，数年に1度程度の頻度で発生している。また，エルニーニョ現象とは逆に，貿易風が強まって太平洋赤道域東部の海面水温が広範囲にわたって通常より低くなる現象をラニーニャ現象という。

198 (1)ア 上昇　イ X　ウ 1950　エ X
(2) 3.2　(3) 温室効果ガス
(4)物質名…二酸化炭素　化学式…CO_2

解説 (1) 年平均気温の変化をそのまま表した折れ線グラフには，年ごとの細かい変動が見られるが，長期的変化の傾向を表す直線のグラフを見ると，両都市の年平均気温はいずれも上昇しており，はじめは都市Xのほうが低温だったが，1950年代に逆転していることがわかる。このことから，地球の平均気温の上昇傾向には場所ごとに違いがあることがわかり，図1右下の地図より，都市Xの気温の変化には都市化の影響があると考えられる。

(2) 長期的傾向のグラフにおいて，1910年から2010年の間の温度変化は，都市Xでは約3℃上昇，都市Yでは1℃弱上昇している。したがって，長期的傾向のグラフから計算すると，都市Xの気温上昇率は，都市Yの約3倍程度である。

(3)，(4) 地球温暖化の原因の一つは，大気中の二酸化炭素（CO_2）濃度の増加であると考えられている。二酸化炭素は，赤外線を吸収・再放射して地表を暖める性質をもつ温室効果ガスの一つである。

なお，化石燃料の燃焼によって発生する温室効果ガスには，石油の場合，二酸化炭素のほか，水（H_2O），窒素酸化物（一酸化二窒素も含む）などがある。

199 (1)ア 上昇　イ 低　ウ 高(強)
(2)a 地球温暖化　b オゾンホール
c 酸性雨　d エルニーニョ現象
(3) d

解説 a 地球の気温が上昇していることを地球温暖化という。1900年代の半ば以降，地球全体の平均気温はそれまでに比べて急激な上昇を示しており，氷河の後退や海面の上昇が起こっている。

b 南極上空でオゾンホールとよばれるオゾン濃度の著しく低い部分が生じ，地上に到達する紫外線が増加している。

c 工場などから排出された硫黄酸化物，窒素酸化物などが雨に溶けこんで酸性度の高い酸性雨となり，世界各地の植生や建造物に大きな影響を与えている。

d 赤道東部太平洋で，数年に一度海面水温が高くなる現象をエルニーニョ現象といい，それに対応して気温や降雨の分布の変化など，世界的な異常気象が起こっている。

(3) a〜dのうち，エルニーニョ現象（d）は大気と海洋の相互作用による自然変動であると考えられている。

年　組　番

知識ぷらす＋ 不整合は，イギリスの地質学者ジェームズ・ハットンにより発見された。スコットランド東部海岸のシッカーポイントには，ハットンの不整合と名づけられた不整合がある。

練習問題

152 **|地層|** 右の図は，地層を模式的に表したものである。次の(1)～(5)に答えよ。

(1) 図のaは，一連の堆積条件下で堆積した地層である。このような層を何というか。

(2) (1)の内部に見られることが多い，粒子の細かい配列を何というか。

(3) 図のbは，堆積した地層がいったん隆起して削られてできた面である。この面を何というか。

(4) (3)をはさんだ上下の層の関係を何というか。

(5) 図のように，(3)の面の上下の層が平行になっているものを特に何というか。

a

b

152

(1)

(2)

(3)

(4)

(5)

153 **|堆積構造|** 次の①～④の堆積構造の名称をそれぞれ答えよ。また，それぞれの堆積時の上位側はどちらか。それぞれア・イより選べ。

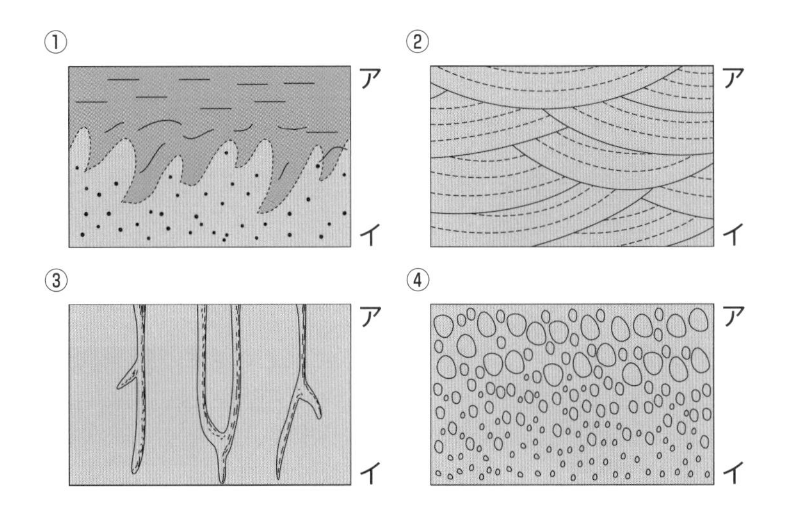

153

① 名称

上位側

② 名称

上位側

③ 名称

上位側

④ 名称

上位側

154 **|堆積環境の推定|** 次の文の空欄に適する語句を答えよ。ただし，③，④，⑥は，上・下・左・右から選べ。

写真A, Bは，堆積当時の水の流れの(　①　)を知ることができる堆積構造である。

写真Aは地層の断面を見ているもので，(　②　)とよばれる。この写真から，堆積した当時の水の流れは(　③　)から(　④　)であったことがわかる。

写真Bは，水の流れによってできた波形模様で(　⑤　)とよばれ，砂層の(　⑥　)面で見られる。

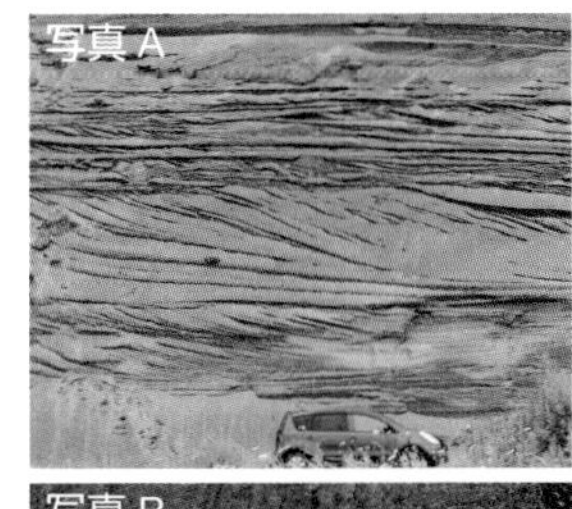
写真A

写真B

154

①

②

③

④

⑤

⑥

32 化石と地質時代の区分

1 地質時代の区分

●化石

過去に生物がいたことのさまざまな証拠となるものを(①)という。

(②)化石…水温・水深・塩分・気候などの古環境を示す化石。

(③)化石…地層の堆積した時代を決めるのに有効な化石。この化石となりうるのは，①種としての生存期間が短い(進化が速い)，②個体数が多い，③地理的分布が広い，という条件を満たすもの。

●地質時代の区分

(④)年代…動物の繁栄や消滅などに基づいた年代の区分。区分の単位は大きいものから「代」･「紀」･「世」。

(⑤)年代(絶対年代)…測定された年数をもとに数値で表す年代。

代	紀(世)		[百万年前]	生物		おもな示準化石
(⑥)代	第四紀	完新世	0.01	(⑯)植物時代	哺乳類時代	マンモス ナウマンゾウ デスモスチルス ビカリア 貨幣石(ヌンムリテス)
		更新世	2.6			
	新第三紀		23			
	古第三紀		(⑬)			
(⑦)代	(⑩)紀		145	裸子植物時代	(⑱)時代	トリゴニア イノセラムス (⑳)
	ジュラ紀		201			
	三畳紀(トリアス紀)		(⑭)			
(⑧)代	ペルム紀(二畳紀)		299	(⑰)植物時代	両生類時代	フズリナ (㉑) ハチノスサンゴ クサリサンゴ
	(⑪)紀		359			
	デボン紀		419		(⑲)時代	
	シルル紀		443	藻類時代		
	オルドビス紀		485		無脊椎動物時代	
	(⑫)紀		(⑮)			
(⑨)時代	原生代		2500	(真核生物時代)		
	太古代(始生代)		4000	(原核生物時代)		
	冥王代		4600	(無生物時代)		

2 地層の対比

遠く離れた地域の地層を比較して，その時間的関係を調べることを地層の(㉒)という。示準化石や(㉓)層などは比較的短時間・広範囲に堆積するため，地学的な同時間面となりうる。このように，地層の(㉒)に有効で，目立った特徴をもつ地層を(㉔)という。

知識ぷらす　地質時代区分の定義，名称，年代等は絶えず見直されており，国際地質科学連合，国際層序委員会等で検討され，4年ごとに開催される万国地質学会議で批准されている。

練習問題

155 | **化石** |　次の(1)～(3)に答えよ。

(1)　生物が生息した当時の環境を示す化石を何というか。

(2)　地層の堆積した時代を決めるのに有効な化石を何というか。

(3)　次の文は，(2)となりうるための条件について述べている。空欄に適する語句を答えよ。

(2)には，種としての生存期間が(　①　)く，地理的分布が(　②　)く，個体数が(　③　)い生物の化石が用いられる。

155
(1)
(2)
(3) ①
②
③

156 | **地質時代の区分** |　次の文の空欄に適する語句を答えよ。

(　①　)年代とは，動物の繁栄や消滅などに基づいた時代の区分で，大きく4つにわけられる。これに対し，測定した年代を用いて(　②　)で表されたものを数値年代，または(　③　)年代という。(　①　)年代は，古い方から(　④　)時代，(　⑤　)代，(　⑥　)代，(　⑦　)代となっている。

156
①
②
③
④
⑤
⑥
⑦

157 | **動植物の変遷** |　次の(1)～(6)に答えよ。

(1)　脊椎動物が出現した地質時代は何代か。

(2)　両生類が繁栄した地質時代は何代か。

(3)　「は虫類時代」ともよばれる地質時代は何代か。

(4)　「哺乳類時代」ともよばれる地質時代は何代か。

(5)　中生代に繁栄した植物は何植物か。

(6)　新生代に繁栄した植物は何植物か。

157
(1)
(2)
(3)
(4)
(5)
(6)

158 | **いろいろな示準化石** |　次のA～Cの化石の古生物の名称をそれぞれ答えよ。また，それぞれの生物が繁栄していた地質時代を答えよ。

A

B

C

158
A 名称
時代
B 名称
時代
C 名称
時代

33 先カンブリア時代

46億年前　　5.41　2.52　0.66 現在

冥王代	太古代（始生代）	原生代
46億年前〜40	40〜25	25〜5.41

1 冥王代

約 50 億年前に太陽系が形成された際に，微惑星が衝突・合体をくり返して原始地球が誕生した。衝突によって高温化し，岩石に含まれていたガス成分が大気となり原始地球を包んだ。このころの大気を（①　　　　　　）とよぶ。主成分は（②　　　　　　）と水蒸気であり，現在の大気よりも非常に濃かったと考えられている。その後，地表が徐々に冷却して大気中の水蒸気が凝結し，雨となって降り注ぎ，（③　　　　　　）をつくった。

2 太古代（始生代）

アカスタ片麻岩の露頭

アカスタ片麻岩

地球上で最古の岩石は，カナダ北部に分布する約 40 億年前の（④　　　　　　）岩である。最古の地層は，西グリーンランドで発見された約 38 億年前のものである。堆積岩のほか，（⑤　　　　　　）溶岩も見つかっていて，この時代にすでに陸地や海が存在していた証拠である。最古の化石は，オーストラリア北西部で発見された約 35 億年前のフィラメント状の微化石で，現生の（⑥　　　　　　）生物に似ていた。

3 原生代

●光合成生物の出現

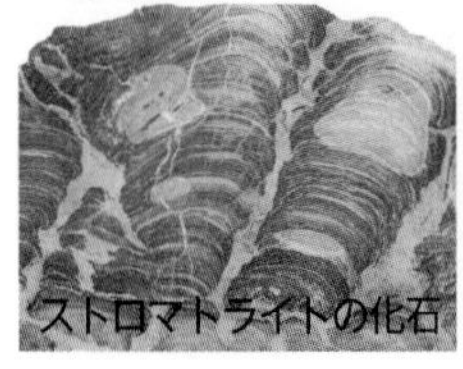
ストロマトライトの化石

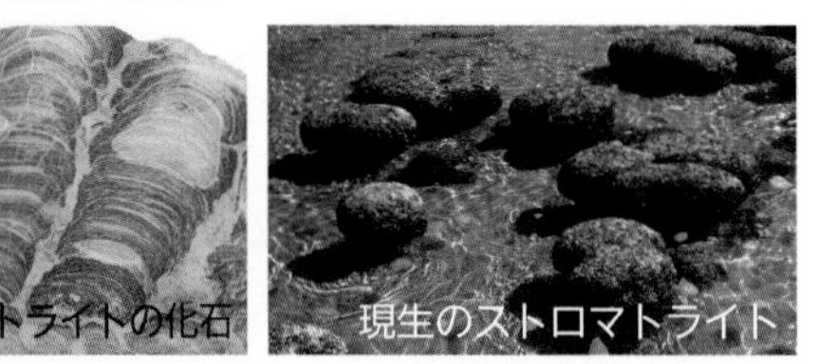
現生のストロマトライト

大気中にほとんど存在しなかった酸素を最初に生み出したのは，光合成を行う原核生物の（⑦　　　　　　）である。（⑦　　　　　　）の群集は海中の泥や石灰分を吸着し，ドーム状の成層構造をもつ（⑧　　　　　　）を形成した。（⑧　　　　　　）は約 27 億年前〜約 5.4 億年前の地層から多数発見されている。

●酸素の増加

生物の光合成によって海水中の（⑨　　　　　　）濃度が増加し，海水中の鉄イオンと結合して，酸化鉄となって大量に海底に沈殿した。これが（⑩　　　　　　）層である。（⑩　　　　　　）層が約 25 億年前〜約 18 億年前に形成されたものであることから，大気中の酸素濃度は原生代前期に急激に増加したと考えられている。酸素濃度の増加により，酸素を使って呼吸する（⑪　　　　　　）生物が現れ，この生物の最古の化石が約 21 億年前の地層から発見されている。

●多細胞生物の出現

やがて（⑫　　　　　　）生物の藻類が現れた。最古の（⑫　　　　　　）生物の化石はカナダで発見された紅藻類で，約 12 億年前のものである。その後原生代末期には，大型生物を含む多様な生物が世界各地に出現し，（⑬　　　　　　）群とよばれている。これらは偏平な形をしていて，かたい組織をもたないという特徴がある。

●地球の寒冷化と生物の進化

原生代では地球全体が氷河でおおわれる（⑭　　　　　　）が起きたとされ，約 22.6 億年前，約 7 億年前と約 6.4 億年前に起きたと考えられている。寒冷期には光合成の低下により（⑮　　　　　　）濃度が増加する。その結果，温室効果によって一転して急激な温暖化が起こり，再び光合成生物が繁栄し酸素濃度を増加させる。このように，環境の変化と生物の進化には深い関係がある可能性が指摘されている。

知識ぷらす＋　アメリカ合衆国にあるグランド・キャニオンでは，先カンブリア時代に形成された地層が縞模様になって見られ，最も古い地層は約17億年前の変成岩の層である。

練習問題

159 ｜**原始地球**｜　次の(1)～(5)に答えよ。

(1)　地球が誕生したのは約何億年前か。下の語群から選べ。

【語群】　12　19　27　35　38　40　46　138

(2)　原始大気の主成分を2つ答えよ。

(3)　現在の大気と比べて原始大気の濃度はどうだったか。下の語群より選べ。

【語群】　濃かった　同じだった　薄かった

(4)　約40億年前から約25億年前までの時代を何代というか。

(5)　(4)以降の時代を何代というか。

159
(1) 約　　　億年前
(2)
(3)
(4)
(5)

160 ｜**光合成生物の出現**｜　次の文の空欄に適する語句を答えよ。

A

B

太古代の大気にはほとんど酸素が存在しなかったが，これを最初に生み出したのは(　①　)生物である(　②　)である。写真Aは，(　②　)の群集によって形成されるドーム状の構造物で，(　③　)とよばれるものである。(　②　)の光合成によって酸素が大量に放出されるようになると，海水中にとけこんだ酸素が海水中の(　④　)を酸化させ，写真Bのような縞模様の顕著な(　⑤　)が形成された。

160
①
②
③
④
⑤

161 ｜**生命の進化**｜　次の文の空欄に適する語句を答えよ。

生命が誕生した約40億年前から約25億年前までの時代を(　①　)代という。地球上で最初に誕生した生命は，核膜をもたない(　②　)生物であると考えられている。(　①　)代に続く(　③　)代には，核膜をもつ(　④　)生物が出現し，約21億年前の縞状鉄鉱層から化石が発見されている。また，カナダで発見された最初の(　⑤　)生物の化石は約12億年前のものである。

161
①
②
③
④
⑤

162 ｜**地球の寒冷化と生物進化**｜　次の文の空欄に適する語句を答えよ。また，あとの問いに答えよ。

原生代の地層から，世界各地で氷河堆積物が見つかっている。このことから，地球全体が氷河におおわれる(　①　)が起きた時期があったと考えられている。

原生代末期には，偏平な形でかたい組織をもたない(　②　)生物群が出現しているが，これには約7億年前と約6.4億年前の(　①　)が関係している可能性があると指摘されている。

問　生物の種の数が爆発的に増加しているのは，(　①　)の直後か，直前か。

162
①
②
問

34 古生代

46億年前　5.41　2.52　0.66 現在

カンブリア紀	オルドビス紀	シルル紀	デボン紀	石炭紀	ペルム紀(二畳紀)

5.41億年前　4.85　4.43　4.19　3.59　2.99　2.52

1 カンブリア紀の生物大爆発

カナダのロッキー山脈のバージェス頁岩(けつがん)からは，かたい殻や骨をもつ無脊椎動物の化石が発見されており，これらは(①　　　　　　)群とよばれている。このように(②　　　　　　)紀では，多種多様な生物が短期間に爆発的に出現したと考えられており，これを(②　　　　　　)紀の生物大爆発という。

2 古生代の化石

三葉虫(カンブリア紀中期)

クサリサンゴ(シルル紀)

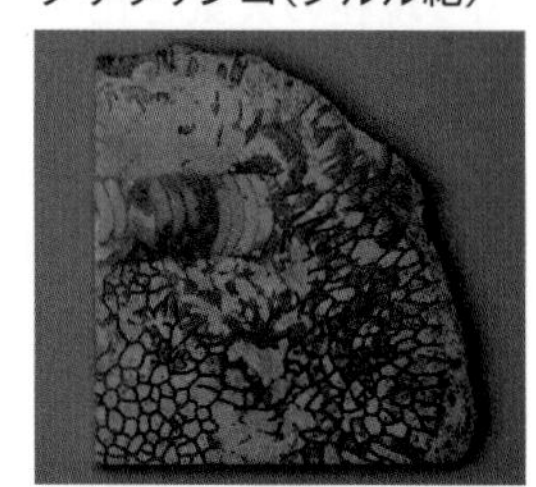

ハチノスサンゴ

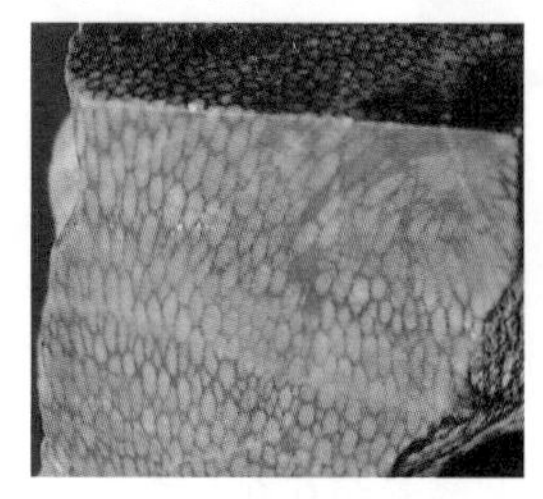

フズリナ(ペルム紀後期)

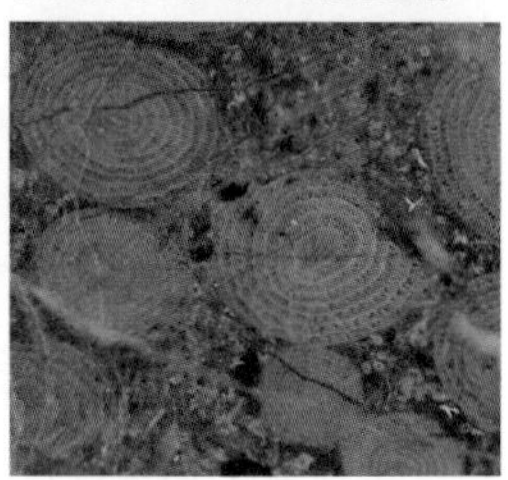

3 生物の陸上進出

原生代前期に増加した酸素が大気中に広がり，やがて上空に(③　　　　　　)層が形成された。これにより地上に届く紫外線が減少し，生物の陸上進出が可能になったと考えられている。

●植物の陸上進出

コケ植物(オルドビス紀)

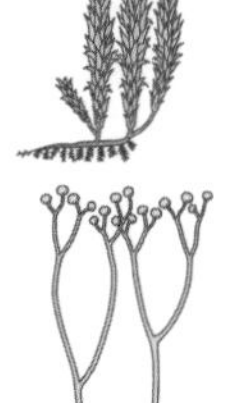

(④　　　　　　)(シルル紀)
最古の陸上植物化石
コケ植物とシダ植物の特徴をあわせもつ

リンボク(石炭紀)
(⑤　　　　　　)やフウインボクなどとともに大森林を形成した(⑥　　　　　　)植物

●脊椎動物の陸上進出

脊椎動物の上陸は，デボン紀に(⑦　　　　　　)類から(⑧　　　　　　)類が分化したことに始まる。(⑨　　　　　　)紀には，(⑧　　　　　　)類から単弓類と(⑩　　　　　　)類が出現し，完全に上陸をはたした。

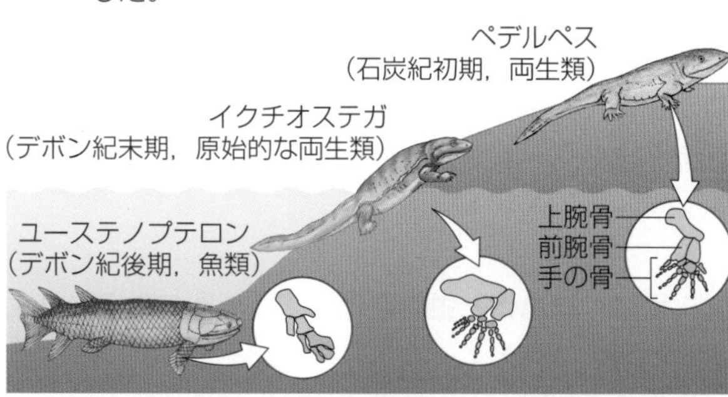

4 大気組成の変遷と大量絶滅

(⑪　　　　　　)紀からペルム紀に(⑫　　　　　　)植物の大森林が形成されると，光合成によって(⑬　　　　　　)は有機化合物に姿を変え，地下に埋没した。その結果，大気中の(⑭　　　　　　)濃度は上昇し，(⑬　　　　　　)濃度は低下した。

古生代の(⑮　　　　　　)紀末には，火山活動が活発になり，酸素濃度が著しく低下し，フズリナなどの海にすむ無脊椎動物の90% 以上の種が絶滅したと考えられている。

知識ぷらす 日本最古の化石は，岐阜県高山市の地層から見つかった無顎類の歯化石とされるコノドントであり，古生代オルドビス紀中期～後期のものと考えられている。

練習問題

163 | **古生代の区分** | 次の(1)，(2)に答えよ。

(1) 古生代の紀の名称を古いものから順にすべて答えよ。

(2) 次の文の空欄に適する数値を下の語群から選んで答えよ。

古生代は，約(①)億年前から約(②)億年前までの時代である。

【語群】 46 40 25 5.41 4.85 4.43 4.19 3.59 2.99 2.52

164 | **カンブリア紀** | 次の文の空欄に適する語句を答えよ。

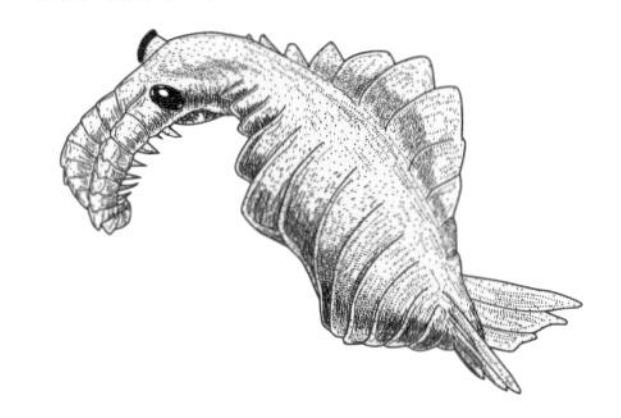

右図の生物は，カンブリア紀に大量に出現した動物群のなかまで，(①)という生物である。(①)を含む動物群は，発見された場所から(②)動物群とよばれ，かたい殻や骨をもっていた。

165 | **生物の陸上進出** | 次の文の空欄に適する語句を答えよ。

光合成生物から放出された(①)が大気中に広がり，上空に(②)層が形成された。これにより，地上に届く(③)線が減少し，生物の陸上進出が可能になったと考えられている。オルドビス紀には(④)植物が上陸し，(⑤)紀にはクックソニアが現れた。(⑥)紀には，シダ植物のロボク，(⑦)，(⑧)が大森林を形成し，これらの遺骸が現在の(⑨)として利用されている。

一方，脊椎動物の上陸は，(⑩)紀に魚類から(⑪)類が分化したことに始まる。その後，(⑫)紀にはは虫類が出現し，完全に上陸をはたした。

166 | **古生代の化石** | 次の写真A，Bの生物の名称をそれぞれ答えよ。

A

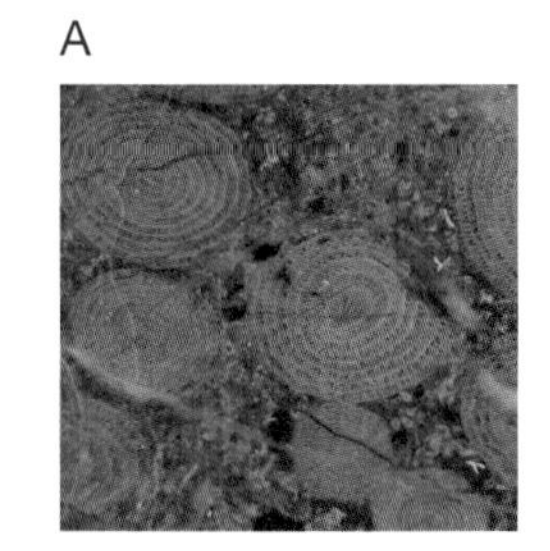

B

167 | **大量絶滅** | 古生代末の大量絶滅について述べた次の文章の空欄に適する語句を答えよ。

古生代の(①)紀末には，(②)濃度の著しい低下により，フズリナなどの海洋性無脊椎動物の(③)%以上の種が絶滅したと考えられている。

163
(1)
(2) ①
②

164
①
②

165
①
②
③
④
⑤
⑥
⑦
⑧
⑨
⑩
⑪
⑫

166
A
B

167
①
②
③

35 中生代

46億年前　5.41　2.52　0.66 現在

三畳紀(トリアス紀)	ジュラ紀	白亜紀

2.52億年前　2.01　1.45　0.66

1 は虫類の繁栄

中生代は，(①　　　　)紀(トリアス紀)，(②　　　　)紀，(③　　　　)紀の順に区分される。全般的に(④　　　　)な気候が続き，は虫類全盛の時代であった。

(①　　　　)紀には，木生のシダ植物や(⑤　　　　)植物のソテツ類・イチョウ類，原始的な針葉樹が栄えた。

中生代のはじめは酸素濃度が低く，酸素吸収に優れた気嚢(きのう)をもつ(⑥　　　　)が出現した。(⑥　　　　)は豊かな森林に支えられ，さまざまな環境に適応して多様化していき，やがてジュラ紀の(⑦　　　　)類の出現につながったと考えられている。

2 中生代の化石

(⑧　　　　)
(ジュラ紀)
中生代の温暖な海で繁栄

モノチス
(三畳紀)
世界中の海で繁栄

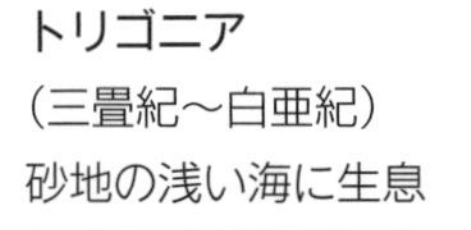

トリゴニア
(三畳紀～白亜紀)
砂地の浅い海に生息

イノセラムス
(ジュラ紀～白亜紀)
世界中の海で繁栄

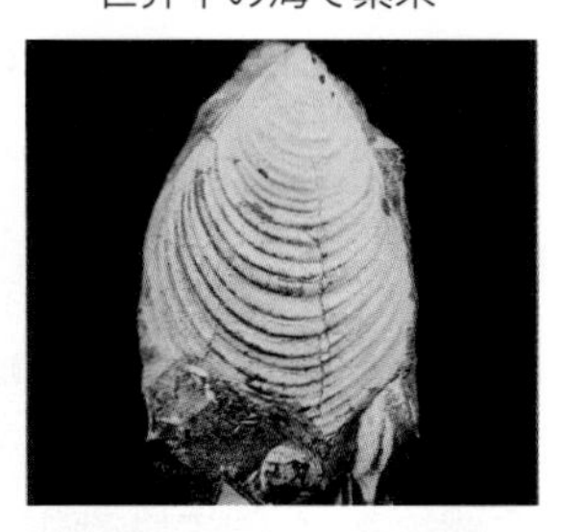

3 生物の繁栄と絶滅

●被子植物の出現

白亜紀前期には(⑨　　　　)植物が出現し，白亜紀後期になると，それまで繁栄していた裸子植物にかわって(⑨　　　　)植物が繁栄するようになった。

●大量絶滅

短期間に多くの生物が絶滅することを(⑩　　　　)といい，古生代のカンブリア紀以降，少なくとも5回起きたと考えられている。最大規模の絶滅は，古生代の(⑪　　　　)紀末に起きている。

恐竜やアンモナイトは，約6600万年前の(⑫　　　　)紀末には完全に絶滅した。この原因として最も有力な説は，(⑬　　　　)衝突説で，地表環境の激変や大規模な気候変動が起きたとされている。

生物の繁栄と衰滅には，地球環境の変化が関係しており，(⑩　　　　)の後には，それまで繁栄していた生物にかわって新しい型の生物が繁栄してきた。

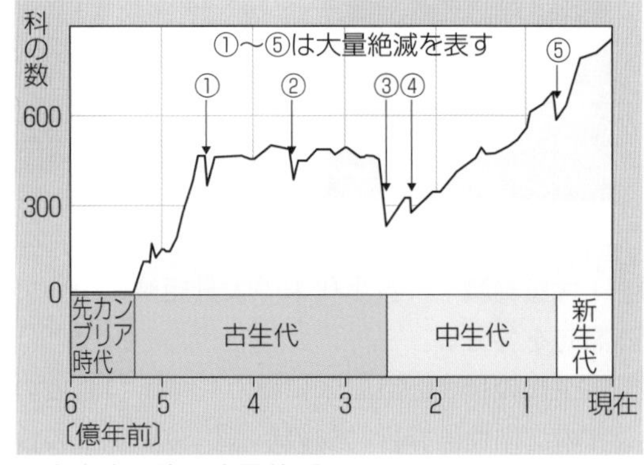

▲古生代以降の大量絶滅

恐竜の化石は，陸域に生息していたカメやワニ，淡水生貝類の化石と一緒に産出することが多く，これらの化石は恐竜化石を探すときの目印にもなる。

練習問題

168 | **中生代の区分** |　次の(1)，(2)に答えよ。

(1)　中生代の紀の名称を古いものから順にすべて答えよ。

(2)　次の文の空欄に適する数値を下の語群から選んで答えよ。

　中生代は，約(　①　)億(　②　)万年前から約(　③　)万年前までの時代である。

【語群】　1　2　3　4　5　260　2300　4500　5200　6600

168
(1)
(2) ①
②
③

169 | **中生代の生物** |　次の文章の空欄に適する語句を答えよ。

　中生代は比較的(　①　)な気候で，大型の(　②　)類が繁栄した時代である。中生代のはじめは酸素濃度が低く，酸素吸収に優れた気嚢をもつ(　③　)が出現した。(　③　)は，さまざまな環境に適応して多様化し，やがてジュラ紀の(　④　)類の出現につながったと考えられている。また，中生代はソテツ類やイチョウ類などの(　⑤　)が繁栄した。

169
①
②
③
④
⑤

170 | **中生代の化石** |　次の写真A，Bの生物の名称をそれぞれ答えよ。

A

B

170
A
B

171 | **大量絶滅** |　次の文章を読み，(1)～(3)に答えよ。

　短期間に多くの生物が絶滅することを大量絶滅といい，古生代カンブリア紀以降，少なくとも5回起きたと考えられている。中生代末の大量絶滅は，(　①　)の衝突により大規模な気候変動が起き，地球環境が急激に変化したためであるという説が有力である。

(1)　下線部について，最大規模の絶滅が起きた時期はいつか。次の語群より選べ。

【語群】　オルドビス紀末　デボン紀後期　ペルム紀末　三畳紀末　白亜紀末

(2)　中生代末には，恐竜のほかにも中生代の温暖な海で繁栄した軟体動物頭足類が絶滅している。この絶滅した生物の名称を答えよ。

(3)　①に適する語句を答えよ。

171
(1)
(2)
(3)

36 新生代

46億年前　5.41　2.52　0.66 現在

古第三紀	新第三紀	第四紀
6600万年前	2300	260　0

1 新生代の化石

新生代は(① 　　　)植物が優勢で，中でも多様な(② 　　　)植物が栄えた。古第三紀・新第三紀は中生代からの(③ 　　　)な気候が続き，暖温帯性植物が茂っていたが，しだいに寒冷化していった。

(④ 　　　)
(古第三紀)
浅い海で栄えた大型の有孔虫。古第三紀の示準化石。

(⑤ 　　　)
(新第三紀)
海水と淡水が混ざる汽水域に生息していた。

チュウシンフウ
(新第三紀)
被子植物。温暖な気候であったことを示す化石。

メタセコイア
(新第三紀)
スギ(裸子植物)のなかま。生きている化石の1つ。

2 哺乳類の繁栄

新生代は，(⑥ 　　　)代に出現した哺乳類が多様化し，繁栄した時代である。

古第三紀中頃に入ると，現在まで系統がつながる哺乳類が多数出現した。日本を含む北太平洋周辺では，新第三紀の地層から大型哺乳類である(⑦ 　　　)の化石が見つかっている。

3 氷河時代

約 260 万年前からはじまった(⑧ 　　　)紀は，氷河が大陸をおおった氷河時代である。

(⑨ 　　　)期…寒冷化し氷河が発達した時期。
氷河が拡大し，海面が(⑩ 　　　)する。

(⑪ 　　　)期…温暖化し氷河が後退した時期。
氷河が縮小し，海面が(⑫ 　　　)する。

4 人類の進化

人類は，約 700 万年前に初期の類人猿から分岐し，進化してきたと考えられている。現在地球上にすむ人類は，約 20 万年前にアフリカで出現した(⑬ 　　　)人が世界中に広がったものである。人類の最大の特徴は(⑭ 　　　)歩行を行うことである。

名称	(⑮ 　　　)	(⑯ 　　　)	(⑰ 　　　)	新人
	アウストラロピテクス	ホモ・エレクトス	ホモ・ネアンデルターレンシス	(⑱ 　　　)
脳容積〔cm^3〕	360 ～ 650	780 ～ 1230	1220 ～ 1740	1430 ～ 1480
特徴	野生の動植物を狩猟・採集。石を打ち欠いた簡単な打製石器を使用。	整形された打製石器を使って狩猟・採集。火も使用していた。	現代人と同じぐらいの大きさの脳をもつ。優れた石器を使用。死者を埋葬していた。	より複雑な道具をつくり，彫刻や絵画などを残した。

知識ぷらす＋ メタセコイアの化石は，水草研究および植物化石の研究において大きな功績を残した三木茂博士によって，1941年に発表された。

練習問題

172 | **新生代の区分** | 次の(1)，(2)に答えよ。

(1) 新生代の紀の名称を古いものから順にすべて答えよ。

(2) 次の文の空欄に適する数値を答えよ。

新生代は，約(　　　)万年前から現在までの時代である。

173 | **新生代の生物** | 次の(1)～(5)に答えよ。

(1) 新生代に繁栄した植物は何植物か。

(2) 新生代に繁栄した脊椎動物は何類か。

(3) (2)が出現したのは何代か。

(4) 新生代新第三紀の示準化石として知られている大型の(2)で，水辺に生息していたと考えられているものは何か。

(5) 新生代新第三紀の示準化石として知られている巻貝は何か。

174 | **新生代の気候** | 次の文章の空欄に適する語句を答えよ。

新生代の前半は(　①　)な気候が続き，暖温帯性の植物が茂っていた。その後しだいに寒冷化が進み，約260万年前からはじまった(　②　)紀では，氷河が発達した(　③　)と氷河が後退した(　④　)が交互にくり返されている。氷河が拡大した時期には海面が(　⑤　)するため，日本列島周辺の海峡は陸続きとなり，大陸から生物が渡ってきた。

175 | **新生代の化石** | 次の写真A，Bの生物の名称をそれぞれ答えよ。

A

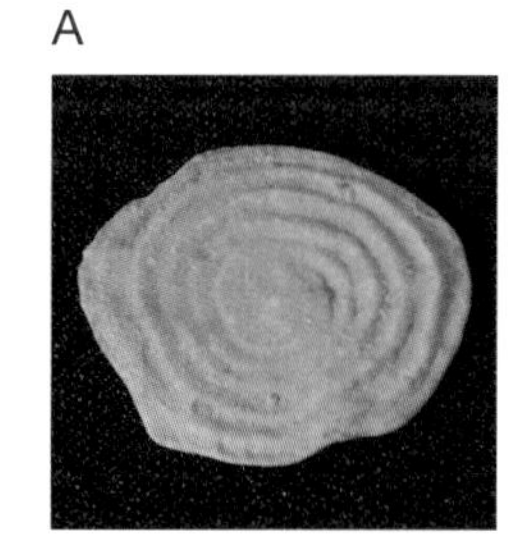

B

176 | **人類** | 次の(1)～(5)に答えよ。ただし，(1)と(5)の数値は下の語群から選べ。

(1) サヘラントロプス・チャデンシスという最古の人類の化石は，約何年前のものか。

(2) 「旧人，原人，新人，猿人」を出現の古いものから順に書け。

(3) 人類の特徴的な歩行のようすを何というか。

(4) (3)により，脳の容量がどうなったことが，進化へつながったと考えられているか。

(5) 現在の人類が出現した時期は約何年前か。また，出現した場所はどこか。

【語群】 5億4千万　2億5千万　6600万　700万　260万　20万　1万

172
(1)
(2)

173
(1)
(2)
(3)
(4)
(5)

174
①
②
③
④
⑤

175
A
B

176
(1) 約　　年前
(2)
(3)
(4)
(5) 時期 約　　年前
場所

地球と生命の歴史

地球は今から約46億年前に誕生し，生命とともに進化してきた。はじめは岩のかたまりだった地球に大気・海洋ができ，海に生命が生まれた。地層や岩石，生物の出現・絶滅などに基づいて地質時代は区分されている。

1 マグマオーシャン

降り続く隕石のエネルギーと原始大気の温室効果により，地表から岩石が溶けてマグマにおおわれた。重い鉄が沈んで核となり，核・マントル・地殻という地球の層構造ができた。

2 ストロマトライト

光合成生物シアノバクテリアによるドーム状の構造物。光合成生物により酸素が供給され，海洋中では縞状鉄鉱層が形成された。酸素は大気中にも広がり，やがてオゾン層が形成された。

地質時代	先カンブリア時代			
	冥王代	始生代		
年代	46億〔年前〕	40億	35億	27億
できごと	地球誕生 原始大気の形成 マグマオーシャン▶1 原始海洋の形成	地球最古の岩石	最古の生命化石	光合成生物の出現▶2

古生代▶5				
カンブリア紀	オルドビス紀	シルル紀	デボン紀	石炭紀
5億4100万	4億8500万	4億4300万	4億1900万	3億5900万
カンブリア紀の大爆発 脊椎動物の出現 バージェス動物群▶4 魚類の出現	オゾン層の形成	植物の陸上進出	裸子植物の出現 両生類の出現 脊椎動物の陸上進出	シダ植物の繁栄 は虫類の出現

5 古生代の環境

オゾン層により地表に届く紫外線が弱まり，生物が陸上に進出した。陸上にはシダ植物の森林ができ，石炭のもとになった。デボン紀には両生類，石炭紀にはは虫類が出現した。

6 中生代の環境

比較的温暖な気候が続いた時期で，裸子植物と大型は虫類が繁栄・進化し，現生の生物の祖先がほぼ出現した。

地球史リアルスケール

	▼46億年前	▼40億年前	▼25億年前	▼5.41億年前	
地球誕生	冥王代	太古代(始生代)	原生代	顕生代	現在

3 エディアカラ生物群

オーストラリアで発見された生物群。かたい殻をもたないため化石として残りにくい。現生の生物にはない特徴をもつものも多く，より多様な生物が存在したと考えられている。

4 バージェス動物群

カナダのバージェス頁岩から見つかったかたい殻をもつ動物群。古生代初期にはこのように多様な生物が各地で出現したが，その後絶滅により種類を減らし，現在に至ると考えられている。

原生代						
25億		22.6億	19億	12億	7億	6.4億
	縞状鉄鉱層の形成	全球凍結	真核生物の出現	最初の多細胞生物の化石	全球凍結	全球凍結	エディアカラ生物群▸3

	中生代▸6			新生代▸8		
ペルム紀	三畳紀	ジュラ紀	白亜紀	古第三紀	新第三紀	第四紀
2億9900万	2億5200万	2億100万	1億4500万	6600万	2300万	260万
パンゲアの形成	大量絶滅▸7 哺乳類の出現 裸子植物の繁栄	大型は虫類の繁栄 鳥類の出現	被子植物の出現	大量絶滅▸7 被子植物の繁栄	哺乳類の繁栄	人類の出現

7 大量絶滅

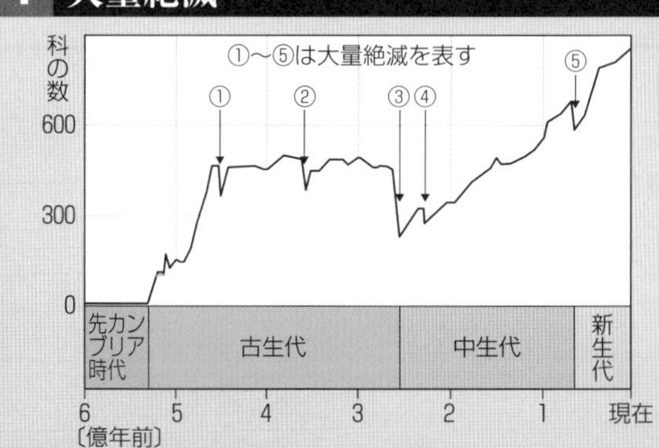

カンブリア紀以降，5回の大量絶滅が起きている。古生代末には，海にすむ無脊椎動物の90%以上の種が絶滅したと推定されている。

8 新生代の環境

被子植物と哺乳類の時代。新生代の初期は比較的温暖で，大型の生物が繁栄したが，その後寒冷化した。現在地球上にすむ人類(新人)が出現したのは約20万年前である。

177 河川の流速と粒子の関係 右図は，流速と粒径による侵食・運搬・堆積の関係を示したものである。範囲Aでは，移動している粒子が停止して堆積し始め，範囲Bでは，底に静止している粒子が動き始める。範囲Aから流速が徐々に小さくなる場合，粒径の［ア］い粒子から堆積することがわかる。また，範囲Bから流速が徐々に大きくなる場合，最初に侵食されるのは［イ］であることがわかる。

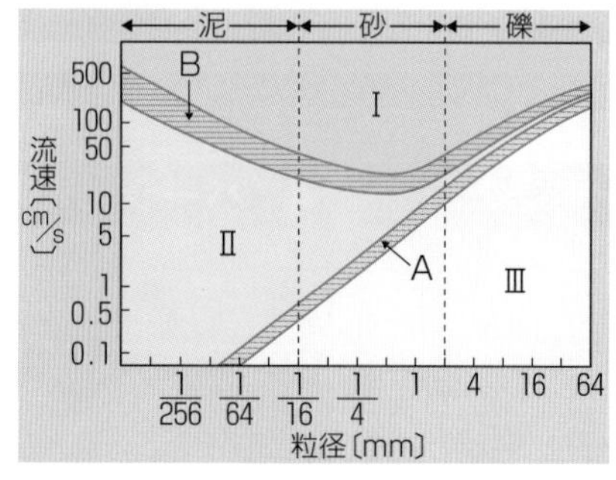

(1) 文章中の［ア］～［イ］に適する語句を答えよ。

(2) 次のウ～オは，図中の領域Ⅰ～Ⅲについての説明である。領域Ⅰ～Ⅲの説明として最も適当なものを，ウ～オからそれぞれ選べ。

ウ 浮遊しているものは引き続き運搬される領域

エ 堆積する領域

オ 侵食・運搬される領域

178 化石 次の①～⑦は，おもな古生物の化石のスケッチである。

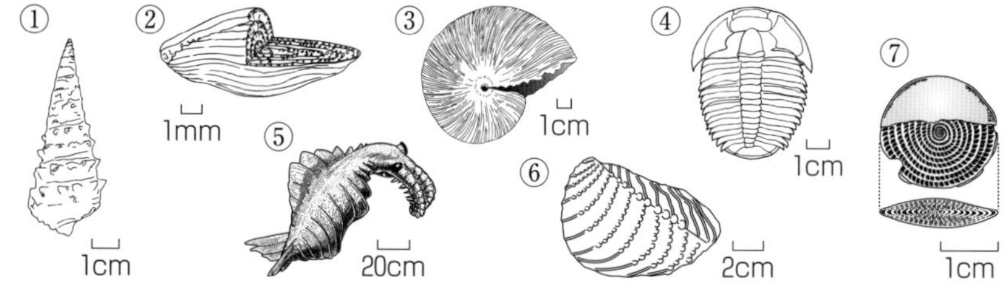

(1) ①～⑦の生物の名称をそれぞれ答えよ。

(2) ①～⑦の生物が生息していた地質時代を，古生代，中生代，新生代にわけて答えよ。

(3) 示準化石は，地層の堆積した時代を決める上で有効な化石である。このような示準化石となりうるための条件を3つ答えよ。

179 地質時代 次の①～⑩のできごとが起きた地質時代を答えよ。ただし，古生代のできごとについては，紀の名称も答えよ。

① エディアカラ生物群が出現した。
② 恐竜やアンモナイトが絶滅した。
③ 陸上では，ロボク・リンボクなどの巨大なシダ植物が繁栄した。
④ クックソニアが出現した。
⑤ 被子植物が繁栄した。
⑥ 縞状鉄鉱層が形成された。
⑦ ソテツやイチョウなどの裸子植物が繁栄した。
⑧ フズリナなどの海洋性無脊椎動物の90％以上が絶滅した。
⑨ ホモ・サピエンスが出現した。
⑩ バージェス動物群が出現した。

177
(1) ア
イ
(2) Ⅰ
Ⅱ
Ⅲ

178
(1) ①
②
③
④
⑤
⑥
⑦
(2) 古生代
中生代
新生代
(3)

179
①
②
③
④
⑤
⑥
⑦
⑧
⑨
⑩

180 地質断面図 右図は，ある崖で観察される地層の断面を模式的に示したものである。なお，この地域では地層の逆転はなく，断層には水平方向のずれ(横ずれ)はない。

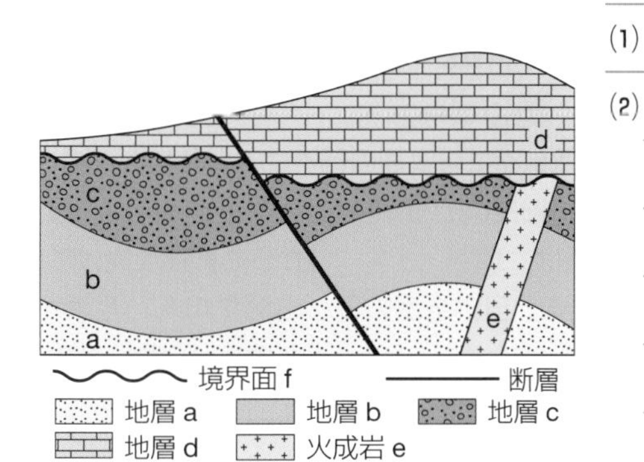

ある崖で観察される地層の模式的な断面図

(1) 境界面 f は，上下の地層の堆積において時間的な間隔がある場合にできる侵食面である。このような侵食面を何というか。

(2) 次の語群は，この地域で起きた地学現象である。これらを形成時期の古いものから新しいものへ順番に並べよ。

【語群】 断層の形成　褶曲(しゅうきょく)の形成　地層 a の堆積　地層 b の堆積
地層 c の堆積　地層 d の堆積　火成岩 e の貫入　境界面 f の形成

(2016 センター本試改)

180
(1)
(2)

181 地質構造の新旧 下の図は，a ある地域の互いに離れた 2 地点で観察された露頭のスケッチである。それぞれの露頭は，砂岩・礫岩層，泥岩層，凝灰岩層からなり，火成岩が貫入している。露頭アと露頭イの火成岩の貫入した年代は，測定の結果，ともに 8000 万年前であることがわかっている。また，各露頭の凝灰岩を詳しく調べた結果，b 露頭アと露頭イの t 層は同時に堆積した同じ凝灰岩層であることがわかった。さらに，B 層は水平な地層であり，t 層の礫を含んでいた。これらの露頭に断層はなく，地層の逆転もない。

露頭ア　A 層　t 層　↑火成岩 V
露頭イ　B 層　t 層　C 層　1 m
砂岩・礫岩　泥岩　凝灰岩　火成岩

ある地域の互いに離れた 2 地点の露頭のスケッチ

(1) 文中の下線部 a のように，離れた地点の地層を比較して，その時間的関係を調べることを何というか。

(2) 文中の下線部 b の凝灰岩層のように，(1)に有効な地層を何というか。

(3) 露頭アの火成岩 V のように，地層を切るように，直線状に貫入する火成岩体を何というか。

(4) 図の A 層，B 層，C 層，t 層，火成岩 V を形成時期の古いものから新しいものへ順番に並べよ。

(2013 センター追試改)

181
(1)
(2)
(3)
(4)

37 日本の自然環境

1 日本列島がつくる自然の特徴

●**日本列島の形成**…日本列島は，新生代(①)末期頃に現在のような島弧になった。第四紀には，氷期と間氷期が交互に訪れた。最終氷期には海面の低下により陸橋が形成された。

●**日本列島の位置**…日本は南北に細長いため，南北の気温差が大きい。暖流(黒潮)と寒流(親潮)のぶつかる場所(潮目)に位置しており，日本の気候は，(②)からも影響を受けている。

●**日本列島の地形**…山の多い島国。日本全土のうち山地が 61%，丘陵が 12%で，平野は 30%未満である。2000〜3000 m 級の山地や山脈があり，(③)差が大きいため，植生の分布は複雑である。

2 さまざまな自然災害と防災・減災

●**地震による災害**

強い地震が発生すると，その地震動により，建物や構造物の破損・倒壊，がけ崩れや地すべりなど，さまざまな災害が引き起こされる。

・(④)

海底付近で発生する地震により，海底の岩盤に急激なずれが生じる。このずれに伴い海面が変動し，大きな波となって伝播するものを(④)という。

・地盤の(⑤)

水を多く含む砂層に地震動が伝わり，砂粒子が水中に浮遊して液体のような状態になることを(⑤)という。新生代第四紀に堆積した地層や埋立地などの軟弱地盤で発生し，(⑤)によって建物が傾いたり，地中の埋設物が浮き上がったりする。

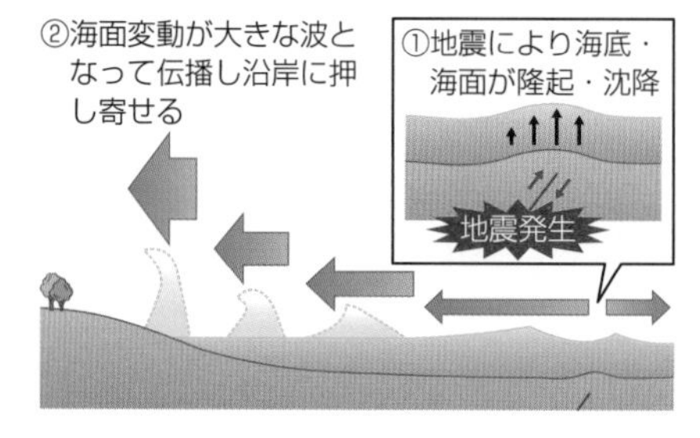

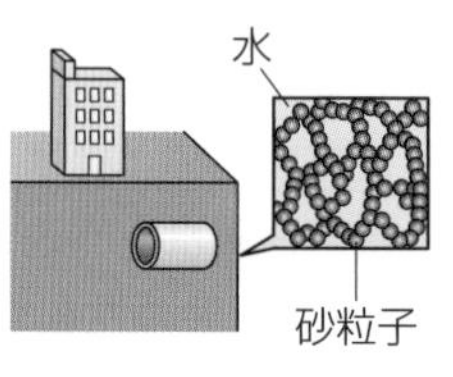

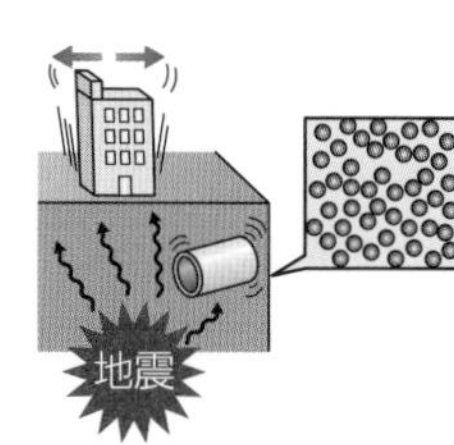

液状化現象が発生すると重い建物は傾き，地中の土管などは地面に浮上する。

●**火山による災害**

日本列島には多くの活火山が存在するため，さまざまな自然災害が発生している。以下の災害は発生してから避難するまでの時間的余裕がなく，生命に対する危険性が高い。

(⑥)	噴火によって火口から吹き飛ばされる岩石。
(⑦)	火山砕屑物と高温の火山ガスが混ざり，密度の大きい熱雲となって山体を流れ下る現象。
(⑧)	火山灰を主体とする火山砕屑物などが水と混ざり，泥流となって山体を流れ下る現象。

●**自然災害の予測と防災**

気象庁では，さまざまな災害に対する注意報，警報などを発表している。とくに近年，豪雨による災害が多発していることから，2013 年より(⑨)を発表している。これは気象概況が「数十年に一度の，これまでに経験したことのないような，重大な危険が差し迫った異常な状況にある」ときに発表される。

(⑨)	対象となる現象
	大雨，暴風，暴風雪，大雪，波浪，(⑩)

このほか，地震に関しては 2007 年から(⑪)を発表している。

また，地方自治体などでは，自然災害が発生した際の被害を最小限におさえるために，過去の災害をもとにした(⑫)(災害危険予測図)の整備が進められている。

大雨などの災害時に自治体が発表する避難の情報について，2021年5月20日より，警戒レベル4では「避難勧告」が廃止されて「避難指示」に一本化された。

練習問題

182 | **日本の特徴** | 次の(1)～(3)に答えよ。

(1) 日本列島のように，プレートの沈み込み帯付近に分布する弧状の島の連なりを何というか。

(2) 現在の形の日本列島ができたのは，古生代，中生代，新生代のうちのどれか。

(3) 次の文の空欄にあてはまる語句を答えよ。

新生代の（ ① ）紀には，地球規模で氷期と間氷期が交互に訪れ，日本列島の自然にも影響を与えた。約2万年前の最終（ ② ）には海水面が現在よりも100m以上（ ③ ）しており，日本列島には陸橋が形成され，九州から北海道までが地続きとなっていた。

182
(1)
(2)
(3) ①
②
③

183 | **火山災害** | 次の文の空欄に適する語句を下の語群から選べ。

火山灰などが堆積しているところに大雨が降ると，（ ① ）が発生しやすい。このほか，大きな噴石や，火山砕屑物と火山ガスが混ざり合って高速で斜面を流下する（ ② ）は噴火に伴って短時間で発生するため，生命に対する危険性が（ ③ ）。

【語群】 溶岩流　火砕流　火山泥流　岩屑なだれ　津波　高い　低い

183
①
②
③

184 | **地震災害** | 次の文の空欄にあてはまる語句を答えよ。

大きな地震の発生により，（ ① ）で急激に地盤の隆起や沈降が起こると，海水が動かされて波が起こる。これを（ ② ）という。（ ② ）は，周期が数十分から数時間と長く，波長が数百kmにもおよぶ大きな波となることがある。（ ② ）の伝わる速度は水深が浅くなるにつれて（ ③ ）くなり，波が高くなる。南米の太平洋沿岸などで発生した（ ② ）が日本まで押し寄せることもあるので，注意が必要である。

184
①
②
③

185 | **地震災害** | 次の文の空欄に適する語句を下の語群から選べ。

最終氷期以降に堆積した（ ① ）地盤では，地震の揺れによる被害が拡大しやすい。例えば，砂粒と水が一緒に存在しているような場所では，地震の揺れによって砂粒が水に混じり，液体のようにふるまう（ ② ）現象が起こる。（ ② ）現象により，重い建物は沈んで傾き，地中の下水管やマンホールが（ ③ ）するなどの被害が発生する。

【語群】 かたい　軟弱な　津波　液状化　浮上　沈下

185
①
②
③

186 | **自然の恩恵と防災** | 次の(1)～(3)に答えよ。

(1) 過去の災害をもとに，自然災害が発生した際の被害を最小限におさえるために作成される地図を何というか。

(2) 大きな地震が発生した際に，S波による大きな揺れが到達する前に警報を発するシステムを何というか。

(3) 気象状況が，数十年に一度のこれまでに経験したことのない，重大な危険が差し迫った異常な状況にあるときに発表される警報を何というか。

186
(1)
(2)
(3)

38 地球環境の科学①

1 異常気象と気候変動

●(①)**気象**…30 年に 1 度程度しか起こらない気象現象。暖冬，寒冬，冷夏，猛暑，集中豪雨，豪雪，干ばつなどがある。

●**気候変動**…(①)気象が年々の変動に着目するのに対し，気候値そのものが長年の間に変動する現象。気候変動には，人為的な要因による変動と自然変動がある。

2 エルニーニョ現象とラニーニャ現象

●(②)**現象**…赤道東部太平洋の海面水温が通常よりも高い状態で維持される現象。

●(③)**現象**…赤道東部太平洋の海面水温が通常よりも低い状態で維持される現象。

・通常時

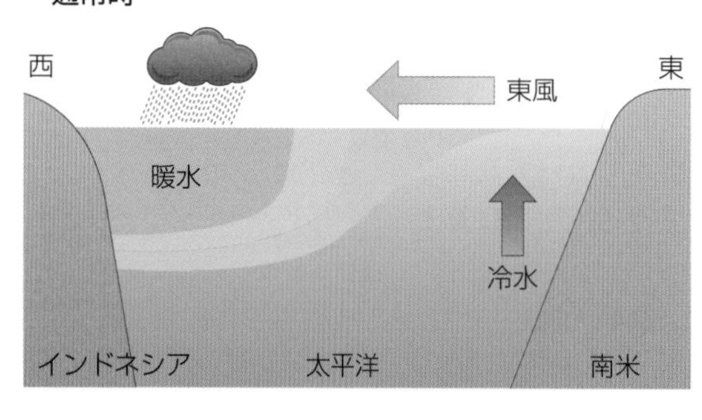

通常，赤道付近の海流は(④)風に引きずられ，東から西へ流れる。このため，東部太平洋では深海から沿岸湧昇流として(⑤)が湧きだし，西部太平洋では暖水がたまる。

エルニーニョ現象時は，何らかの原因で(④)風が弱まり，東部太平洋の沿岸湧昇流が弱まるため，東部太平洋の海面水温が通常より(⑥)くなる。これとは逆にラニーニャ現象時は，通常よりも(④)風が強くなり，東部太平洋の海面水温が通常よりも(⑦)くなる。

・(⑧)現象時

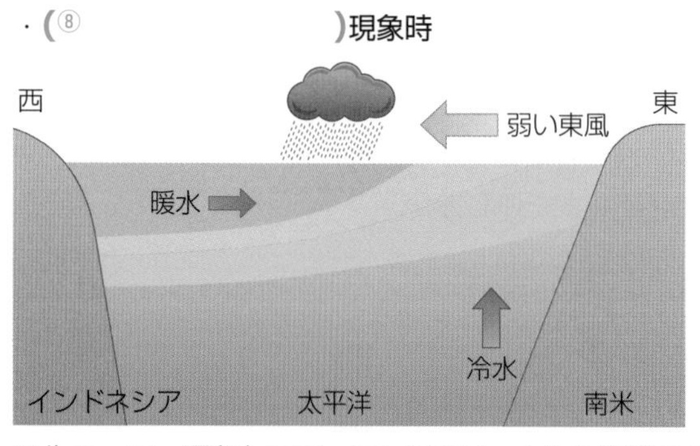

・(⑨)現象時

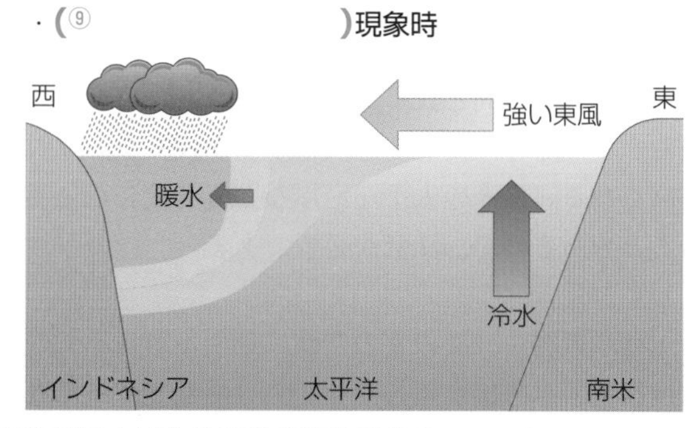

エルニーニョ現象とラニーニャ現象は，大気と海洋の相互作用により生じる自然変動である。

	貿易風	西部太平洋	東部太平洋		日本の天候の傾向
		暖水域	湧昇流	海面水温	
エルニーニョ現象	(⑩)まる	広がる	弱まる	高くなる	暖冬，(⑪)夏
ラニーニャ現象	(⑫)まる	狭まる	強まる	低くなる	(⑬)冬，猛暑

3 オゾンホール

大気上空の(⑭)圏にあるオゾン層は，生命にとって有害な(⑮)を吸収するはたらきをしている。近年，このオゾン層が破壊されることにより，地上に届く有害な(⑮)が増加し，地上の生物に対する影響が懸念されている。

現象	人間活動によってもたらされた(⑯)ガスは紫外線によって分解され，(⑰)原子が放出される。この(⑰)原子がオゾンを破壊し，南極上空のオゾン層に穴が開いたような現象が生じる。これを(⑱)という。

知識ぷらす＋ ペルー沿岸では毎年クリスマス頃になると海面水温が上昇して不漁となり，この季節的な現象を漁民たちはスペイン語で「神の子キリスト」を意味するエルニーニョとよんでいた。

練習問題

187 ｜異常気象と気候変動｜ 次の文の空欄に適する語句を答えよ。

気象や気候が平均的状態から大きくずれて，30年に1度程度しか起こらないような現象を(　①　)といい，暖冬，寒冬，冷夏，猛暑，集中豪雨，豪雪，干ばつなどがある。一方，気候値そのものが変動する現象を(　②　)といい，地球温暖化などがある。

187
①
②

188 ｜エルニーニョ現象｜ 次の文の空欄に適する語句を答えよ。

右図は，(　①　)現象が発生している時の海面水温と平年値の差を示した分布図である。このように，東部太平洋の赤道付近では，3～5年に1度，平年よりも海面水温が高くなる。

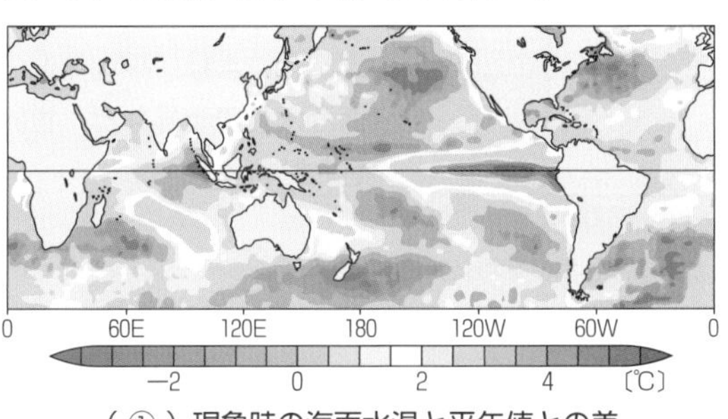

(①)現象時の海面水温と平年値との差

通常，赤道付近では，(　②　)風により海水が(　③　)から(　④　)に向かって吹き寄せられ，東部太平洋では沿岸湧昇流により海面水温が周囲より(　⑤　)くなっている。しかし，(　①　)現象時には何らかの原因により(　②　)風が弱まり，東部の沿岸湧昇流は(　⑥　)まる。これにより赤道太平洋全体に暖水域が広がり，東部の海面水温が通常よりも高くなる。

一方，(　①　)現象とは逆に，東部太平洋の海面水温が通常よりも低くなる現象が(　⑦　)現象である。

188
①
②
③
④
⑤
⑥
⑦

189 ｜エルニーニョ現象時の日本の天候｜ 次の表の空欄に適する語句を下の語群から選べ。

	日本の天候の傾向	
	夏	冬
エルニーニョ現象	(　①　)	(　②　)
ラニーニャ現象	(　③　)	(　④　)

【語群】 暖冬　寒冬　猛暑　冷夏

189
①
②
③
④

190 ｜オゾン層の破壊｜ 次の(1)～(5)に答えよ。

(1)　オゾンの密度が極大となるオゾン層は，地球大気圏の何圏にあるか。
(2)　オゾン層は，生命にとって有害なあるものを吸収するはたらきがある。有害なあるものとは何か。
(3)　オゾン層が破壊され，オゾン量が極端に少なくなり，オゾン層に穴が開いたような状態になる現象を何というか。
(4)　(3)はどこの上空に現れるか。次の語群から選べ。
【語群】 日本　北アメリカ　南アメリカ　オーストラリア　南極　北極
(5)　オゾン層の破壊の原因となっているガスは何か。

190
(1)
(2)
(3)
(4)
(5)

39 地球環境の科学②

1 地球温暖化

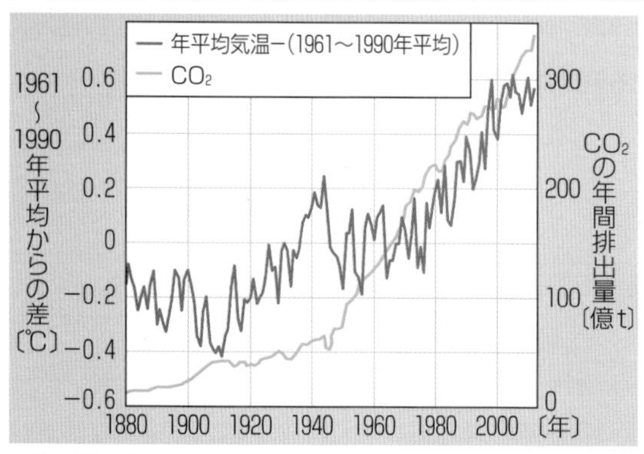

▲年平均気温の偏差と CO_2 の変化　赤線は，各年の平均気温の基準値からの差(偏差)を示す。基準値は 1961〜1990 年の平均値。

・最近の 100 年間で，地球の平均気温は約 0.7℃上昇。
・この温暖化のおもな原因は，赤外放射を吸収する（①　　　　　）の増加と考えられている。
・19 世紀の（②　　　　　）革命以降，（③　　　　　）燃料の燃焼などの人間活動が原因で，（④　　　　　）ガスである（①　　　　　）は著しく増加した。
・温暖化により，平均気温の上昇，北極海の海氷の減少や海面水位の上昇など，世界各地でさまざまな変化が報告されている。

2 地球環境と物質循環

●水循環

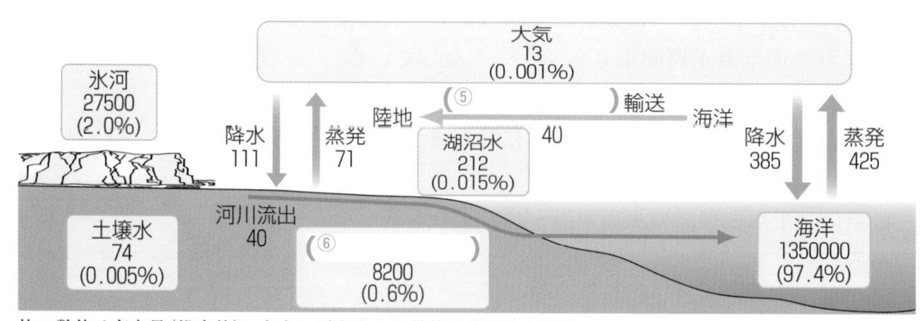

枠の数値は存在量(推定値)，矢印に添えられた数値は移動量を示す。
単位は，存在量が $\times 10^3$ km^3，移動量は $\times 10^3$ km^3/年である。

・海洋では，降水量よりも蒸発量が（⑦　　　　　）い。
・陸地では，（⑧　　　　　）量よりも（⑨　　　　　）量が多い。
・水は，水蒸気や河川水として海洋と陸地を移動し，地球全体で見ると降水量と蒸発量は等しくなる。

●炭素循環

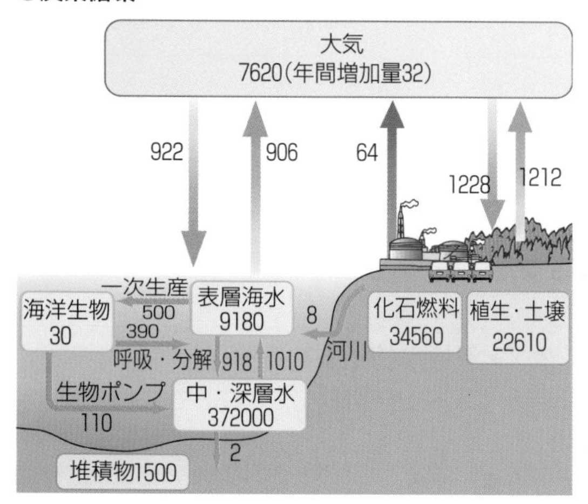

◀地球表層における炭素循環
数値は炭素重量に換算したもので，枠の数値は存在量(推定値)，矢印に添えられた数値は移動量を示す。単位は，存在量が億 t，移動量は億 t/ 年である。

・（⑩　　　　　）は，生物とその環境を維持するために重要な元素の一つであり，さまざまな姿で存在している。
・大気中ではおもに（⑪　　　　　）として存在。
・（⑫　　　　　）は大気中の約 50 倍もの（⑩　　　　　）を蓄えた巨大な貯蔵庫といえる。
・地殻中の（⑩　　　　　）は石灰岩貯蔵や有機物として存在している。

知識ぷらす＋ 都市の気温が周囲よりも高くなる現象のことをヒートアイランド現象といい，緑地や水面の減少，建築物の高層化，人口排熱などの影響が要因とされている。

練習問題

191 **｜気温の変動｜** 次の文の空欄に適する語句や数値を答えよ。ただし，⑤は下の語群から選べ。

地球の平均気温の上昇は自然変動の一部でもあり，過去40万年の気温変化を調べると，大気中の(　①　)の量が多い時期に気温が高いことがわかっている。(　①　)は，地表から放射される(　②　)線を吸収・再放射して地表を暖めるはたらきをもつ(　③　)ガスの一つである。

人為的な原因で起こっている近年の気温の上昇を(　④　)とよび，最近の100年間で約(　⑤　)℃上昇している。(　④　)のおもな原因は，石炭や石油などの(　⑥　)燃料の燃焼などによって大気中の(　①　)が増加したことではないかと考えられている。

【語群】 0.007　0.07　0.7　7　70

191
①
②
③
④
⑤
⑥

192 **｜水循環｜** 右の図は，地球表層における水の移動量を示している。次の(1)～(3)に答えよ。

(1) 陸地の淡水はどのようなものとして存在しているか。割合の多いものから順に2つ書け。

(2) 図中の［ア］にあてはまる数値を答えよ。

(3) 図中の［イ］にあてはまる数値を答えよ。

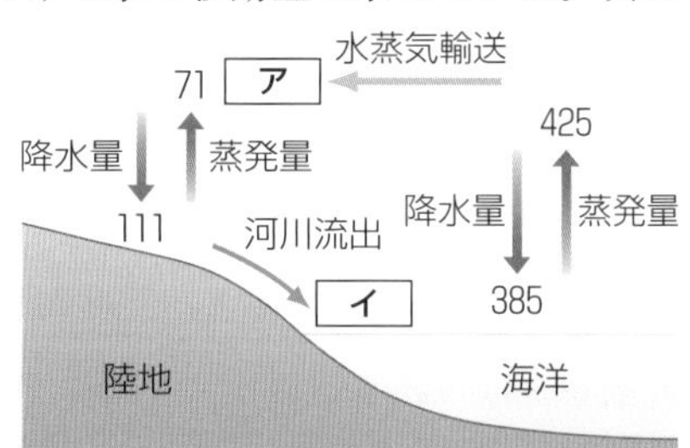

数値は移動量($\times 10^3 km^3$/年)を示す

192
(1)
(2)
(3)

193 **｜物質の循環｜** 次の(1)～(3)に答えよ。

(1) 一酸化炭素，二酸化炭素，メタン，炭酸イオン，重炭酸イオン，炭酸塩鉱物などに共通して含まれている元素は何か。

(2) 大気中では，(1)はおもにどのような物質として存在しているか。

(3) 大気，海洋，陸上生物圏のうち，最も多く(1)を貯蔵しているのはどこか。

193
(1)
(2)
(3)

194 **｜地球環境の変化｜** 次の図は，干ばつ，水害，地震・火山による災害を受ける可能性が高い危険地域を示したものである。干ばつ，水害，地震・火山による災害を受けやすい地域を，図のA～Cよりそれぞれ選べ。

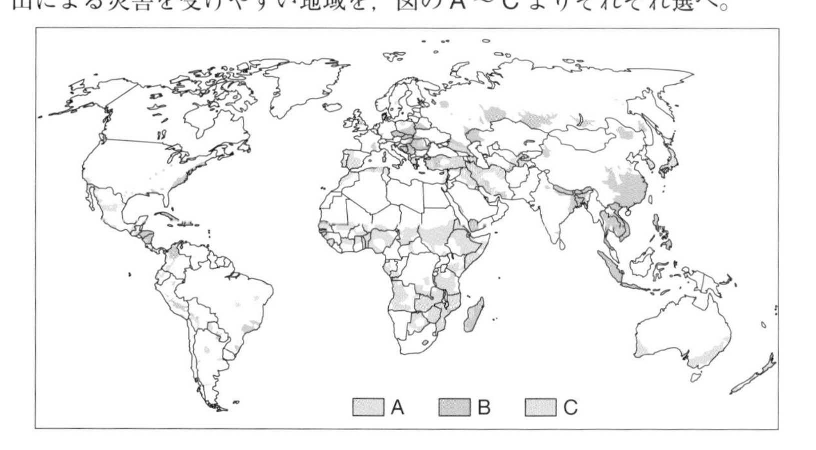

194
干ばつ
水害
地震・火山

5章 ●地球の環境

章末問題

195 **日本の自然災害**　日本列島はプレートの［ア］する境界に位置する造山帯であるため，火山活動や地震が多く，自然災害が非常に多い。また，日本は新生代に入って形成された［イ］な地盤が多いことや傾斜が［ウ］で流量の多い河川が多いこと，温暖湿潤な気候であることから，土砂災害の危険も大きい。このように災害の多い日本では，各種警報・予報の発表や，地方自治体などで［エ］の作成を進め，災害が発生した際の被害を軽減するための対策が行われている。

(1)　文中の［ア］～［エ］に適する語句を答えよ。

(2)　文中の下線部に関連して，気象庁から発表されている，地震の発生直後に各地での強い揺れの到達時刻や予測震度を知らせるシステムを何というか。

195
(1) ア
イ
ウ
エ
(2)

196 **気象災害**　右の写真は，夏～秋に日本付近にやってくる熱帯低気圧の衛星画像である。この熱帯低気圧は［ア］とよばれ，これに伴っていろいろな災害が発生する。

(1)　文中の［ア］に適する語句を答えよ。

(2)　次の説明文は，［ア］に伴って発生する現象について述べたものである。［イ］・［ウ］に適する語句と，この現象名を答えよ。

　気圧の［イ］により海面が吸い上げられる効果と，強風により海水が海岸に吹き寄せられる効果のために，海面が異常に［ウ］する現象。

(3)　［ア］に伴い，集中豪雨が発生することがある。この集中豪雨に関する記述として**適当でないもの**を次の①～⑤のうちから一つ選べ。

①　天気図のみからでは，降雨場所の予測が難しい場合がある。
②　集中豪雨による災害は，日本では夏季よりも冬季に多く発生している。
③　下水道や地下の施設に大量の水が流れ込んで災害を起こすことがある。
④　河川の水位が急激に上昇することがある。
⑤　落雷による被害が発生することがある。

196
(1)
(2) イ
ウ
現象名
(3)

197 **大気と海洋の相互作用**　通常，太平洋赤道域では［ア］寄りの風である貿易風が卓越する。貿易風の影響を受け，海面水温は，通常，太平洋赤道域の西部より東部のほうが［イ］い。貿易風が弱まると，太平洋赤道域の西部と東部の間の海面水温の差は［ウ］くなり，太平洋赤道域東部の海面水温が広範囲にわたって通常より高くなる。

(1)　文中の［ア］～［ウ］に適する語句を答えよ。

(2)　下線部のような現象を何とよぶか。

(3)　文中の下線部について，太平洋赤道域東部の海面水温は通常よりどの程度高くなるか。次の語群から選べ。

【語群】　0.02～0.05℃　0.2～0.5℃　2～5℃　12～15℃　20～50℃

(4)　下線部の現象はどの程度の時間間隔で発生するか。次の語群から選べ。

【語群】　数時間　数日　数か月　数年　数十年　数百年　数万年

(5)　下線部の現象とは逆に，太平洋赤道域東部の海面水温が広範囲にわたって通常より低くなる現象を何というか。　（2014センター本試改）

197
(1) ア
イ
ウ
(2)
(3)
(4)
(5)

198 **気温の変動**　図1は，日本の二つの都市XとYの年平均気温の変化をグラフに表したものである。折れ線グラフを見ると，年平均気温は年ごとに細かい変動をしている。一方，両都市の年平均気温の長期的変化の傾向を示す直線を見ると，年平均気温はいずれも［ア］しており，はじめは都市［イ］のほうが低温だったが，［ウ］年代には逆転していることがわかる。このグラフから，地球の平均気温の［ア］傾向には場所ごとに違いがあることがわかり，都市［エ］の気温の変化には都市化の影響があると考えられる。

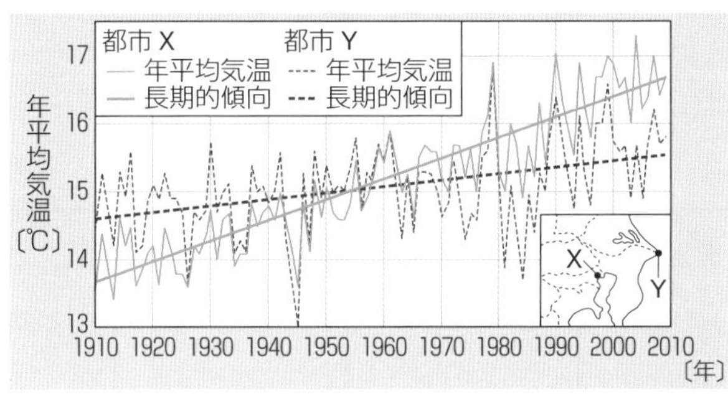

図1　都市Xと都市Yにおける年平均気温の変化とその長期的変化

⑴　文中の［ア］～［エ］に適する語句を答えよ。ただし，［ウ］はグラフ中の数字から選んで答えよ。

⑵　長期的変化の傾向を示す直線の傾きから計算すると，都市Xの気温上昇率は，都市Yの約何倍か。次の語群から選べ。

【語群】　0.3　0.6　1.0　1.6　3.2

⑶　文中の下線部の現象の原因の一つは，赤外線を吸収・再放射して地表を暖める性質をもつ気体の増加である。このような気体を何というか。

⑷　⑶のうち，化石燃料の燃焼などによって排出されるおもな気体は何か。物質名と化学式を答えよ。　（2012センター本試改）

198

⑴ ア
イ
ウ
エ

⑵ 約　　倍

⑶

⑷ 物質名
化学式

199 **地球環境**　次のa～dは，地球環境に関連して述べたものである。これらについて，下の問いに答えよ。

a　1900年代の半ば以降，地球全体の平均気温はそれまでに比べて急激な［ア］を示しており，氷河の後退や海面の上昇が起こっている。

b　近年，南極上空でオゾン濃度の著しく［イ］い部分が生じ，地上に到達する紫外線が増加している。

c　窒素酸化物などが溶けこんだ酸性度の［ウ］い雨が降ることによって，世界各地の植生や建造物に大きな影響を与えている。

d　太平洋赤道域の東寄りの海域では，数年に一度海面水温が高くなる現象が起こり，それに対応して降雨や気圧の分布が変化する。

⑴　文中の［ア］～［ウ］に適する語句を答えよ。

⑵　a～dに関連する現象として最も適当なものを，次の語群からそれぞれ一つずつ選べ。

【語群】　エルニーニョ現象　地球温暖化　酸性雨　オゾンホール　砂漠化

⑶　a～dのうち，人間活動の影響ではなく，自然変動であると考えられている現象を記述した文として最も適当なものを一つ選べ。

（2015センター本試改）

199

⑴ ア
イ
ウ

⑵ a
b
c
d

⑶

5章 ●地球の環境

検印欄

／	／	／	／	／	／
／	／	／	／	／	／
／	／	／	／	／	／
／	／	／	／	／	／
／	／	／	／	／	／
／	／	／	／	／	／
／	／	／	／	／	／

年　　組　　番 名前